海洋工程与技术专业系列教材

海洋工程结构动力学基础

刘金实　胡昊灏　编著

科学出版社

北京

内 容 简 介

本书在介绍基本概念及基础理论的同时，注重介绍海洋工程领域典型、关键性结构的动力学问题，注重培养读者解决工程问题的能力。

本书对单自由度体系、多自由度体系和分布参数体系进行介绍，使读者系统掌握结构动力学的基本理论和分析方法；对数值分析方法、随机振动分析、有限元法等理论进行介绍，帮助读者掌握分析、解决工程结构动力学问题的能力。另外，本书对梁、缆索等典型海洋工程结构形式的振动进行分析，对振动理论在平台动力分析中的应用进行简单介绍。

本书可作为海洋工程与技术专业高年级本科生及研究生的教材，也可供相关领域研究人员和工程技术人员参考。

图书在版编目(CIP)数据

海洋工程结构动力学基础 / 刘金实，胡昊灏编著. — 北京：科学出版社，2020.11

海洋工程与技术专业系列教材

ISBN 978-7-03-065639-1

Ⅰ. ①海… Ⅱ. ①刘… ②胡… Ⅲ. ①海洋工程－结构动力学－高等学校－教材 Ⅳ. ①P731.2

中国版本图书馆 CIP 数据核字(2020)第 117739 号

责任编辑：邓 静 张丽花 张 湾 / 责任校对：王 瑞
责任印制：张 伟 / 封面设计：迷底书装

科 学 出 版 社出版
北京东黄城根北街 16 号
邮政编码：100717
http://www.sciencep.com
北京凌奇印刷有限责任公司印刷
科学出版社发行 各地新华书店经销
*
2020 年 11 月第 一 版 开本：787×1092 1/16
2021 年 1 月第二次印刷 印张：12 1/4
字数：300 000

定价：69.00 元
(如有印装质量问题，我社负责调换)

前　言

随着海洋空间开发工程的进步，人类发展了多种形式的海洋工程结构。随着基于海洋工程结构的环境载荷、动力特性及其分析研究的不断深入，海洋工程结构动力学这一崭新学科得以形成。该学科为海洋工程结构物的设计开发、建造、安装及营运提供了重要的理论基础和分析方法。

本书为海洋工程与技术专业本科生的结构动力学教材。作者多年来一直从事结构动力学相关课程的教学工作，编写了《海洋工程结构动力学基础》校内讲义，并在此基础上编写了本书。本书在选材上注重对基础理论和概念的覆盖，同时对海洋工程领域中典型、前沿的结构动力学问题进行介绍。本书内容循序渐进、由浅入深、系统性强，在满足课堂教学的同时便于初学者开展自学。

本书共 10 章。第 1 章概述海洋工程结构动力学，介绍结构动力分析的目的、动力载荷的类型、结构动力计算的特点、结构离散化方法，总结海洋工程结构的特征，明确海洋工程所面临的理论与技术问题；第 2 章介绍基本概念与运动方程的建立，包括基本动力体系的相关概念、d'Alembert 原理、虚功原理、变分方法；第 3 章讨论海洋环境，重点讨论波浪载荷的计算方法；第 4 章介绍单自由度体系，包括自由振动，体系对简谐载荷、周期载荷和任意载荷的反应，阻尼对运动反应的影响，频域和时域分析方法；第 5 章介绍多自由度体系，包括运动的特征方程和频率方程、振型的正交性、振型叠加法、结构中的阻尼和阻尼矩阵的构造、结构受迫振动的计算；第 6 章介绍结构动力响应计算的数值方法，包括隐式方法和显式方法，以及结构非线性反应；第 7 章介绍结构的随机振动，包括随机过程的概念、随机过程的时域和频域特征、功率谱密度函数、窄带和宽带随机过程、海浪的统计描述，以及结构响应的统计分析方法；第 8 章介绍结构动力学分析的有限元法；第 9 章介绍无限自由度的连续结构体系动力学问题，讨论梁和缆索结构的建模，固有振动频率和强迫振动反应分析方法，以及梁的动力稳定性及随机波激励振动响应特性；第 10 章介绍固定式平台时域振动分析和随机振动反应计算，分析深海平台张力腿在波流作用下的非线性参数激励振动等。

由于作者水平所限，书中不当之处在所难免，欢迎读者批评指正。

编　者

2020 年 4 月于江苏科技大学

目　　录

第1章　概　述

1.1　结构动力分析的目的

自然界中，除静力问题外，还广泛存在着大量的动力问题。例如，风、浪作用下的海洋平台振动问题；风、浪、流联合作用下的输油管线的振动问题；地震作用下的建筑结构振动问题；机械转动产生的不平衡力引起的大型机器结构的振动问题；等等。

在海洋中做长期作业的海洋结构物所面临的海洋环境，不同于陆地上的建筑结构，也区别于船舶。船舶可以根据天气预报躲避恶劣海况带来的高幅值环境载荷，而海洋结构物被设计用于常年的海上作业，必须承受各种海况下环境载荷的作用，这就要求海洋工程结构能够经受50年一遇甚至100年一遇的高海情考验。海洋工程结构工作于动力环境中，并贯穿其整个生命周期。

结构动力学是研究结构体系的动力特性及其在动力载荷作用下的动力响应分析原理和方法的一门理论与技术学科。通过结构动力分析，确定动力载荷作用下结构的内力和变形，并进一步确定结构的动力特性，对避免动力载荷对结构造成致命性破坏是至关重要的。通过结构动力分析，可以为改善工程结构体系在动力环境中的可靠性和安全性提供有力的理论基础。

1.2　动力载荷的类型

载荷的不同是导致结构静力响应和动力响应不同的根本原因。一般地，可以根据载荷随时间变化的速率的不同，将载荷分为静载荷和动载荷两大类。静载荷是大小、方向和作用位置不随时间变化或缓慢变化的载荷，如结构的自重等；与之相对，动载荷是大小、方向或作用位置随时间快速变化或者在短时间内突然作用或消失的载荷。其中，作用位置随时间变化的载荷称为移动载荷，如车辆对公路施加的载荷。

根据载荷是否已预先确定，动载荷又可分为确定性(非随机)载荷和非确定性(随机)载荷两类。“预先”是指开展结构动力分析之前。确定性载荷是指载荷随时间变化的规律已预先确定，是在开展分析前就已知的时间过程；非确定性载荷随时间变化的规律则不可预先确定，属于随机过程。根据这两类载荷的不同，可将结构动力分析方法分为确定性分析和随机振动分析两类。

根据载荷随时间变化的规律，动载荷一般可划分为周期载荷、非周期载荷两类。周期载荷又可分为简谐载荷和非简谐周期载荷，非周期载荷又分为冲击载荷和一般任意载荷。

简谐载荷随时间周期性变化，且可以用简谐函数来表示。简谐载荷作用下的结构动力响应分析是重要的，因为工程实践中有大量的非简谐周期载荷都可以通过傅里叶变换表示成一系列简谐载荷的叠加，从而将问题转化为简谐载荷作用下的响应问题。而且结构对简谐载荷的响应规律可以反映结构的动力特性。

非简谐周期载荷随时间做周期性变化，是时间的周期函数，但无法用简谐函数直接表示，如船舶螺旋桨所产生的推力等。

冲击载荷的幅值在短时间内经历急剧的增大或减小，典型的冲击载荷有爆炸引起的冲击波、突加质量等。

一般任意载荷的幅值变化复杂，难以用解析函数来表示。海洋工程结构动力分析中常见的风、浪等载荷都属于此类载荷。

1.3　结构动力计算的特点

与静力学问题相比，结构动力问题的特点反映在以下两方面：

(1)动力分析要计算的是整个时间段上的一系列解，计算更为复杂，耗时也更多。如1.2 节所述，外部载荷是随时间变化的，因此结构的响应也不再是不随时间变化的常量，而是关于时间的函数。

(2)与静力问题相比，动力响应中结构的位置随时间变化，从而产生了加速度，也就产生了惯性力，而惯性力对结构响应又产生了影响。

考虑惯性力对响应的影响，是结构动力学与静力学的本质区别之一。惯性力是使结构产生动力响应的本质因素，而根据牛顿第二定律，惯性力又是由结构的质量引起的。由此可知，对结构中质量的空间分布及其运动的描述是结构动力分析的关键，这又导致了结构动力学与静力学中关于结构体系自由度定义的差别。在结构动力学中，将为确定体系任一时刻全部质量的几何位置所需要的独立参数定义为结构的自由度，所需独立参数的数目为自由度数。这些独立参数组成了体系的广义坐标，既可以是位移、转角，也可以是其他广义量。第 2 章将详细介绍广义坐标与动力自由度的概念。

1.4　结构离散化方法

惯性力是导致结构动力运动、振动响应的根本原因，因此合理地描述惯性力并在分析中加以考虑是至关重要的。

根据牛顿第二定律，惯性力与结构的质量分布直接相关，其幅值为质量和加速度的乘积，方向相反于加速度。实际结构中质量分布都是连续的，因此在实际的工程问题中，幅值、方向随时间变化的惯性力也都是连续分布的。要准确地考虑全部的惯性力，就必须确定结构上每一点的运动，将结构上每一点的位置都设置为独立的变量，导致结构有无穷个自由度。在实际问题中，将结构视为具有无穷个自由度的体系，不仅计算困难，经证明也无必要。对计算模型加以简化，将无穷自由度体系近似为有限自由度体系，这样的方法一般称为结构离散化方法。动力分析中常用的结构离散化方法有集中质量法、广义坐标法和有限单元法等。

1. 集中质量法

集中质量法是结构振动分析中常用的离散化方法。它将结构模型由分布参数系统简化为集中参数系统，即将连续分布的质量集中到有限数量的质点上，从而把原有的无限自由度问题简化为有限自由度问题。

图 1-1 是两个对结构实施集中质量法的例子。其中，图 1-1(a)为一个简单支撑的梁，通过把连续分布的质量集中到如图 1-1(a)所示的三个点上，用质量集中的质点替代连续分布的质量，将梁简化为由三个质点组成的体系。若仅考虑梁在平面内的横向运动，则该体系仅有三个横向自由度。图 1-1(b)为三层平面桁架结构，如果把每层柱、梁的总质量集中到相应层级的中点，则桁架结构被简化为三个质点组成的体系。

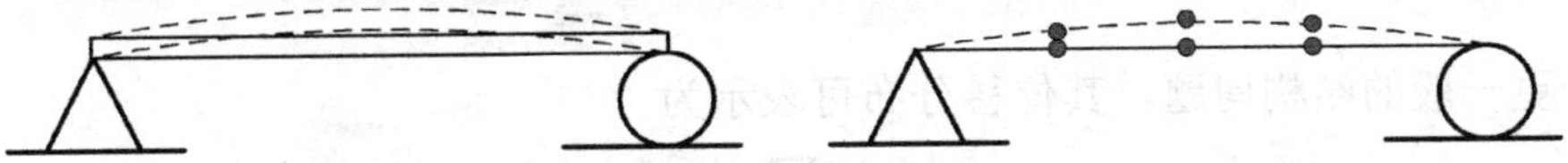

(a) 简单支撑的梁

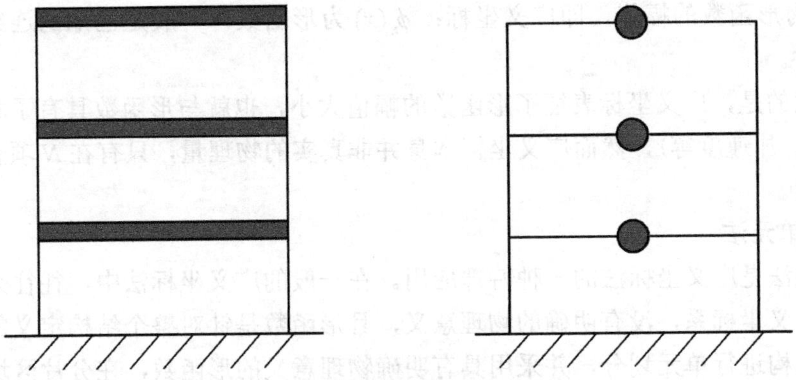

(b) 三层平面桁架结构

图 1-1　结构集中质量法离散化示意图

2. 广义坐标法

任意一组能够决定体系各点位置的彼此独立的量，可称为该体系的广义坐标。在结构动力分析中，常借鉴数学中级数展开法求解微分方程的思想。例如，采用三角级数的和表示一个具有分布质量、两端简单支撑的梁的变形分布曲线，如式(1-1)所示。

$$u(x,t)=\sum_{n=1}^{\infty}b_n\sin\frac{n\pi x}{L}=\sum_{n=1}^{\infty}b_n(t)\sin\frac{n\pi x}{L} \tag{1-1}$$

式中，L 为梁的长度；$\sin\frac{n\pi x}{L}$ 为形函数，在一般的情况下应取满足边界条件的函数族；$b_n=b_n(t)$ 为广义坐标，是一组待定系数，在动力问题中，它是时间的函数。

由于形函数是根据结构参数预先给定的，是确定的函数，梁的变形由无穷多个广义坐标 b_n（$n=1,2,\cdots,\infty$）确定。由此可知，连续质量梁模型的动力响应在广义坐标系下同样有无穷多个自由度。与数学分析中的处理方法相同，如果能够证明 b_n 为一个收敛序列，则可以在实际分析中仅截取前 N 项来获得任意指定的精度，从而将模型简化为 N 个自由度的体系，表达式如式(1-2)所示。

$$u(x,t)=\sum_{n=1}^{N}b_n(t)\sin\frac{n\pi x}{L} \tag{1-2}$$

对于一端固定、一端自由的悬臂梁结构，也可以采用幂级数展开来表示，即

$$u(x)=b_0+b_1x+b_2x^2+\cdots=\sum_{n=0}^{\infty}b_nx^n \tag{1-3}$$

添加约束条件：在 $x=0$ 处位移 $u=0$，转角 $\mathrm{d}u/\mathrm{d}x=0$，可知 $b_0=b_1=0$，则级数的前 N 项可表示为

$$u(x)=b_2x^2+b_3x^3+\cdots=\sum_{n=2}^{N}b_nx^n \tag{1-4}$$

对于更一般的结构问题，其位移分布可表示为

$$u(x,t)=\sum_{n}q_n(t)\phi_n(x) \tag{1-5}$$

式中，$q_n(t)$ 为形函数的幅值，即广义坐标；$\phi_n(x)$ 为形函数，一般是已知的连续函数，且满足边界条件。

需要注意的是，广义坐标表征了形函数的幅值大小，也就与形函数具有了相同的量纲(位移、速度、加速度等)，然而广义坐标本身并非真实的物理量，只有在 N 项叠加后才是真实的物理量。

3．有限单元法

有限单元法是广义坐标法的一种特殊应用。在一般的广义坐标法中，往往采用形函数的幅值构建广义坐标系，没有明确的物理意义，且形函数是针对整个结构定义的。有限单元法通过对结构进行单元划分，并采用具有明确物理意义的形函数，在分片区域上定义广义坐标。这样的形函数也称为插值函数。

例如，对一个宽度、厚度可忽略不计的连续梁，将其划分为 N 个分段，即 N 个单元，每个单元的两端端点称为节点，取节点的位移、转角为广义坐标，即可构建具有 $2(N+1)$ 个自由度的体系。

有限单元法是工程中应用较为广泛的结构离散化方法，它同时具备集中质量法和广义坐标法的特点：

(1) 与广义坐标法相似，有限单元法采用了形函数的概念。但由于采用了单元划分、插值的处理方法，即使结构形式复杂，其形函数的表达式仍然可以保持简单。

(2) 与集中质量法相似，有限单元法采用真实的物理量作为广义坐标，具有直接、直观的优点。

1.5　典型海洋工程结构及有关动力学问题

1.5.1　海洋平台

1．固定式平台和活动式平台

固定式平台和活动式平台的共同特征是，其上部的生产结构模块往往重达数千吨，远

大于支撑结构的重量，且总体结构高度方向的尺寸大于水平方向的尺寸，因此弯曲振动是其振动的主要形式。根据质量的分布可知，结构承受的惯性力主要来自上部作业模块，而恢复刚度则取决于支撑结构。固定式平台所承受的主要动载荷有风、浪、流和海冰等，对于混凝土平台、导管架平台，还必须考虑地震载荷。对于导管架平台、作业中的自升式钻井平台，当其作业水深超过 100m 时，波、流联合引起的动力响应也十分重要。

2．深水平台

深水平台包含了 TLP 平台、Spar 平台、半潜式平台及不同类型的浮式生产装置，是深水油气资源开发的主要装备。

根据深水平台的结构特征，可归纳出以下结构动力问题。

(1) 一阶波频响应。由一阶波浪载荷引起的平台运动，波浪载荷计算可采用修正的 Morison 公式；对于大尺度平台浮体，波浪载荷计算应采用辐射/绕射方法。

(2) 二阶差频与和频响应。自由表面具有非线性性质，海洋结构物在海浪中的运动属于非线性问题。系泊在海洋中的海洋工程结构物除了做波频运动外，还具有明显的二阶非线性运动，包括平均漂移、长周期慢漂(差频运动)、高阶响应的弹振(和频运动)等。

(3) 柔性结构(系索、立管等)的动力特性。其中包括波流作用下的涡激振动、系索系统与平台主体的耦合分析，分析目标以极限承载能力、疲劳断裂可靠性为主。

3．半潜式结构

半潜式结构的作业水深可达 3000m。半潜式结构的典型构成包含平台本体、立柱和下体或浮箱。平台本体为作业模块。平台本体仅高出水面一定高度以避免波浪的冲击；下体或浮箱沉没在水中，提供主要的浮力并起到减小波浪力的作用。半潜式结构的下体都浸没在水中，因此横摇和纵摇的幅值一般都很小，运动分析中通常最为关心的是结构的垂荡运动。

1.5.2 海洋系泊结构

1．多点系泊

海洋工程结构和工程船舶常用的辐射式系泊是典型的多点系泊，采用 6～8 根缆索沿传播的周围对称布置，锚与海底连接，每根缆索形成悬链线。图 1-2 为工程船舶辐射式系泊结构的示意图。

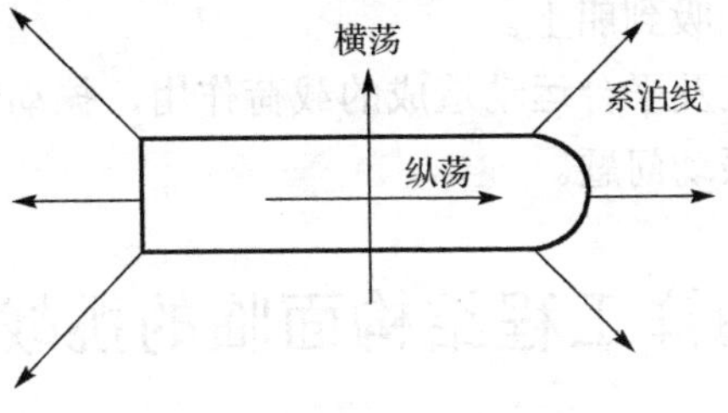

图 1-2 辐射式系泊示意图

在短时间系泊的工况下，通常采用抛锚定位的系泊方式，即在定位锚降低的同时，使锚缆与位于水面的浮标连接。

应用于深海的系泊锚固方式有桩基和吸力锚。以 Spar 平台为例，海底桩基每根长 30～40m，直径约 2m，由水下气锤贯入海底。新一代深海钻井设备的锚抓力可达数万千牛。吸力锚结构底端开口、上端封闭，在安装时缓慢下放绳索并同步用抽气泵向外排气，使得泥面以下土壤处于负压状态，吸力锚下沉，埋入海底。

2．单点系泊

单点系泊设备的出现，主要是为了满足大型油轮将原油或燃油运往陆地的需要。典型的单点系泊设备有单锚腿系泊装置和悬链线锚腿系泊装置，以及近年来发展出的铰接塔式系泊装置。铰接塔上部有可旋转的 360° 转动平台，平台上设有可收放输油软管和系泊绞车。输油软管经过转动平台上的输油臂连接至油船，塔柱在海底通过万向接头与基础铰接，可围绕海底接头旋转。铰接塔式系泊装置的动力特性较为复杂：塔柱与缆索和油轮组成了耦合系统，油轮质量通常为塔柱的 5～10 倍，因此油轮的运动可忽略不计，塔柱运动则可简化为非线性约束条件下的单自由度摇摆模型，塔柱与缆索、油轮间的相互作用通常不可忽略。在风浪的作用下，塔柱朝不同方向运动时，塔柱与缆索构成了分段刚度系统，缆索呈张紧—松弛交替运动，引起缆索张力的突变和冲击张力，因此称为分段刚度的非线性动力体系。高海情条件下系缆动张力变化规律是重要的研究目标。

1.5.3 海洋管道

1．油气输送水平管道

海底管道常年受到海流、波浪的作用，且由于海底地貌的起伏，海底管道不可避免地存在着悬跨。在波流的作用下，悬跨管道周围形成涡流，从而引起管道的涡激振动。当涡流频率与管道的自振频率接近时出现的锁定共振现象，是造成管道破坏的主要原因。在对涡激振动进行预报分析的基础上避免管道共振，是控制涡激振动的主要途径。目前多采用分布参数模型对海底管道的振动进行分析。

2．垂直管线

垂直管线的类型之一是海洋立管，它被应用于浮式海洋平台与海底井口间的连接。对于钻井立管，通常需要在张力作用下保持稳定，且垂直倾斜不大于 8°。目前立管的应用水深已达到 3000m。此外，在深海挖掘作业中，应用于海底矿藏挖掘船的管道，可从水深 3000～5500m 处将锰结核抽吸到船上。

垂直管线受风、浪、流及平台运动造成的载荷作用，振动过程可能包含几何非线性和物理非线性，属于非线性振动问题。

1.6 海洋工程结构面临的挑战性问题

面对海洋资源开发不断深入对海洋工程结构性能的需求，设计出性能更为优越的海洋工程装备，使其能够适应更为严酷的海洋环境，完成不断更新的作业任务，这是海洋工程行业所面临的共同挑战。

1．环境力

任何海洋设施在其有效寿命期间都会受到多种类型的环境载荷。因此，建立和发展作业海区海洋环境资料的数据库，对于确定风、海流和波浪引起的载荷随时间变化的特性十分重要。由周期性的漩涡脱落、强风和波浪抨击引起的载荷，都发生在以分、秒计算的短时间内；同时还发生着以小时、天甚至年计算的长期载荷。这些载荷是由稳定波浪、潮汐和飓风引起的。在某些海区，海底地震强度、水流对海底基础的冲刷亦不可忽略。结构环境载荷的研究分析需要可靠的确定性和统计方法，而现场观测数据也十分重要。

2．结构材料

提高海洋结构钢材的利用率是很重要的研究内容。以张力腿平台为例，其甲板重量每增加一个单位，为了满足浮力的要求，需要附加 1.3 倍的船体重量和 0.65 倍的系泊预张力。为了减小船体或平台主体的重量，人们开始研究具有很大断裂韧性的高强度材料。通过研究中空的圆柱形钢链条或合成系泊缆材料，减小平台重量和提高系泊能力。为了确定高强度钢和新型复合材料在海洋环境下的适应性，还应当研究材料的腐蚀疲劳性能、断裂韧性及钢材的焊接性能等。

3．模型及分析

一旦确定了结构的作业海域、环境载荷和结构的初步设计，就可确定结构的数据学模型，然后采用计算机辅助分析，确定结构的总体运动、临界应力和设计的可靠性。目前运用最为普遍的是有限单元法，但新的分析方法仍在不断被提出。这些方法在数学模型中得到进一步应用，从而更精确地解释了结构的动态运动规律和特性，改进了结构寿命的预测方法。

4．实验评价与现场测试

将一个结构安装在确定的海域之前，需要对其组成结构进行测试，同时模拟海洋环境载荷状态，测试实验模型的总体运动和振动响应。目前，模型实验侧重于两个方面，一是流体与结构载荷之间的相互作用，二是结构与土壤基础之间的相互作用。

一旦结构安装完毕，就要用传感器测量结构在环境载荷作用下的运动响应是否与模型预测一致。另外，对于即将结束工作寿命的平台、浮筒和管线系统，需要对其进行定期检验和维修，以保证结构持续作业的安全性。

第 2 章　基本概念与运动方程的建立

力学分析的方法大致可分为两类：以牛顿定律为基础的矢量力学方法和以变分原理为基础的标量力学方法。其中，后者是利用具有标量形式的广义坐标体系来代替前者的矢量形式、矢径表述，运用虚功原理等手段，以能量和功的分析代替力与动量的分析，从而利用纯粹数学分析的方法来建立运动控制方程。结构动力学沿用了分析力学的方法，在简化建模、求解的同时，引入了微分几何等近代数学手段。本章将简单地介绍经典分析动力学的基本概念，以及力学原理在建立动力学方程中的应用。

2.1　基 本 概 念

2.1.1　广义坐标与动力自由度

在力学分析中，通常可以将结构抽象为质点、质点系、刚体三种理想模型。质点是只有质量、没有体积的物体，若干有内在联系的质点就组成了质点系；刚体是一种特殊的质点系，其中任意两个质点之间的距离是不变的。质点系是本书主要的研究对象。质点系中，各质点空间位置的有序集合可以对体系的位置、形状进行描述，因此也称为质点系的位形。广义的、离散化的结构体系都可看作质点系，探讨质点系的位形变化过程，就是对结构在特定初值条件、约束条件下的位形变化过程的运动方程进行求解。

能决定质点系几何位置的彼此独立的量称为该质点系的广义坐标。广义坐标可以沿用经典坐标系中的长度量纲，也可以采用角度、面积、体积等。但应注意，与直角坐标、球坐标等类似的是，坐标参数应是相互独立的。此外，广义坐标参数的选取原则是根据结构形式、约束等因素，使得问题的求解尽可能简便。

结构体系在任一瞬时的一切可能变形中，决定所有质点位置或质量分布所需要的独立参数数目称为结构体系的动力自由度。一般而言，工程实践中的结构体系，其广义坐标数目和动力自由度是相同的。

此外，应注意到，动力自由度数目不等同于结构抽象的质点数目，与结构是否静定无关。动力自由度随计算要求的精确度的不同而改变。在工程中，结构的质量分布十分复杂，普遍为连续分布的质量体系，动力自由度数目是无穷的。为了解决工程问题，有效的简化措施是必不可少的。

下面简要地对比结构静力学自由度和结构动力学中动力自由度的区别。结构静力学自由度是确定体系在空间中的位置所需的独立参数数目。而在动力学问题中，对于未经简化的真实工程结构，其质量是分布参数，在空间中连续分布，结构体系的动力自由度与静力学自由度是相同的。但为了便于在求解动力分析问题时进行数学处理，在建立简化力学模型时往往忽略一些对惯性影响不大的因素，这就会导致两种自由度的不同。

以图 2-1 所示的框架结构模型为例，设图中 12 个节点为可动的刚性节点，则模型共有 15 个静力学自由度。当构件的轴向、剪切形变和节点的转动惯性忽略不计时，仅需 u_1、u_2、u_3 三个动力自由度即可完全确定各个节点质量的位置；当节点的转动惯性不可忽略时，结构的动力自由度数为 15，与静力学自由度数相等。由此可知，动力自由度、静力学自由度不同的情况，源于两者定义的不同，动力自由度受力学模型简化的影响。

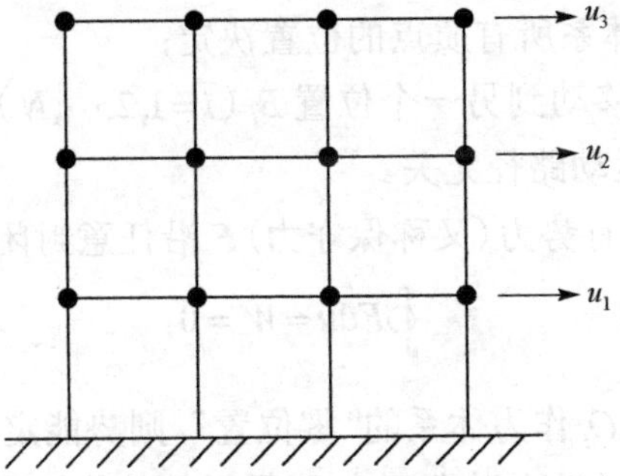

图 2-1　框架结构模型

2.1.2　功和能

1．功的定义

如图 2-2 所示，m 为一个运动的质点，受到外力 $\boldsymbol{F}$ 的作用，当质点有微小位移 $\mathrm{d}\boldsymbol{u}$ 时，外力 $\boldsymbol{F}$ 做功 $\mathrm{d}W$ 的定义为

$$\mathrm{d}W = \boldsymbol{F} \cdot \mathrm{d}\boldsymbol{u} \tag{2-1}$$

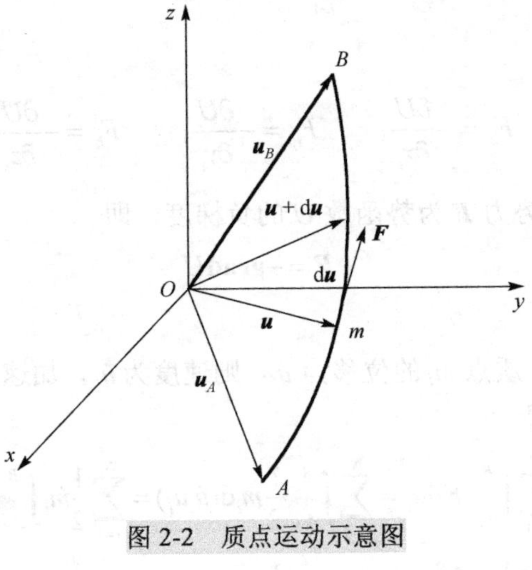

图 2-2　质点运动示意图

令 C 为 A 点到 B 点的曲线，则质点由 A 点移动到 B 点，外力做功如式(2-2)所示。若质点运动过程中，力 $\boldsymbol{F}$ 的幅值、方向均为常量，则做功 W 可进一步表示为

$$W = \int_{A_{(C)}}^{B} F\mathrm{d}u \tag{2-2}$$

$$W = F_x(x_B - x_A) + F_y(y_B - y_A) + F_z(z_B - z_A) \tag{2-3}$$

需要注意的是，在上述定义中，没有考虑引起位移的原因等方面的限制。在应用式(2-3)时，仅需保证 $\boldsymbol{F}$ 的幅值、方向不变即可，而不需要关心质点运动的具体轨迹是怎样的。

2．有势力与势能

对于总质点数目为 N 的质点系中的任意一个质点 m_i，其所受到的力 $\boldsymbol{F}_i$ 满足下列条件时，可称为有势力：

(1) 大小、方向完全由体系所有质点的位置决定；

(2) 体系从某一位置 A_i 移动到另一个位置 B_i（$i=1,2,\cdots,N$），各力做功的总和完全由位置 A_i 和 B_i 决定，与质点的运动路径无关。

由有势力的特性可知，有势力(又称保守力) $\boldsymbol{F}$ 沿任意封闭回路做的功为零，即

$$\oint F\mathrm{d}u = W = 0 \tag{2-4}$$

选择质点系的某一位置 O_i 作为体系的“零位置”，则势能定义为体系从位置 A_i 移动到 O_i 这一过程中各力做功的和。由有势力做功与路径无关的特性可知，在确定了体系的“零位置”后，体系的势能 U 是质点系中各质点位置的单值函数，即

$$U = U(x_i, y_i, z_i) \tag{2-5}$$

在“零位置”处，势能为零。函数 U 称为势函数。

令体系在位置 A、B 处的势能分别为 U_A 和 U_B，则由 A 运动到 B 这一过程的势能变化为

$$U_A - U_B = \sum_{i=1}^{N} W_i = \sum_{i=1}^{N}(F_{ix}\mathrm{d}x_i + F_{iy}\mathrm{d}y_i + F_{iz}\mathrm{d}z_i) = -\mathrm{d}U \tag{2-6}$$

由式(2-6)可知

$$F_{ix} = -\frac{\partial U}{\partial x_i}, \qquad F_{iy} = -\frac{\partial U}{\partial y_i}, \qquad F_{iz} = -\frac{\partial U}{\partial z_i} \tag{2-7}$$

由式(2-7)可知，有势力 $\boldsymbol{F}$ 为势函数 U 的负梯度，即

$$\boldsymbol{F} = -\mathbf{grad}U \tag{2-8}$$

3．动能

设质点系中任意一个质点 m_i 的位移为 u_i，则速度为 $\dot{u}_i$，加速度为 $\ddot{u}_i$，将牛顿第二定律 $F_i = m_i\ddot{u}_i$ 代入式(2-2)中得

$$\begin{aligned} W &= \sum_{i=1}^{N}\int_{A(C)}^{B} F_i\mathrm{d}u_i = \sum_{i=1}^{N}\int_{A(C)}^{B}\frac{1}{2}m_i\mathrm{d}(\dot{u}_i\ddot{u}_i) = \sum_{i=1}^{N}\frac{1}{2}m_i\int_{A(C)}^{B}\mathrm{d}(\dot{u}_i\ddot{u}_i) \\ &= \sum_{i=1}^{N}\frac{1}{2}m_i\int_{A(C)}^{B}\mathrm{d}(\dot{u}_i^2) = \sum_{i=1}^{N}\frac{1}{2}m_i(\dot{u}_{iB}^2 - \dot{u}_{iA}^2) = \sum_{i=1}^{N}(T_{iB} - T_{iA}) \end{aligned} \tag{2-9}$$

当质点系从一位置移动到另一位置时，用动能的增量表示作用于质点系的力在运动过程中做的功，则动能可表示为

$$T=\sum_{i=1}^{N}\frac{1}{2}m_i\dot{u}_i^2 \tag{2-10}$$

2.1.3　实位移、虚位移

首先引入可能位移的概念，满足所有约束条件的位移称为体系的可能位移。进一步地，满足运动方程和初始条件的可能位移，称为体系的实位移。虚位移是指在某一固定时刻，体系在约束许可条件下可能产生的任意组微小位移。

由定义可以看出，实位移是体系的真实位移，是可能位移空间中的一个个体。虚位移与可能位移的区别在于，虚位移是特定时刻、位形条件下许可产生的微小位移。

2.1.4　广义力

在具备完整约束的质点系中，设动力自由度为 n，则任意质点 m_i 的空间位置 u_i 可表述为广义坐标 $q_j(j=1,2,\cdots,n)$ 和时间 t 的函数，即

$$u_i=u_i(q_1,q_2,\cdots,q_n;t) \tag{2-11}$$

设质点 m_i 所受力为 $\boldsymbol{F}_i$，则其在虚位移 δu_i 上所做的虚功 δW_i 为

$$\delta W_i=F_i\delta u_i \tag{2-12}$$

对虚位移进行坐标变化，使其表示为广义坐标系下的虚位移为

$$\delta u_i=\sum_{j=1}^{n}\frac{\partial u_i}{\partial q_j}\delta q_j \tag{2-13}$$

将式(2-13)代入式(2-12)得到广义坐标系下的虚功为

$$\delta W_i=F_i\sum_{j=1}^{n}\frac{\partial u_i}{\partial q_j}\delta q_j=\sum_{j=1}^{n}F_i\frac{\partial u_i}{\partial q_j}\delta q_j \tag{2-14}$$

则质点系的虚功为

$$\delta W=\sum_{i=1}^{N}\sum_{j=1}^{n}F_i\frac{\partial u_i}{\partial q_j}\delta q_j=\sum_{j=1}^{n}\sum_{i=1}^{N}F_i\frac{\partial u_i}{\partial q_j}\delta q_j=\sum_{j=1}^{n}Q_j\delta q_j \tag{2-15}$$

式中，Q_j 为对应于广义坐标 q_j 的广义力，即

$$Q_j=\sum_{i=1}^{N}F_i\frac{\partial u_i}{\partial q_j} \tag{2-16}$$

观察式(2-16)不难发现，对于特定的广义坐标 q_j，广义力是标量而非矢量，且广义力与广义坐标的乘积具有功的量纲。

2.1.5　惯性力

惯性力的概念早在中学物理中就有提及。牛顿第二定律指出，惯性是保持物体运动状态的能力，而质量是物体惯性的度量。质量、运动状态不同的物体，其惯性力也不同。惯性的作用表现为一种反抗物体运动状态发生改变的力，这种力称为惯性力，用 $f_{\rm I}$ 表示，其

幅值等于物体质量与加速度的乘积，即

$$f_{\mathrm{I}} = m\ddot{u} \tag{2-17}$$

式中，m 为质量；$\ddot{u}$ 为加速度。应注意到，惯性力的方向与加速度的方向相反。

2.1.6 弹性结构恢复力

考虑质点、弹簧连接组成的体系，当弹簧被拉伸或压缩(对应结构体系的变形)时，质点偏离初始的平衡位置，此时弹簧(结构构件)对质点产生了反抗形变、试图将质点送回到平衡位置的力，即弹性恢复力，记为 f_{e}，其幅值通常与质点的位置有关，方向指向结构的平衡位置。在线性条件下，根据胡克定律，弹性恢复力幅值正比于弹簧变形的幅度，即质点的位移，即

$$f_{\mathrm{e}} = ku \tag{2-18}$$

式中，k 为弹簧的刚度；u 为质点位移。

2.1.7 阻尼力

对于弹性-质量体系，受到了初始扰动(初始位移或速度)后，质点在平衡位置附近做往复运动，称为自由振动。如果体系仅由理想的弹性结构和质点组成，那么显而易见，体系内不存在能量的耗散，自由振动将永远持续下去。然而在现实中并不存在这样的结构，任何振动在没有持续外力作用的条件下，其幅值都将随着时间的推移而趋于零，结构趋于静止。这一现象说明结构振动中必然存在能量的消耗。而这种引起能量耗散，使结构振动幅度趋于零的作用称为阻尼，可表述为阻尼力。

阻尼力的来源有很多种，其产生的机理也不尽相同。例如：

固体材料发生形变时的内摩擦、材料快速应变引起的内耗散；

结构连接处的摩擦、结构与非结构构件的摩擦；

结构周围介质引起的阻尼，如风、洋流等对海洋工程结构的影响。

在工程实际中，上述因素的影响一般是同时存在的。在结构动力响应分析中，通常采用高度理想化的力学模型来考虑阻尼的作用。例如，常用的黏性阻尼假设，令黏性阻尼消耗的能量与所有阻尼机制造成的能量耗散相等，并由此来确定阻尼系数。黏性阻尼力的幅值与速度成正比，方向与速度相反，从而起到阻碍介质运动的作用。将阻尼力记为 f_{D}，其在单自由度体系中的形式为

$$f_{\mathrm{D}} = c\dot{u} \tag{2-19}$$

式中，$\dot{u}$ 为 u 对时间的偏导数。

由于阻尼力实质是多种物理因素共同作用的结果，阻尼系数 c 也就无法像质量、弹性那样通过结构自身的几何、材料属性确定。一般而言，阻尼系数 c 要通过原型实验获得。应当注意到，黏性阻尼只是众多阻尼理论模型中较为简单的一种，除此之外常用的还有摩擦阻尼(阻尼力为常数)、流体阻尼(阻尼力与质点速度的平方成正比)等。

2.1.8 线弹性体系和阻尼弹性体系

线弹性体系是指由线性构件组成的体系。线弹性体系要求结构处于小幅度变形状态，即未发生非线性形变，并忽略介质的阻尼。因此，线弹性体系是一种简单的、理想的力学模型。

当进一步对介质的阻尼加以考虑时，所建立的结构体系即阻尼弹性体系。阻尼弹性体系是结构动力分析中基本的力学模型。

2.2 运动方程的建立

如 1.1 节所述，确定性结构动力分析的目标是计算结构随时间变化、在载荷作用下的位移-时间过程。多数情况下，包含有限自由度数目的近似模型就足以精确描述结构的动力响应，问题由此变为需要求出选定的位移自由度的时间历程。描述动力位移的数学方程式称为结构的运动方程，而这些运动方程的解就提供了所需的位移过程。

运动方程的建立，是整个分析过程中最重要的环节之一。以下介绍本书采用的三种建立运动方程的方法，这些方法各有优点，适用于不同的问题。以下将介绍每种方法的相关基本概念。

2.2.1 d'Alembert 原理与直接平衡法

动力体系的运动方程必然是牛顿第二定律的体现：任何质量为 m 的体系或质点，其动量的变化率等于作用在其上的合力。将这一关系表示为微分方程式为

$$p(t)=\frac{\mathrm{d}}{\mathrm{d}t}(m\dot{u}) \tag{2-20}$$

式中，$p(t)$ 为作用力；$\dot{u}$ 为位移 u 对时间的偏导数。假设质量不随时间变化，可进一步将方程写为

$$p(t)=m\frac{\mathrm{d}^2u}{\mathrm{d}t^2}\equiv m\ddot{u} \tag{2-21}$$

式中符号上方的点表示对时间的二阶导数。式 (2-21) 中右方即抵抗质量加速度的惯性力。

质量所产生的惯性力幅值正比于加速度，方向与加速度相反，这一概念称为 d'Alembert 原理。它将运动方程表示为动力平衡方程，因此可方便地运用于运动方程的建立。式 (2-21) 左侧的合力 $p(t)$ 包含了作用于质量上的其他多种力：抵抗位移的弹性力、抵抗速度的黏滞阻尼力、独立的外部载荷等。因此，引入惯性力后，运动方程所表达的就是作用在质量上全部力的平衡。在较为简单的一大类问题中，利用直接平衡法可以方便地建立运动方程。

【例 2.1】 如图 2-3 所示，体系中质量 m 上受到外力 $P(t)$ 作用，请列出运动方程。

解 质量 m 沿水平方向运动，该模型为单自由度体系。设 $u(t)$ 为质量块 m 的位移，则质量 m 所受动力 $F(t)$ 和惯性力 $f_{\mathrm{I}}(t)$ 分别为

$$F(t)=-ku(t)-c\dot{u}(t)+P(t)$$

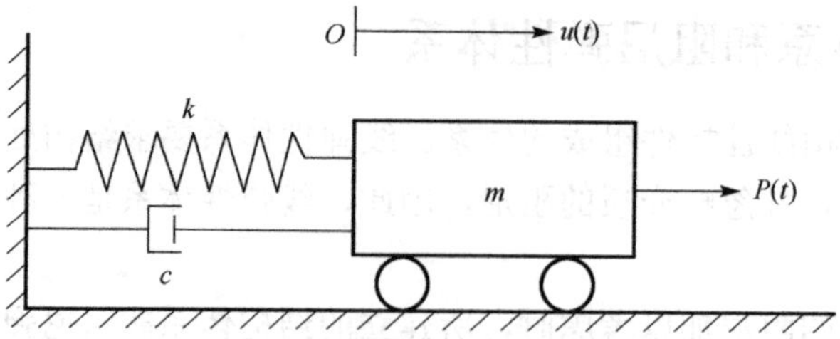

图 2-3　例 2.1 模型示意图

$$f_{\text{I}}(t) = -m\ddot{u}(t)$$

在本例中，由于约束反力不做功，仅需要考虑结构体系在运动方向上的受力。结合上述两式，根据直接平衡法有

$$m\ddot{u}(t) + c\dot{u}(t) + ku(t) = P(t)$$

2.2.2　虚功原理

虚功原理的定义：具有理想约束的质点系在运动时，任意时刻的主动力和惯性力在任意虚位移上所做的虚功之和为零。

理想约束：在任意虚位移下，约束反力所做的总虚功恒等于零，即约束反力不做功。

设体系中有一质点 m_i，其所受合力为 F_i，惯性力为 $f_{\text{I}i} = -m_i\ddot{u}_i$，令虚位移为 δu_i，则由虚功原理可得出虚功方程为

$$\sum_{i=1}^{N}(F_i - m_i\ddot{u}_i)\delta u_i = 0 \tag{2-22}$$

考虑到虚位移具有任意性，式(2-22)等同于

$$F_i - m_i\ddot{u}_i = 0 \quad (i = 1, 2, \cdots, N) \tag{2-23}$$

对比式(2-21)与式(2-22)不难发现，虚功原理与直接平衡法是等价的。采用虚功原理建立运动方程的一般步骤为，首先确定体系中各质量所受的力，包含惯性力，然后引入对应于每一个自由度的虚位移，并使其所做的总功为零，由此建立运动方程。

采用虚功原理建立运动方程的主要优点是虚功为标量，可以按照代数的方式叠加，而如果采用直接平衡法则只能将力按矢量的方式叠加。因此，对于较为复杂的结构体系，虚功方法应用起来更为方便。

【例 2.2】 利用虚功原理构建如图 2-4 所示动力体系的运动方程。

解　质量 m_1 受力分析：

主动力合力 $F_1(t) = P_1(t) + k_2(u_2 - u_1) - k_1u_1$；

惯性力 $f_{\text{I1}}(t) = -m_1\ddot{u}_1$；

虚位移为 δu_1。

质量 m_2 受力分析：

主动力合力 $F_2(t) = P_2(t) - k_2(u_2 - u_1)$；

惯性力 $f_{\text{I2}}(t) = -m_2\ddot{u}_2$；

虚位移为 δu_2。

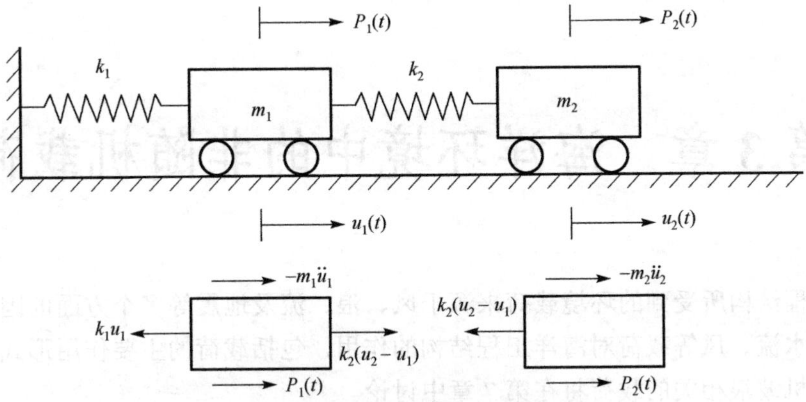

图 2-4　例 2.2 模型示意图

虚功方程：

$$(P_1(t)+k_2(u_2-u_1)-k_1u_1-m_1\ddot{u}_1)\delta u_1+(P_2(t)-k_2(u_2-u_1)-m_2\ddot{u}_2)\delta u_2=0$$

由于虚位移的任意性，可得

$$P_1(t)+k_2(u_2-u_1)-k_1u_1-m_1\ddot{u}_1=0$$

$$P_2(t)-k_2(u_2-u_1)-m_2\ddot{u}_2=0$$

整理成矩阵形式，得

$$\begin{bmatrix} m_1 & 0 \\ 0 & m_2 \end{bmatrix}\begin{Bmatrix} \ddot{u}_1 \\ \ddot{u}_2 \end{Bmatrix}+\begin{bmatrix} k_1+k_2 & -k_2 \\ -k_2 & k_2 \end{bmatrix}\begin{Bmatrix} u_1 \\ u_2 \end{Bmatrix}=\begin{Bmatrix} P_1(t) \\ P_2(t) \end{Bmatrix}$$

2.2.3　变分方法

另一种避免矢量形式平衡方程的方法是使用变分形式的能量(标量)，其中最为常用的是 Hamilton 原理。该原理中不显含有惯性力和弹性力，而是分别用动能、势能的变分进行替代。

令 T 为体系的总动能，V 为保守力所产生的体系总势能，W_{nc} 为作用于体系上非保守力所做的功，δ为指定时段内所取的变分。Hamilton 原理可表述为

$$\int_{t_1}^{t_2}\delta(T-V)\,\mathrm{d}t+\int_{t_1}^{t_2}\delta W_{nc}\mathrm{d}t=0 \tag{2-24}$$

该方法的优点是只与纯粹的标量——能量有关。在虚功分析中，尽管功本身是标量，但用于计算功的力、位移均为矢量。Hamilton 原理也可用于静力问题，去掉了动能项后，该原理退化为静力学中著名的最小势能原理。

应注意到，上述三种方法具有等价性，理论上任意动力体系的运动方程都可以采用上述任意一种方法来构建。直接平衡法最为简单明了，需要借助 d'Alembert 原理对惯性力加以考虑。但对于更为复杂的结构体系，特别是质量、弹性在有限区域分布的结构，直接平衡法可能较难于实施，而应采用仅包括功或者能量等标量的方法来建立运动方程。在这样的方法中，明确地计算作用在体系上的力，并根据产生适当的虚位移时所做的功导出方程。另外，也可以采用基于能量的 Hamilton 原理，而不直接利用作用在体系上的惯性力或保守力，使用动能、势能的变分来替代这些力的作用。

第 3 章　海洋环境中的非随机载荷

海洋工程结构所受到的环境载荷来源于风、浪、流及地震等多个方面的因素。本章讨论规则波、水流、风等载荷对海洋工程结构的作用，包括载荷的主要作用形式、机理和力学模型。随机波浪相关的载荷将在第 7 章中讨论。

3.1　概　　述

为了说明波流对结构的作用，首先考虑简化模型，即空间上均匀的水流垂直于圆柱轴线的绕流。

3.1.1　无黏流体与惯性力

如图 3-1 所示，设密度为 ρ 的流体中有一直径为 D 的静止圆柱体，流体速度为 v，加速度为 $\dot{v}$，惯性力系数 C_{M} 与圆柱体长径比 l/D 相关。单位长度圆柱受力为

$$q_l = C_{\mathrm{M}} \rho \pi \frac{D^2}{4} \dot{v} \tag{3-1}$$

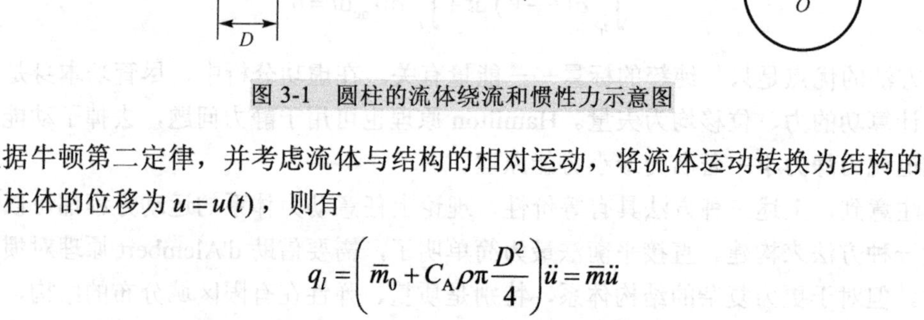

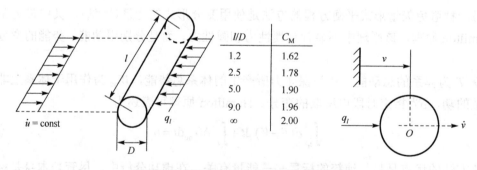

l/D	C_{M}
1.2	1.62
2.5	1.78
5.0	1.90
9.0	1.96
∞	2.00

图 3-1　圆柱的流体绕流和惯性力示意图

根据牛顿第二定律，并考虑流体与结构的相对运动，将流体运动转换为结构的运动，并设圆柱体的位移为 $u = u(t)$，则有

$$q_l = \left(\bar{m}_0 + C_{\mathrm{A}} \rho \pi \frac{D^2}{4} \right) \ddot{u} = \bar{m} \ddot{u} \tag{3-2}$$

式中，$\bar{m}_0$ 为单位长度刚性圆柱的质量；$\bar{m}$ 为有效质量；$\ddot{u}$ 为加速度。当长径比 $l/D > 10$ 时，C_{M} 约等于 2，附连水质量系数 C_{A} 等于 1。在工程中，将圆柱结构的 C_{A} 取 1，即认为附连水质量等于结构排开的水质量。

3.1.2　黏性流的拖曳力

如图 3-2 所示，考虑定常均匀流，单位长圆柱体受力为

$$q_{\mathrm{D}}=C_{\mathrm{D}}\rho\frac{D}{2}|v|v \tag{3-3}$$

式中，C_{D} 为黏性阻尼系数，与雷诺数 Re 有关，当 $Re\in[1000,200000]$ 时，可近似将 C_{D} 取 1。

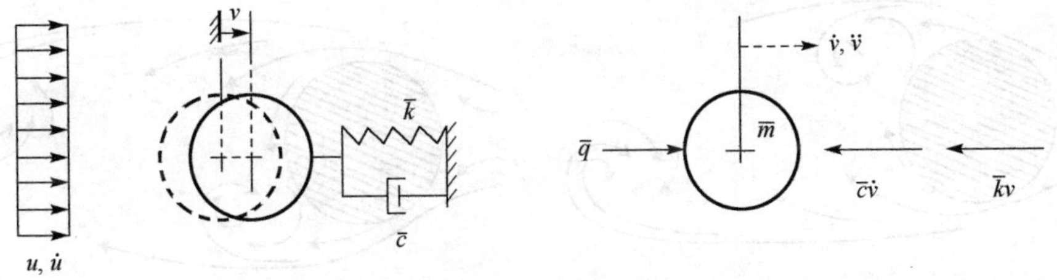

图 3-2　流体-结构相互作用的力学模型

考虑在流体中放置的一个竖直的圆柱体，如图 3-2 所示，可将上述两种沿流方向的力叠加，得到圆柱体沿流方向所受的水动力为

$$q=C_{\mathrm{D}}\rho\frac{D}{2}|v|v+C_{\mathrm{M}}\rho\pi\frac{D^2}{4}\dot{v} \tag{3-4}$$

式(3-4)是 Morison 于 1950 年提出的 Morison 公式，并被推广应用于具有周期特性的波浪中。

在考虑波浪情况下，可通过无量纲参数 K_{c} 对波浪场速度的周期性振荡加以考虑，即

$$K_{\mathrm{c}}=\frac{v_0T_{\mathrm{w}}}{D} \tag{3-5}$$

式中，T_{w} 为波周期；v_0 为波场速度幅值。C_{M}、C_{D} 是 Re、K_{c} 和柱面粗糙度的函数。

流场中的圆柱体的力学模型如图 3-2 所示。

$$\left(\bar{m}_0+C_{\mathrm{A}}\rho\pi\frac{D^2}{4}\right)\ddot{u}+\bar{c}\dot{u}+\bar{k}u=C_{\mathrm{D}}\rho\frac{D}{2}|v-\dot{u}|(v-\dot{u})+C_{\mathrm{M}}\rho\pi\frac{D^2}{4}\dot{v} \tag{3-6}$$

式中，$\bar{k}$ 为圆柱体的单位长度弹性约束刚度；$\bar{c}$ 为单位长度的黏性阻尼系数；$\bar{m}_0$ 为单位长度刚性圆柱的质量；C_{A} 为附连水质量系数；u 为圆柱体的位移；v 为来流速度；符号顶部点号代表对时间的导数。右侧为相对运动带来的流体外力，包含了拖曳力和惯性力，左侧为圆柱结构自身运动产生的惯性力、阻尼力和弹性恢复力。观察该方程可以发现，阻尼力项是非线性项，在小幅运动情况下，可将其线性化，并得出线性化后的运动方程为

$$C_{\mathrm{D}}'=C_{\mathrm{D}}|u-\dot{v}|\approx\mathrm{const} \tag{3-7}$$

$$\left(\bar{m}_0+C_{\mathrm{A}}\rho\pi\frac{D^2}{4}\right)\ddot{v}+\left(c+C_{\mathrm{D}}'\rho\frac{D}{2}\right)\dot{v}+\bar{k}v=C_{\mathrm{D}}'\rho\frac{D}{2}u+C_{\mathrm{M}}\rho\pi\frac{D^2}{4}\dot{u} \tag{3-8}$$

式中，C_{D}' 为线性化的黏性阻尼系数。

3.1.3　黏性流体绕流的泄涡和垂直升力

如果柱体界面不是圆形，或者圆柱体存在旋转，以及流场中存在刚性边界或其他物体，将会有垂直于柱体轴向、来流方向的流体升力存在。升力的幅值与来流速度、柱体截面形状、表面粗糙度等相关。不同时刻刚性静止圆柱体后侧的周期性泄涡如图 3-3 所示。泄涡具有周期性，它在结构下游的交替泄放形成了特征频率为 f_s 的垂向升力。

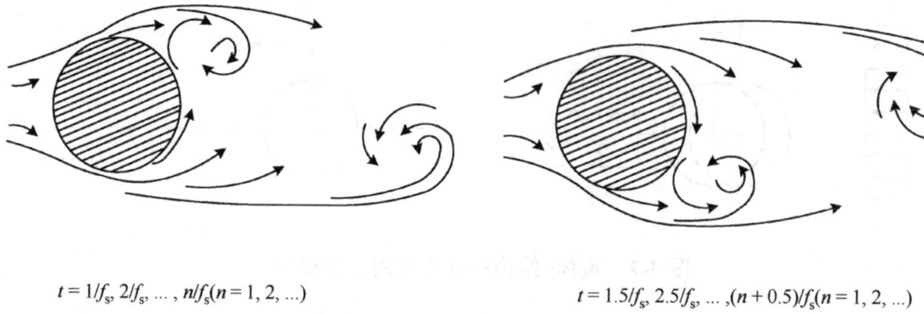

图 3-3　刚性静止圆柱体后侧的周期性泄涡图

设升力系数为 C_L，v 为来流速度，D 为柱体直径，f_L 为单位长度的升力幅值，则有

$$f_L = C_L \frac{1}{2} \rho v^2 D \tag{3-9}$$

图 3-4 为实验测得的圆柱体升力系数 C_L 与 Re 的关系曲线。另外，采用无量纲参数 Strouhal 数 $S_t = \dfrac{f_s D}{v}$ 描述这一非定常现象，得到 S_t 与 Re 的关系，如图 3-5 所示。

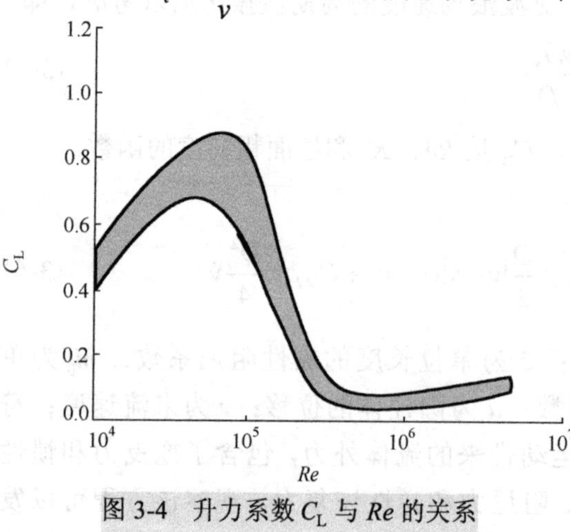

图 3-4　升力系数 C_L 与 Re 的关系

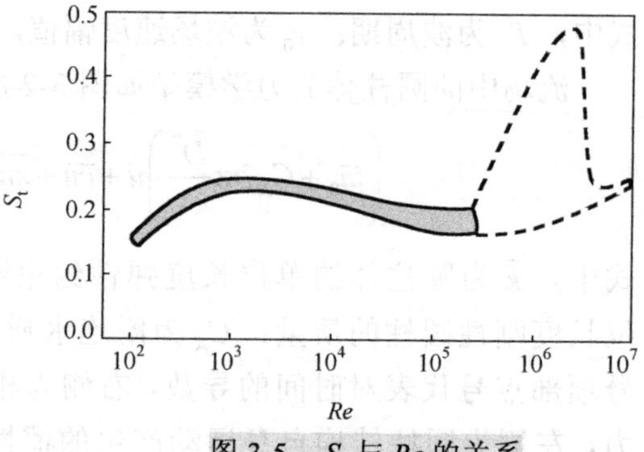

图 3-5　S_t 与 Re 的关系

如果垂向升力的特征频率 f_s 与结构的固有频率过于接近，则可能诱发结构的颤振或抖振，造成严重的事故。

3.1.4　流与风的作用

1. 水流速度的表示

水流的概念包含潮流、风生流和水波三部分。

潮流的分布与水面流速 $v_t(0)$、水深 d、海面-海床垂直距离 z 的关系式形式较为简

洁，即

$$v_t(z)=\left(1+\frac{z}{d}\right)^{\frac{1}{7}}v_t(0) \tag{3-10}$$

这里 $z=0$ 对应静止的水面，坐标向下为负值，在海底处流速为零。

由风诱发的水流流速可取为 z 的线性函数，即

$$v_w(z)=\left(1+\frac{z}{d}\right)v_w(0) \tag{3-11}$$

设水波速度为 $v_{wave}(z)$，则汇总水流速度为

$$v(z)=\left(1+\frac{z}{d}\right)^{\frac{1}{7}}v_t(0)+\left(1+\frac{z}{d}\right)v_w(0)+v_{wave}(z) \tag{3-12}$$

2. 风速的表示

对于固定式的采油平台，水上结构受到的风载荷达到结构总载荷的 15%。在计算风载荷时，常以时间平均的定常速度 $\overline{u}(z)$ 来描述风速。通常将参考高度取为 h=10m，得出

$$\overline{u}(z)=\left(\frac{z}{h}\right)^{\frac{1}{n}}\overline{u}(h) \tag{3-13}$$

n 的取值受到海况的影响：n=3 对应空旷的海岸区域；n=7～8 对应无遮蔽海区；n=12～13 对应阵风。更高处的风速可以认为是具有相同水平速度的。

计算水上结构的风载荷，关键是要正确地选定风速，确定迎风面积和黏性阻尼系数 C_D 的值。对于桁架结构，计算黏性风阻力时要根据密实比 ϕ 对 C_D 进行如下修正：

$$\begin{cases}C_D=1.8\phi & (0<\phi<0.6)\\ C_D=2\phi & (\phi\geqslant 0.6)\end{cases} \tag{3-14}$$

密实比的定义为

$$\phi=\frac{\text{桁架投影面积}}{\text{总轮廓投影面积}} \tag{3-15}$$

3.1.5 地震载荷

地震载荷通常可作为位移载荷施加在结构上，利用以往的地震记录数据得到地面位移 $u_g(t)$，或者利用地震谱导出位移振幅，从而计算地震载荷。图 3-6 为地震载荷作用下单自由度体系振动的分析模型。得出的总位移和总加速度为

$$\begin{cases}u_t=u+u_g\\ \ddot{u}_t=\ddot{u}+\ddot{u}_g\end{cases} \tag{3-16}$$

式中，u_t 和 $\ddot{u}_t$ 分别为总位移和总加速度；u 和 $\ddot{u}$ 分别为结构相对于地基的位移与加速度分量；u_g 和 $\ddot{u}_g$ 分别为地震造成的地面位移与加速度。

结构的弹性恢复力和黏性阻尼力依赖于相对位移 u 和相对速度 $\dot{u}$，因此将牛顿第二定律应用于图 3-6 所示的弹簧-质量模型，得出运动方程为

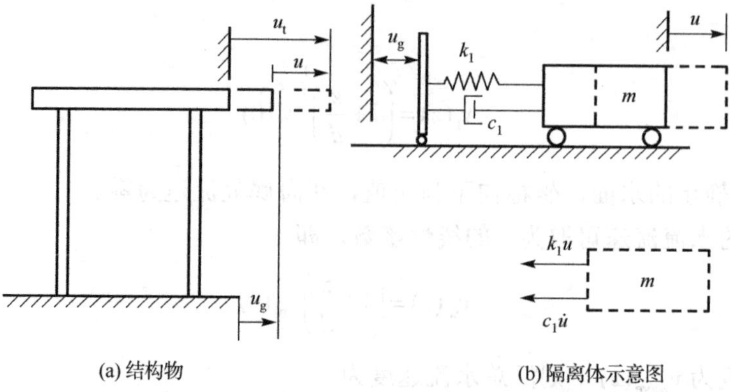

图 3-6　地震载荷作用下单自由度体系振动的分析模型

$$m\ddot{u}_t = -c_1\dot{u} - k_1 u$$

$$m\ddot{u} + c_1\dot{u} + k_1 u = -m\ddot{u}_g \tag{3-17}$$

水平激励力是幅值为 $-m\ddot{u}_g$ 的水平惯性力。

3.1.6　波浪抨击作用

抨击力是一种重要的设计载荷，目前还不存在有效的抨击力预报理论模型，经验表达式为

$$F_s = \frac{1}{2} C_s \rho D l v_H^2 \tag{3-18}$$

式中，D 和 l 分别为圆柱的直径、长度；C_s=3.5～3.6；v_H 为波浪质点水平速度幅值。对于弹性体或柔性体，学者推荐选取 C_s=3.2，然后采用冲击力放大因子，通过动力响应分析，增大上述公式计算出的载荷。

3.2　海洋的描述

波浪场是依赖于时间和空间的运动场，这里主要讨论表面重力波。在分析波浪特性时，首先要区分长、短两种时标尺度。长时标采用小时、天甚至更长的单位来度量，适合用于描述自然过程的统计特性；而以分或秒来度量的短时标通常用于描述波浪的周期，探讨表面波的详细特性。短时标与固定式海洋工程结构响应的特征周期接近，相应的波浪理论可以表示为数学解析式，因此也成为确定性描述。有关长时标下的随机波浪激励问题将在第 7 章讨论。

3.2.1　波浪作用力的基本方程与边界条件

1. 控制方程

在海洋工程问题中，黏性、表面张力和科氏力的影响通常可以忽略不计。在理想流体假设下，水波问题通常可采用势流理论进行描述。设定右手螺旋坐标系，令 xOy 面处于静

止水面，z 轴正方向为竖直向上。速度势函数 φ 是空间位置 (x,y,z) 和时间 τ 的函数，且满足 Laplace 方程：

$$\nabla^2\varphi(x,y,z;t)=0 \tag{3-19}$$

假设平面波传播方向平行于 x 轴，则波场与 y 坐标无关。如果波的传播方向与 x 轴存在夹角 θ，则可以定义波数矢量 $\boldsymbol{k}$，写作分量形式有 $(k_x,k_y)=k(\cos\theta,\sin\theta)$，波数 $k=2\pi/\lambda$（λ为波长），得出相位的表达式为

$$kx-\omega t=k_x x\cos\theta+k_y y\sin\theta-\omega t \tag{3-20}$$

式中，ω 为波的圆频率。

二维等深条件下的波浪场如图 3-7 所示，P_{a} 为表面压力常数，ξ_{s} 为时空分布函数，水底的法向波速为零。

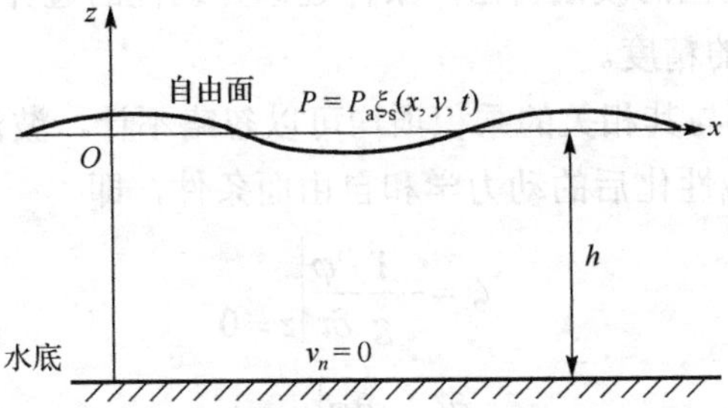

图 3-7　二维等深条件下的波浪场示意图

2．边界条件

除了波浪表面、水底条件外，波浪的速度势函数 φ 还应满足在无穷远处能量外传的边界条件。

波浪表面 $z=\zeta(x,t)$，考虑表面力的平衡条件，波浪表面的压强等于大气压，即 $P=P_{\mathrm{a}}$。根据伯努利公式，该条件可以表示为

$$\frac{1}{2}\rho v^2+P_{\mathrm{a}}+\rho g\zeta+\rho\frac{\partial\varphi}{\partial t}=c \tag{3-21}$$

式中，g 为重力加速度。考虑物理场中介质的连续性，波浪表面的流体质点永远在波的表面上，由此可得关系式

$$\begin{cases}\dfrac{\mathrm{d}}{\mathrm{d}t}\{z-\zeta[x(t),t]\}=0\\[2ex] \dfrac{\mathrm{d}z}{\mathrm{d}t}=v_z=\dfrac{\partial\zeta}{\partial t}+\dfrac{\partial\zeta}{\partial x}\dfrac{\mathrm{d}x(t)}{\mathrm{d}t}\bigg|_{z=\zeta}\end{cases} \tag{3-22}$$

3．水底条件

水底条件即水与硬质水底的界面处所满足的边界条件，假设水底深度为 h，则速度在 $z=-h$ 处垂向分量等于零，即

$$\frac{\partial\varphi}{\partial n}\bigg|_{z=-h}=0 \tag{3-23}$$

4．辐射条件

辐射条件的存在确保了物理场在无穷远处是扩散而非聚敛的，在波流场中可表示为

$$\varphi\bigg|_{\sqrt{x^2+y^2}\to\infty}=0 \tag{3-24}$$

3.2.2 线性波理论

1．线性波速度势

上述理论所归纳出的定解问题是非线性的，一是自由液面中包含了非线性项，二是自由面条件在未知的波浪表面$\zeta(x,t)$上满足。因此，通常需要引入线性化的波理论。这里首先介绍最简单的线性波(或 Airy 波)理论。

线性波理论是将非线性的波浪自由面条件近似为线性的边界条件，对于波高波长比(波陡ε)较小的情况有较好的精度。

假设ε足够小，使得与其相关的乘积项均可以忽略不计，波浪表面的平均高度$z=0$处满足自由面条件，得到线性化后的动力学和自由面条件，即

$$\zeta=-\frac{1}{g}\frac{\partial\varphi}{\partial t}\bigg|_{z=0} \tag{3-25a}$$

$$\frac{\partial\zeta}{\partial t}=\frac{\partial\varphi}{\partial z}\bigg|_{z=0} \tag{3-25b}$$

将式(3-25a)两侧同时对时间t求导，代入式(3-25b)中，得

$$\frac{\partial\varphi}{\partial z}=-\frac{1}{g}\frac{\partial^2\varphi}{\partial t^2}\bigg|_{z=0} \tag{3-25c}$$

应用分离变量法求解上述方程，设φ满足：

$$\varphi(x,z,t)=\phi_1(x)\phi_2(z)\phi_3(t) \tag{3-26}$$

对于这种规则波，使$\phi_3(t)=\mathrm{e}^{-\mathrm{i}\omega t}$。把式(3-26)代入 Laplace 方程中，能够解得速度势：

$$\varphi=\frac{Ag}{\omega}\frac{\cosh k(z+h)}{\cosh kh}\sin(kx-\omega t) \tag{3-27}$$

式中，A为波面的运动幅度数值；$k=\dfrac{2\pi}{\lambda}$；$\omega=\dfrac{2\pi}{T}$。

根据式(3-27)和式(3-25a)能够得到波形：

$$\zeta=-\frac{1}{g}\frac{\partial\varphi}{\partial t}\bigg|_{z=0}=A\cos(kx-\omega t) \tag{3-28}$$

ω和k不是相互独立的，根据自由面条件，可以确定两者的关系为

$$\omega^2=gk\tanh kh \tag{3-29}$$

将波长表示为水深的倍数，则波长与波速的关系如图 3-8 所示。

如果水的深度是趋于无穷的，式(3-27)可以变换成式(3-30)形式，即

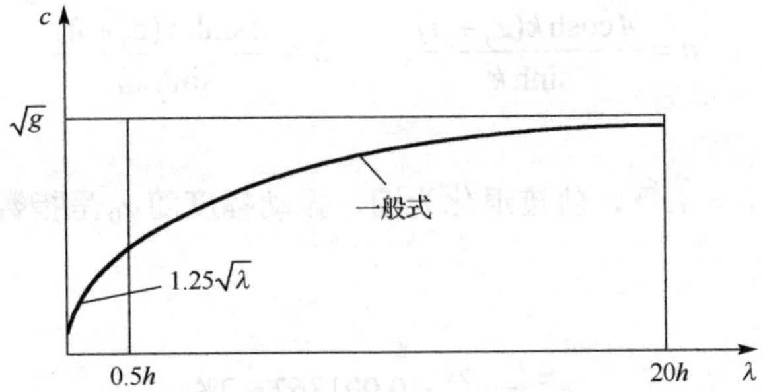

图 3-8　波长与波速的关系

$$\varphi=\frac{Ag}{\omega}e^{kz}(\sin kx\cos\omega t-\cos kx\sin\omega t)=A\frac{g}{\omega}e^{kz}\sin(kx-\omega t) \tag{3-30}$$

在这种情况之下，w 与 k 的关系式可以简化为

$$\omega^2=gk \tag{3-31}$$

用 $c=\omega/k$ 代表波速，$kh\to 0$，$c=\sqrt{gh}$；kh 趋于无穷大时，c 的值约等于 $1.25\sqrt{\pi}$。在这种情况之下，波速和波长的关系可以代表色散关系。

2．速度、加速度和流体质点轨迹

在求得波浪运动的速度势后，运用式(3-32)可以得到波浪场的水平方向和垂直方向的水质点的速度。

$$v_x=\frac{\partial\varphi}{\partial x}=k\frac{Ag}{\omega}\frac{\cosh k(z+h)}{\cosh kh}\cos(kx-\omega t)=\omega A\frac{\cosh k(z+h)}{\sinh kh}\cos(kx-\omega t) \tag{3-32a}$$

$$v_z=\frac{\partial\varphi}{\partial z}=k\frac{Ag}{\omega}\frac{\sinh k(z+h)}{\cosh kh}\sin(kx-\omega t)=\omega A\frac{\sinh k(z+h)}{\sinh kh}\sin(kx-\omega t) \tag{3-32b}$$

在水平方向和垂直方向中，水质点的加速度为

$$a_x=kAg\frac{\cosh k(z+h)}{\cosh kh}\sin(kx-\omega t) \tag{3-33a}$$

$$a_z=-kAg\frac{\sinh k(z+h)}{\cosh kh}\cos(kx-\omega t) \tag{3-33b}$$

在微幅波条件下，在平衡点 (x_0, z_0) 展开速度并保留一阶项，对速度积分，获得波质点的运动轨迹为

$$x=\int_0^t v_x(x_0,z_0,t)\mathrm{d}t+x_0=-A\frac{\cosh(z_0+h)}{\sinh kh}\sin(kx-\omega t)+x_0 \tag{3-34a}$$

$$z=\int_0^t v_z\left(x_0,z_0,t\right)\mathrm{d}t+z_0=A\frac{\sinh\left(z_0+h\right)}{\sinh kh}\cos\left(kx-\omega t\right)+z_0 \tag{3-34b}$$

由此得出波质点运动的椭圆方程为

$$\frac{(x-x_0)^2}{a^2}+\frac{(z-z_0)^2}{b^2}=1 \tag{3-35}$$

式中，a、b 的大小分别为

$$a=\frac{A\cosh k(z_0+h)}{\sinh k},\qquad b=\frac{A\sinh k(z_0+h)}{\sinh kh}$$

焦点为 $\sqrt{a^2-b^2}$ 。

当 $h\to\infty$ 时，$a=b=Ae^{kz_0}$，轨迹退化为圆，振动幅度随 z_0 呈指数衰减，波浪场质点轨迹如图 3-9(a) 所示。

当 $z=-\lambda$ 时，

$$e^{kz}=e^{-2\pi}=0.001867\approx 2‰$$

当 $z=-0.5\lambda$ 时，

$$e^{kz}=e^{-\pi}=0.0432\approx 4\%$$

通常认为，当 $|z|>1/2\lambda$ 时，可以不考虑波效应，换言之，当水的深度大于波长的一半时，水底效应将会消失。

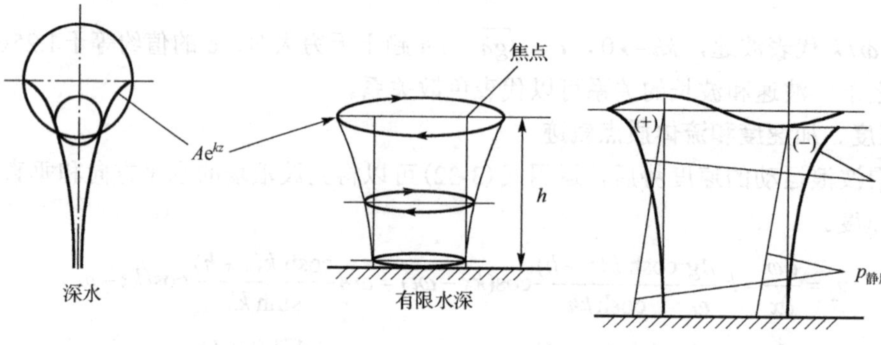

(a) 波浪场质点轨迹　　(b) 波浪场压强分布

图 3-9　波浪场的质点轨迹和压强分布

3．压强分布

根据 Lagrange 关系，$p-p_0=-\rho\dfrac{\partial\phi}{\partial t}-\gamma z-\dfrac{1}{2}\rho v^2$，式中 γ 为给定常数；p 为水中的压强分布；p_0 为静止无波条件下水中的压强分布。在线性理论微幅波的条件下，可略去动能项，得

$$p-p_0=\gamma\frac{\cosh k(z+h)}{\cosh kh}\zeta-\gamma z=\gamma K_{\mathrm{p}}\zeta-\gamma z=p_{动压}-p_{静压} \tag{3-36}$$

静压呈三角形分布，动压受波的相位和深度 z 的控制，其相应的波浪场压强分布图见图 3-9(b)。系数 $K_{\mathrm{p}}=\dfrac{\cosh k(z+h)}{\cosh kh}$ 表征次波面和自由波面幅度之比，称为动压深度影响系数。

4．波浪的能量及能量传播速度

取 y 轴方向上的单位宽度，则一个波周期内波浪运动的平均动能 E_{k} 为

$$E_{\mathrm{k}}=\frac{1}{2}\rho\int_{OAB}\varphi\frac{\partial\varphi}{\partial n}\mathrm{d}x \tag{3-37}$$

势能为

$$E_{\mathrm{p}}=\int_{0}^{\lambda}Mg\cdot z_{平均}\mathrm{d}x=\frac{1}{4}\rho gA^{2}\lambda \tag{3-38}$$

式中，M 为单位液面质量；$z_{平均}$为平均波高。

两者相加得到总的波能为

$$E=E_{\mathrm{k}}+E_{\mathrm{p}}=\frac{1}{2}\rho gA^{2}\lambda \tag{3-39}$$

单位长度的波能为

$$E_{0}=\frac{1}{2}\rho gA^{2} \tag{3-40}$$

对于给定 x 坐标的垂直面，波浪能量的传播速率 N 可以通过计算得

$$W=\int_{-\infty}^{0}\int_{0}^{T}pv_{x}\mathrm{d}t\mathrm{d}z=\int_{-\infty}^{0}\frac{\omega}{2}\rho gA^{2}\mathrm{e}^{2kz}T\mathrm{d}z=\frac{1}{4}\frac{\omega}{k}\rho gA^{2}T=\frac{1}{4}c\rho gA^{2}T \tag{3-41}$$

式中，T 为积分的时间长度。而单位时间做的功即功率为

$$N=\frac{W}{T}=\frac{1}{4}\rho gA^{2}c=E_{0}c_{\mathrm{g}} \tag{3-42}$$

式中，c_{g} 为能量的传播速度，也称为波的群速度。

3.2.3 有限振幅波理论

由上述讨论不难发现，线性波(Airy 波)理论的形式较为简单，因此在工程中得到了广泛应用。但在涉及海洋工程结构物的生存条件的一大类问题中，应采用考虑了非线性边界条件的有限振幅波理论。

对于有限振幅波具有关键影响的参数是波陡 ε 和水深波长比 $\mu=hk$ 。对于不同的水深，应选择不同的有限振幅波理论，首先介绍 Stokes 波理论，其只包含波陡，因此该理论只适用于水深大的情况。

首先，假设波高和波长之间的比值为小量，水深参数 $h/\lambda>0.5$ 。将未知数值的量阶 ε^{n} 进行展开，得

$$\begin{cases}\varphi=\sum\limits_{n=1}\varphi^{(n)}\\ \eta=\sum\limits_{n=1}\eta^{(n)}\\ c=\sum\limits_{n=0}c^{(n)}\end{cases} \tag{3-43}$$

$$c_{0}=\frac{\omega}{k}=\sqrt{\frac{g}{k}\tanh kh} \tag{3-44}$$

取坐标 y 正向朝上，η 代表波面。小的参数取值要依赖于与波幅 A 相关的波陡的大小，或者波幅水深的比值 $\varepsilon=A/h$ 。

取随波坐标系

$$\begin{cases} x = x_0 - ct \\ y = y_0 \end{cases} \tag{3-45}$$

则任意场函数的定常运动可表示为式(3-46)形式，式中括号内为场函数。

$$\frac{\partial}{\partial t}(\quad) = -c\frac{\partial}{\partial x}(\quad) \tag{3-46}$$

用 y 来替代 z，把上述关系式代入先前的自由表面条件式(3-21)和式(3-22)之中，可以得

$$g\eta(x) = c\varphi_x - \frac{1}{2}(\nabla\varphi)^2 \tag{3-47}$$

$$\varphi_y - \varphi_x\eta_x + c\eta_s = 0 \tag{3-48}$$

将其代入式(3-43)之中，在 $y=0$ 处做泰勒(Taylor)展开，进行简单的数学运算，按照相同的量级可以获得不同阶速度势所必须满足的方程表达式。下面给出前两阶速度势的结果形式。

一阶：

$$\begin{cases} \eta^{(1)} = A\cos kx \\ c_0^2 = \dfrac{k}{g}\tanh kh \\ \varphi^{(1)} = \dfrac{Ag}{kc_0}\dfrac{\cosh k(z+h)}{\sinh kh}\sin kx \end{cases} \tag{3-49}$$

即微幅波的解。

二阶：

$$\begin{cases} \eta^{(2)} = \dfrac{1}{4}kA^2\dfrac{\cosh k(z+h)}{\sinh kh}\cos kx \\ c_1 = 0 \\ \varphi^{(2)} = \dfrac{3}{8}c_0kA^2\dfrac{\cosh 2k(z+h)}{\sinh^4 kh}\sin 2kx \end{cases} \tag{3-50}$$

在该波形中出现了二阶谐波项，平均位置将会向下移动 $\Delta h = \dfrac{kA^2}{2\sinh 2kh}$，波面中的点与静止水面相比会升高。由于 $c_1=0$，色散之间的关系不会发生任何变化，由波面方程式可知，其具备“坦谷波”的特征。

三阶速度势的推导过程较为烦琐，波速为

$$c_2 = c_0k^2A^2\left(\frac{8\sinh^4 kh + 6\sinh^2 kh + 4}{16\sinh^4 kh} + \frac{1}{8\sinh^2 kh}\right) \tag{3-51}$$

由式(3-51)可知，三阶速度势波速 c_2 除了与 h、k 相关外，还与 kA^2 有关。

Stokes 波理论并没有考虑到水深的效应，只可以应用于深水和一些有限水深的情况，对于浅水情况，该理论是无效的。因此，浅水的情况还需要做进一步分析。

3.2.4　椭圆余弦波与孤立波

适用于有限振幅情况的 Stokes 波理论的摄动展开式中，没有把相对水深作为小的参数，简而言之，该理论并没有分析水深的影响。传播过程中，波面的形状必然发生变化，在特定的条件之下，才会存在像 Stokes 波那样的保形波。本节将会对浅水情况下的保形波进行分析。

浅水波有 λ、A、h 三个基本特征量，同时，可以进行一系列的变化，使之成为两个无量纲参数：非线性参数 $\varepsilon = A/h$，色散参数 $\mu = kh$。

当 $\mu \to 0$ 时，属于极浅水情况下非常长的长波，称为 Airy 理论，在 $O(\varepsilon) = O(\mu^2) < 1$ 的情况之下，对应的是 Boussinesq 理论。

根据随浅水波水质点轨迹的椭圆变扁，各物理量沿垂直方向变化很小的特点，采取无量纲变化的形式和分离变量的方法，在水底处将垂向函数因子按 $z+1$ 的幂次展开。对于保形波，取随波坐标系 $\xi = x - ct$，定义水平速度 u 等于沿垂直分布速度的均值。消去 Boussinesq 方程中的 u 后，化为 KdV 常微分方程：

$$-\frac{\varepsilon}{2}\zeta^3 + (c^2-1)\frac{\zeta^2}{2} + A_1\zeta + A_2 = \frac{\mu_2}{3}\frac{\zeta^2}{2} \tag{3-52}$$

式 (3-52) 的解是椭圆余弦波：

$$\zeta = \zeta_2 + (\zeta_3 - \zeta_2)\mathrm{cn}^2\left[\frac{2K}{\lambda}(x - ct - \zeta_0)\right] \tag{3-53}$$

式中，$\mathrm{cn}(Z) = \cos\Phi = \cos[\Phi(Z,m)]$，$Z$ 表示式 (3-53) 的中括号中的组合变量，为 Jacobi 椭圆余弦函数；$K(m) = \int_0^{\pi/2} \frac{\mathrm{d}\theta}{\sqrt{1 - m\sin^2\theta}}$ 属于第一类完全椭圆积分。椭圆余弦波是以 m 为参数，波长为 λ 的周期波，其极限情况如下。

当 $m \to 0$ 时，有

$$\begin{cases} K(m) = \int_0^{\pi/2} \mathrm{d}\theta = \dfrac{\pi}{2} \\ \zeta = \dfrac{H}{2}\cos(kx - \omega t)\ (\text{微幅波}) \end{cases} \tag{3-54}$$

式中，H 为波高。

当 $m \to 1$ 时，有

$$K(m) \to \infty，\ \lambda \to \infty，\ \mathrm{cn}^2(Z) \to \mathrm{sech}^2(Z)$$

$$\zeta = H\,\mathrm{sech}\left(\sqrt{\frac{3H}{4h}}\frac{1}{h}(x - ct)\right)(\text{孤立波}) \tag{3-55}$$

椭圆余弦波可用于描述浅水水域非线性水波的特征。

3.2.5　不同波理论的适用范围

首先对浅水和深水的界限进行说明。一般情况下，$h/\lambda > 0.5$ 属于深水；$h/\lambda < 0.05$ 属

于浅水；$0.05 \leqslant h/\lambda \leqslant 0.5$ 属于有限水深。

图 3-10 展示了各种常用波浪理论的适用范围。在深水区域，依照波陡的大小即可选取不同阶数的 Stokes 波理论，该理论适用的范围并不因水深的变化而发生变化；在有限水深范围内，Stokes 波理论的应用将会受到限制。根据图 3-10 可知，这种情况之下，Stokes 波理论适用的边界范围，随水深浅的变化而发生变化，另外，其依赖于 H/T^2 和 d/T^2 这两个值。运用图 3-10 需要按照已经确定的波高、周期和水深，获得横坐标和纵坐标的数值，进而选定合适的理论。

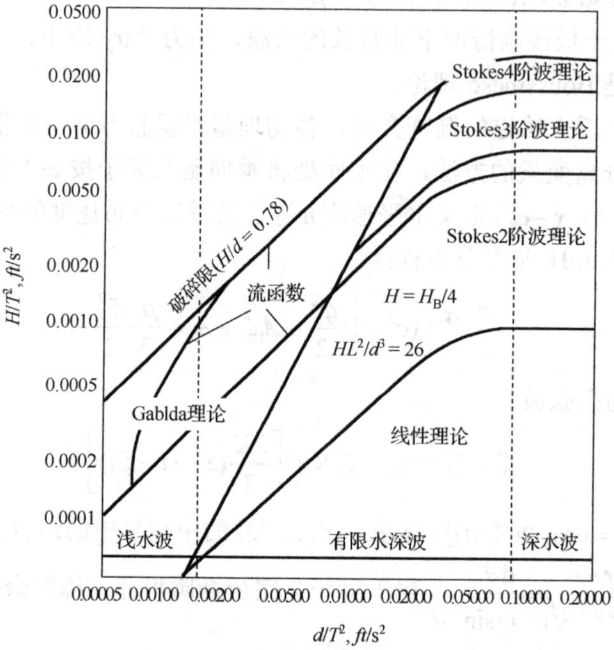

图 3-10　各种波浪理论的适用范围

H_B 为波浪的破碎限

3.2.6　波流联合问题

一般情况下，波浪在传播的过程中，就会出现水流。水流和波浪是同时存在的，两者之间存在相互作用，从而影响各自传播的特点。一方面，波浪会发生变形，传播过程中会出现折射现象；另一方面，水流的流速分布也会受到影响。两者相互作用下的流场不是单波流场解的简单相加。

1．维问题的规则波变形

考虑同方向或者反方向的流与波同时存在，则水流中的波速为

$$c = c_a = u + c_r \tag{3-56}$$

式中，u 为水流速度；c_a 为实际观测到的波速大小；c_r 为波浪相对于水流的速度。值得注意的是，一切与波浪相关的公式只有在相对静止的坐标系中才会有效果，因此

$$c_r = \sqrt{\frac{g}{k_r}\tanh k_r h} \tag{3-57}$$

式中，$k_r=\dfrac{2\pi}{\lambda_r}=\dfrac{2\pi}{\lambda}$ 为水流中的波数，$\lambda_r=\lambda$ 可以代表水流中的波长。由于多普勒(Doppler)效应的存在，$T_r \neq T$ 且 $T_r \neq T_a$，式(3-56)可写为

$$\frac{\lambda}{T_a}=u+\frac{\lambda}{T_r} \tag{3-58}$$

式中，T_r 为水流中的波周期；T_a 为合成波周期。

由式(3-56)~式(3-58)可以得到

$$\frac{\lambda}{\lambda_s}=\frac{c}{c_s}=\left(1-\frac{u}{c}\right)^2\tanh kh/\tanh k_s h \tag{3-59}$$

式中，下角标 s 代表无流的“静水”；λ_s，c_s 为静水中的波长、波速。

式(3-59)以线性理论为依据，主要用于计算波长在水流中产生的变化。下面还要研究波流之间发生相互作用之后，水波各种要素的变化。

考虑波流之间相互作用，水流的能量可以忽略。对于波能的变化而言，一般会采取两种概念，即波能通量守恒或波浪作用量守恒。在稳态条件下，忽略能量损失，Phillips 得到的波能通量守恒方程式为

$$\frac{\mathrm{d}}{\mathrm{d}x}[E(u+c_{gr})]+S_{rad}\frac{\mathrm{d}u}{\mathrm{d}x}=0 \tag{3-60}$$

式中，E、c_{gr}、S_{rad} 分别为波能、波浪相对于水流能量的传播速度及波浪的辐射能力。

稳态条件下，该方程式可以写为

$$\frac{\mathrm{d}}{\mathrm{d}x}\left[\frac{E}{\omega_r}(u+c_{gr})\right]=0 \tag{3-61}$$

即

$$\frac{E}{\omega_r}(u+c_{gr})=\frac{E_s}{\omega_s}c_{gs} \tag{3-62}$$

式中，$\omega_r=\omega_a-ku=\omega_s-ku$，$\omega_r=2\pi/T_r$，$\omega_a=\omega_s=2\pi/T$；$\omega_r$ 为流中的波圆频率；ω_a 为合成圆频率。ω_s 为静水圆频率；c_r 为流中的波速；E_s 为静水中的波能。这两种守恒形式是等价的；波群速 $c_{gs}=\dfrac{1}{2}c_s A_s$，$c_{gr}=\dfrac{1}{2}c_r A$，$A_s=1+2k_s/\sinh 2k_s h$；$A=1+2kh/\sinh 2kh$，$c_s=(g/k_s\tanh k_s h)^{1/2}$。

式(3-62)可以写为

$$\frac{E}{E_s}=\frac{\omega_r}{\omega_s}\frac{c_{gs}}{(c_{gr}+u)}=\left(1-\frac{u}{c}\right)\frac{\lambda_s}{\lambda}\frac{A_s}{A}\left(1+\frac{u}{c}\frac{2-A}{A}\right)^{-1} \tag{3-63}$$

波高的变化为

$$\frac{H}{H_s}=\left(1-\frac{u}{c}\right)^{\frac{1}{2}}\left(\frac{\lambda_s}{\lambda}\frac{A_s}{A}\right)^{\frac{1}{2}}\left(1+\frac{u}{c}\frac{2-A}{A}\right)^{-\frac{1}{2}}=R \tag{3-64}$$

式中，H_s 为静水中的波高。

2. 波与流斜交时规则波的变形

等水流的速度分布不均匀，水波将发生折射，图 3-11 分析了水流速度 u=0 和 $u \neq 0$ 的情况。

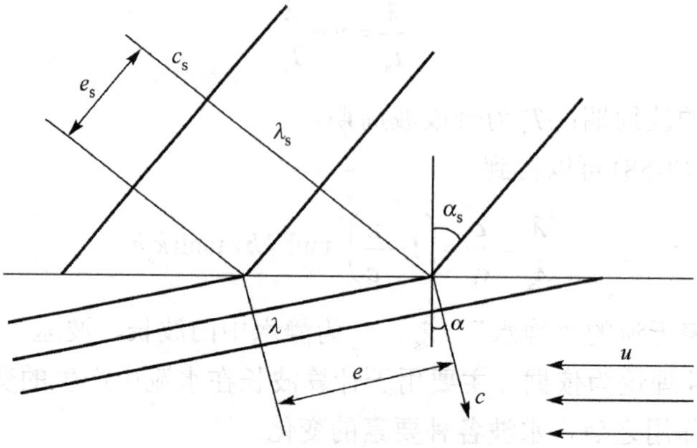

图 3-11　波能传递方向的变化

α_s 为无流区域的波入射角；e_s 为波能量

依据线性波理论，有流的部分为

$$c = c_a = c_r + u\sin\alpha \tag{3-65}$$

无流和有流两个部分的交界处，波浪的运动是连续的，即在接触面沿水流方向的波数不会发生变化。将 Snell 定律描述为

$$k_s \sin\alpha_s = k\sin\alpha$$

或

$$\frac{\lambda_s}{\sin\alpha_s} = \frac{\lambda}{\sin\alpha}$$

如果波浪是稳定的，无流和有流两个部分中的波浪周期是不会发生变化的，即

$$T_s = T_a = T \tag{3-66}$$

或

$$T = \frac{c_a}{\lambda} = \frac{c}{\lambda} = \frac{c_s}{\lambda_s} \tag{3-67}$$

式中，T_s 为无流区域中的波周期。

得到计算波长的变化公式：

$$\frac{\lambda}{\lambda_s} = \left(1 - \frac{u}{c_s}\sin\alpha_s\right)^{-2} \frac{\tanh kh}{\tanh k_s h} \tag{3-68}$$

根据两个部分中的任意两条波能传播方向线间的波浪作用能量守恒原则，可以表达成为

$$e_1\frac{E}{\omega_r}c_{ga}=e_s\frac{E_s}{\omega_s}c_{gs} \tag{3-69}$$

式中，e_1 为两个相邻射线之间的距离；$c_{gs}=0.5c_sA_s$；$c_{ga}=c_r+u$；$c_{gr}=0.5c_rA$。

由图 3-12 可知

$$\frac{e}{e_s}=\frac{\cos\alpha_s}{\cos\alpha}$$

$$c_{ga}\cos\alpha=c_{gr}\cos\alpha$$

得到波高变化公式为

$$\frac{H}{H_s}=\left(\frac{A_s}{A}\frac{\lambda_s}{\lambda}\frac{\cos\alpha_s}{\cos\alpha}\right)^{\frac{1}{2}} \tag{3-70}$$

式中，H_s 为静水中的波高。

波浪折射的计算公式为

$$\sin\alpha=\left(1-\frac{u}{c_s}\sin\alpha_s\right)^{-2}\frac{\tanh kh}{\tanh k_sh}\sin\alpha_s \tag{3-71}$$

一般而言，如果流入射角不小于 60°，可以认为波折射方向与水流方向相同。

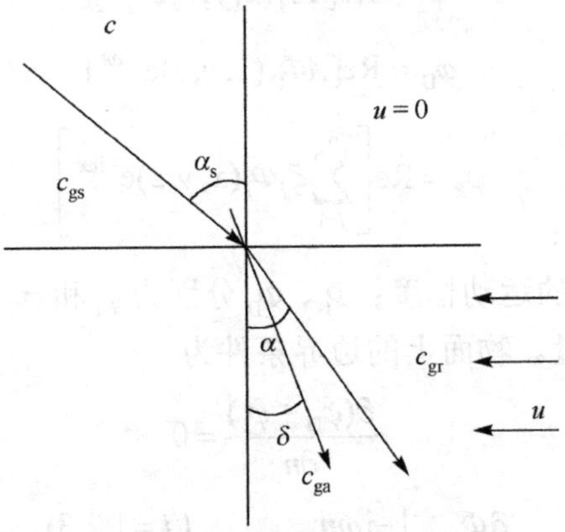

图 3-12　波流斜交时波浪的折射

3.3　海洋工程结构的波浪载荷

3.3.1　速度势的分解及其定解条件

假设海洋结构周围的流场属于理想状态，即无黏性、无旋、有势，波浪场速度势 $\varphi(x,y,z,t)$ 为空间位置及时间的函数，满足拉普拉斯(Laplace)方程：

$$\nabla^2\varphi=0 \tag{3-72}$$

边界条件如下。

(1)海面线性自由条件：

$$\frac{\partial^2\varphi}{\partial t^2}+g\frac{\partial\varphi}{\partial z}=0 \quad (z=0) \tag{3-73}$$

$$\zeta=-\frac{1}{g}\frac{\partial\varphi}{\partial t}\bigg|_{z=0} \tag{3-74}$$

(2) 水底条件：

$$\frac{\partial\varphi}{\partial z}=O \quad (z=-h) \tag{3-75}$$

(3) 物面条件：

$$\frac{\partial\varphi}{\partial \boldsymbol{n}}=\boldsymbol{v}\cdot\boldsymbol{n}\ (在物面上) \tag{3-76}$$

式中，v 为物体的运动速度；$\boldsymbol{n}$ 为物体表面处的单位外法向矢量。

根据线性理论，对包含物体自身运动的问题，速度势 φ 能够分解为波势 φ_{I}、绕射势 φ_{D} 和由物体六自由度运动引起的辐射势 φ_{R} 三个部分，即

$$\varphi=\varphi_{\mathrm{I}}+\varphi_{\mathrm{D}}+\varphi_{\mathrm{R}} \tag{3-77}$$

考虑时间简谐运动：

$$\varphi_{\mathrm{I}}=\mathrm{Re}[A\varPhi_{\mathrm{I}}(x,y,z)\mathrm{e}^{-\mathrm{i}\omega t}]$$

$$\varphi_{\mathrm{D}}=\mathrm{Re}[A\varPhi_{\mathrm{D}}(x,y,z)\mathrm{e}^{-\mathrm{i}\omega t}]$$

$$\varphi_{R}=\mathrm{Re}\left[\sum_{j=1}^{6}\xi_j\varPhi_j(x,y,z)\mathrm{e}^{-\mathrm{i}\omega t}\right]$$

式中，ξ_j 为物体在 j 自由度的运动幅度；$\varPhi_{\mathrm{I}}$、$\varPhi_{\mathrm{D}}$ 分别为 φ_{I} 和 φ_{D} 与时间无关的空间分量；$\varPhi_j$ 为 φ_{R} 第 j 自由度的空间分量。物面上的边界条件为

$$\frac{\partial(\varphi_{\mathrm{D}}+\varphi_{\mathrm{I}})}{\partial n}=0 \tag{3-78a}$$

$$\frac{\partial\varPhi_j}{\partial n}=\begin{cases}-\mathrm{i}\omega\boldsymbol{n}_j & (j=1,2,3)\\ -\mathrm{i}\omega(\boldsymbol{r}\times\boldsymbol{n})_{j-3} & (j=4,5,6)\end{cases} \tag{3-78b}$$

式中，$\boldsymbol{r}$ 为源点-场点矢量。

此外 φ_{D}、φ_{R} 还应该满足 Sommerfeld 辐射条件，即在 $R=\sqrt{x^2+y^2}\to\infty$ 的无限远处，φ_{D} 或 φ_{R} 具有圆柱形波阵面，且满足

$$\lim_{R\to\infty}R^{1/2}\left[\frac{\partial\varphi_{\mathrm{D}}}{\partial R}-\mathrm{i}\varphi_{\mathrm{D}}\right]=0 \tag{3-79}$$

如果结构物是固定的，不存在辐射势，相应的物面条件简化为

$$\frac{\partial\varphi_{\mathrm{D}}}{\partial n}=-\frac{\partial\varphi_{\mathrm{I}}}{\partial n}\quad(物面上) \tag{3-80}$$

如果考虑有限振幅波的影响，那么在上面给定的条件中，一定要有非线性项。

3.3.2　小尺度结构的波浪力

1．波浪力计算的区域划分

如果海洋物结构是固定的，则速度势由入射速度势和绕射速度势两个部分组成。考虑直径为 D 的圆柱体，入射波是波长为 λ、波高为 H 的规则波，这三个变量可以组合成为三个无量纲数，即斜波度、相对尺度和黏性参数。

这三个无量纲数中只有两个是独立的。如果物体特征尺度比较小，则雷诺数 $Re=vD/V$ 是比较小的，也就是黏性作用较大，取 H/D 作为黏性参数。对给定的入射波，H/λ 是常数，参数 D/λ、H/D 组成一组双曲线，见图 3-13，后面两个参数所构成的平面内可以分成四个区域，其定义如下：

$D/\lambda<0.15$，尺度小，可以不计入绕射效应（Ⅰ、Ⅲ）；

$H/D<1.0$，大雷诺数，可以不计入黏性效应（Ⅰ、Ⅱ）。

图 3-13 中的三条曲线分别对应 $H/\lambda=1/7,0.1,0.05$。一旦 $H/\lambda>1/7$，波陡变大，波浪会破碎，故在包括Ⅳ区域中的该曲线右上方已经没有实际波浪存在。

通过判断问题所在的区域，可选取适当的方法计算波浪力。

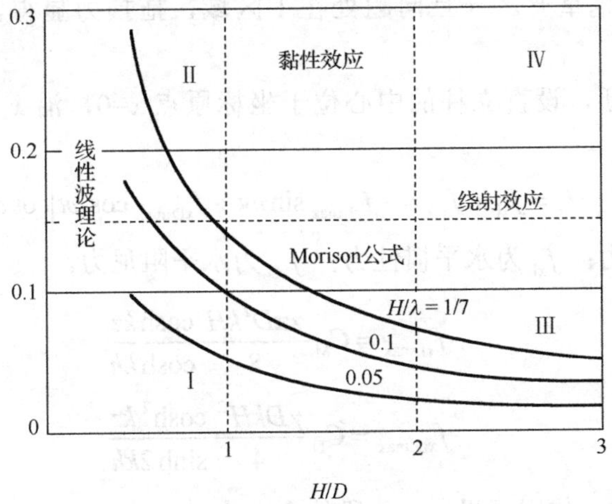

图 3-13　波浪力计算区域的划分

2．小尺度结构波浪力计算的 Morison 公式

小直径管柱结构在海洋工程中非常常见，该结构主要用作组装固定式平台和导管架平台。在 3.1 节对水流问题的研究中，已经向读者说明了 Morison 公式的产生和简单的展开形式。经过长时间的工程应用，世界上各个地区与国家已经将 Morison 公式运用到海洋结构物设计规范之中。

考虑刚性直立桩的情景，图 3-14 为波浪场中的直立小直径管柱示意图。

Morison 公式中，把作用在单位长柱体上的水平力表示为与水平速度相关的两项相加得

$$f=\frac{\rho D}{2}u|u|C_{\mathrm{D}}+\rho\frac{\pi D^2}{4}\dot{u}C_{\mathrm{M}} \tag{3-81}$$

式中，f 为垂直方向单位长柱体上的波浪力；C_{D} 为黏性阻尼系数；C_{M} 为惯性力系数。水

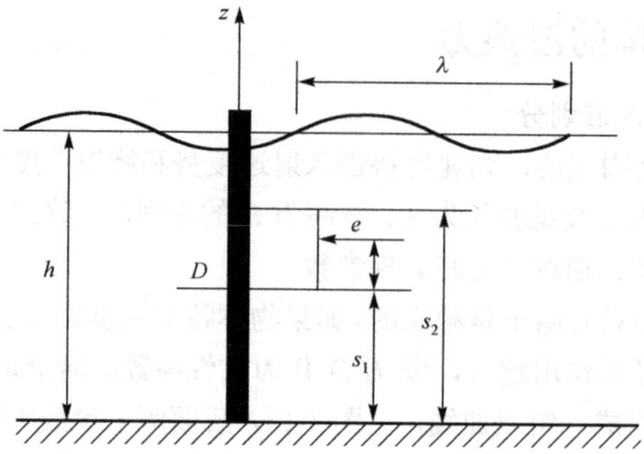

图 3-14　波浪场中的直立小直径管柱示意图

流速度 u 通常可以按照提前选取的不同的波浪理论给出。实际海况不同，C_D、C_M 取值不同，得到的波浪力结果也是不同的。

Morison 公式中，第一项表示黏性力效应，与平均速度呈正相关关系，方向与速度相同；第二项为惯性力，和波浪场的加速度呈正相关关系。显然，随着物体尺度的变大，第二项越来越重要。一旦问题处在 I 区域，拖拽力显得没有那么重要，这就是惯性控制。

为了使计算简便，设直立柱的中心位于坐标原点 $x=0$，沿 x 方向传播的是简谐微幅波，有

$$f_x = f_{xI} + f_{xD} = -f_{xI,\max}\sin\omega t + f_{xD,\max}\cos\omega t\left|\cos\omega t\right| \tag{3-82}$$

式中，f_x 为水平合力；f_{xI} 为水平惯性力；f_{xD} 为水平阻尼力。

$$f_{xI,\max} = C_M \frac{\gamma\pi D^2 kH}{8}\frac{\cosh kz}{\cosh kh} \tag{3-83a}$$

$$f_{xD,\max} = C_D \frac{\gamma DkH^2}{4}\frac{\cosh^2 kz}{\sinh 2kh} \tag{3-83b}$$

式中，γ 为给定常数。作用于沿 s_1、s_2 段的合力为

$$F_x = \int_{s_1}^{s_2} f_x \mathrm{d}z = F_{xD,\max}\cos\omega t\left|\cos\omega t\right| - F_{xI,\max}\sin\omega t \tag{3-84}$$

式中

$$F_{xD,\max} = C_D\frac{\gamma DH^2}{2}K_1\,,\qquad K_1 = \frac{2ks_2 - 2ks_1 + \sinh 2ks_2 - \sinh 2ks_1}{8\sinh 2kh}$$

$$F_{xI,\max} = C_M\frac{\gamma\pi D^2 H}{8}K_2\,,\qquad K_2 = \frac{\sinh ks_2 - \sinh ks_1}{\cosh kh}$$

相对于 s_1 段顶点的波浪力矩为

$$M_x = \int_{s_1}^{s_2}(z - s_1) f_x \mathrm{d}z = M_{xD,\max}\cos\omega t\left|\cos\omega t\right| - M_{xI,\max}\sin\omega t \tag{3-85}$$

$$M_{xD,\max} = C_D\frac{\gamma DH^2}{k}K_3$$

$$M_{x\mathrm{I},\max} = C_{\mathrm{M}} \frac{\gamma \pi D^2 H}{8k} K_4$$

$$K_3 = \frac{1}{32\sin kh}\{2[k(s_2 - s_1)]^2 2k(s_2 - s_1)\sinh 2ks_2 - (\cosh 2ks_2 - \cosh 2ks_1)\}$$

$$K_4 = \frac{1}{\cosh kh}[k(s_2 - s_1)\sinh ks_2 - (\cosh ks_2 - \cosh ks_1)]$$

水平波浪力作用点与 s_1 段顶点之间的距离为

$$e = \frac{M_x}{F_x} \tag{3-86}$$

3．关于流体动力系数的分析

在使用 Morison 公式时，一方面要选取最佳的波浪理论，另一方面要选取最佳的动力系数。已知动力系数是 Re、K_{C}、柱体表面的粗糙程度 k_1/D 与时间 t/T 的函数。根据原型观测得到的 C_{D} 和 C_{M} 如表 3-1 所示，各国目前采用的 C_{D} 和 C_{M} 如表 3-2 所示。

表 3-1　C_{D}、C_{M} 的若干原型观测值

观测分析者	C_{D}	C_{M}	观测条件
Kim 与 Hibbard(1975)	0.61	1.20	澳大利亚巴斯海峡，D=32.3m，长 11.59m
Heidman 和 Olsen(1979)	0.6~2.0 ($8<k_{\mathrm{c}}<20$)	1.51(最小二乘法) 1.65(瞬态法)	墨西哥湾，$R_{\mathrm{e}}=2\times10^5\sim6\times10^5$，水深 4.58m，$D$=40.6cm
Bishop(1979)	0.73(测波杆) 1.0(主杆)	1.22~1.66(测波杆) 1.85(主杆)	Chriskhunrch 大海湾，$R_{\mathrm{e}}=10^5\sim10^6$，$k_{\mathrm{c}}=2\sim30$
Ohmart 和 Grantz	0.7	1.5~1.7	伊迪斯飓风，$R_{\mathrm{e}}=3\times10^5\sim3\times10^6$

表 3-2　各国规范采用的 C_{D}、C_{M} 值

各国规范	《港口与航道水文规范》JT 145—2015
采用的波浪理论	线性波理论
C_{D}	1.2
C_{M}	2.0

注：英国 DTI 指导(1974)建议对应水深采用对应理论，C_{D} 取可靠观测值。

4．倾斜桩柱的流体动力计算

为了将 Morison 公式应用到倾斜桩柱，将其改写成矢量的形式，为

$$\boldsymbol{F} = 0.5\rho C_{\mathrm{D}} |\boldsymbol{u}| \boldsymbol{u} + 0.25\rho D^2 C_{\mathrm{M}} \boldsymbol{a} \tag{3-87}$$

式中，C_{D}、C_{M} 均为已知量(可取表 3-2 中的建议值)；$\boldsymbol{a}$ 为合成加速度。假设 $\boldsymbol{e}$ 是沿桩柱轴线的单位矢量，可以表示成

$$\boldsymbol{e} = e_x \boldsymbol{i} + e_y \boldsymbol{j} + e_z \boldsymbol{k}$$

式中，$\boldsymbol{i}$、$\boldsymbol{j}$、$\boldsymbol{k}$ 分别为沿着 x、y、z 轴的单位矢量，可表示为

$$e_x = \sin\varphi\cos\psi$$

$$e_y = \cos\varphi$$

$$e_z = \sin\varphi\sin\psi$$

其中，φ 为轴线与 z 轴之间的夹角；ψ 为通过轴线的垂直面与 xOz 面的夹角，如图 3-15 所示。

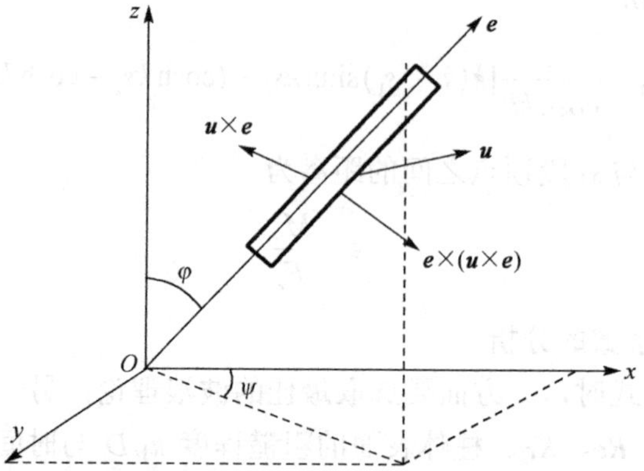

图 3-15　倾斜的小尺度管件及其几何关系

对于一般的流场 $U=(u,v,w)$，有

$$\boldsymbol{u}_n = \boldsymbol{i}u_{nx} + \boldsymbol{j}u_{ny} + \boldsymbol{k}u_{nz} = \boldsymbol{e}\times[(\boldsymbol{i}u+\boldsymbol{j}v)\times\boldsymbol{e}] \tag{3-88}$$

展开式(3-88)可得

$$\begin{cases} u_{nx} = u - e_x(e_x u + e_y u) \\ u_{ny} = v - e_y(e_x u + e_y v) \\ u_{nz} = -e_z(e_x u + e_y v) \end{cases}$$

合成速度 $\boldsymbol{u}$ 与合成加速度 $\boldsymbol{a}$ 通常不共线。$\boldsymbol{u}_n$ 的绝对值为

$$|\boldsymbol{u}_n| = \sqrt{\boldsymbol{u}\cdot\boldsymbol{u}} = \sqrt{u^2+v^2-(e_x u + e_y v)^2}$$

根据 Hoener 假设，当雷诺数处于超临界时，垂向的压力与切向速度无关。因此，Re 与 K_C 可取

$$Re = \frac{|\boldsymbol{u}_n|D}{\nu},\quad K_C = \frac{|\boldsymbol{u}_n|T}{D}$$

5．群桩的情况

如图 3-16 所示为直立平行群桩的简单情况，其纵向、横向间距分别是 a、b，纵向与 x 轴的夹角为 α，则群桩的合力可以通过下式计算：

$$F_x = \sum_i\sum_j F_{xi,yj} \tag{3-89}$$

$$M_x = \sum_i\sum_j M_{xi,yj} \tag{3-90}$$

其中，

$$F_{x,y}=F_{x\text{D},\max,y}\cos(kx_y-\omega t)\left|\cos(kx_y-\omega t)\right|+F_{x\text{D},\max,y}(kx_y-\omega t) \tag{3-91}$$

$$x_y=(i-1)a\cos\alpha-(j-1)b\sin\alpha \tag{3-92}$$

式中，$F_{x\text{D},\max,y}$ 为单桩在流方向上的力矩。

实际上，当柱桩之间相隔比较近时，相互之间就会有遮蔽作用。因此，在计算时需加入修正系数，具体参考表 3-3，其中 l 为桩柱间距，D 为直径。

表 3-3　遮蔽修正系数

l/D	2	3	4
垂直于波	1.5	1.25	1.0
平行于波	0.7	0.80	10.0

运用叠加原理可以求出小尺度杆件组成的海洋结构总波力，不过，在计算的过程中，一定要辨明每个杆件的方位和受力方向，最后统一投影到坐标系上。

如果进行时域分析，在来波给定的情况下，相邻两杆之间相位差会促使合力有可能叠加或者相互抵消，计算时一定要细心。

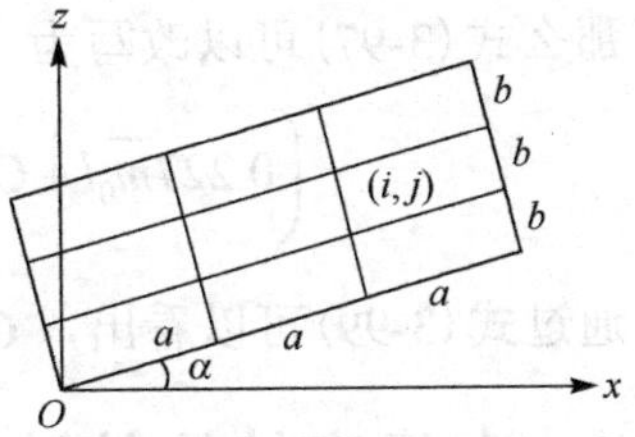

图 3-16　群桩的几何位置

3.3.3　柔性圆柱体的波浪力

针对结构弹性变形产生位移的情况，Berge 和 Penzien(1974)提出对 Morison 公式进行修正，如式(3-93)所示。

$$f=C_{\text{M1}}\frac{\pi}{4}\rho D^2\dot{u}+C_{\text{M2}}\frac{\pi}{4}\rho D^2(\dot{u}+\ddot{v})+C_{\text{D}}\rho\frac{D}{2}\left|u-\dot{v}\right|(u-\dot{v}) \tag{3-93}$$

式(3-93)中 Morison 等(1975)推荐的表达形式为

$$C_{\text{M}}=C_{\text{M1}}+C_{\text{M2}} \tag{3-94}$$

$$C_{\text{M1}}=1-0.12\frac{\pi D}{\lambda},\qquad C_{\text{M2}}=\begin{cases}1.0 & \left(\dfrac{\pi D}{\lambda}<0.5\right)\\ 1.54-1.08\dfrac{\pi D}{\lambda} & \left(\dfrac{\pi D}{\lambda}>0.5\right)\end{cases} \tag{3-95}$$

分析图 3-17 所示的柔性圆柱，如果不考虑黏性阻力，那么总水平力如式(3-96)所示。

$$p_1(t)=C_{\text{M1}}\frac{\pi}{4}\rho D^2\int_{-h}^{l-h}\dot{u}\mathrm{d}z+C_{\text{M2}}\frac{\pi}{4}\rho D^2\int_{-h}^{l-h}(\dot{u}-\ddot{v})\mathrm{d}z \tag{3-96}$$

对柔性圆柱使用牛顿第二定律：

$$m_0\ddot{v}+c_1\dot{v}+k_1v=p_1(t) \tag{3-97}$$

式中，m_0 为等效质量，$m_0=0.227\overline{m_0}l$，$\overline{m_0}$ 为单位长度质量；c_1 为结构阻尼系数；k_1 为柔

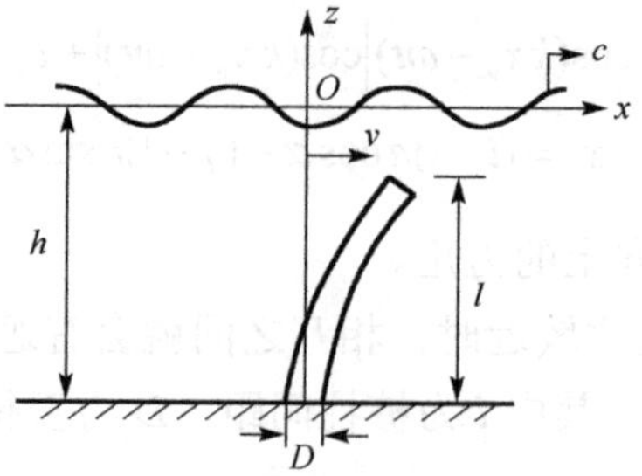

图 3-17　波浪场中的柔性圆柱

性圆柱的弯曲刚度，$k_1 = CEI/l^3$，C 为依赖于柔性圆柱的柔性常数(海底刚性固定悬臂梁 C=3)，对内外径分别是 D_i、D_*的圆管有

$$I = \pi(D_*^4 - D_i^4)/64 \tag{3-98}$$

那么式(3-97)可以改写为

$$\left(0.227\overline{m_0}l + C_{M2}\frac{\pi}{4}\rho D^2 l\right)\ddot{v} + c_1\dot{v} + \frac{3EI}{l^3}v = C_M\frac{\pi}{4}\rho D^2\int_{-h}^{l-h}\dot{u}\mathrm{d}z \tag{3-99}$$

通过式(3-99)可以看出，C_{M2} 实际上是附连水质量系数 C_A。

3.3.4　大尺度结构的波浪载荷

1．直立圆柱

首先讨论大直径直立圆柱上的波浪力，理论模型如图 3-18 所示。当圆柱直径 D 与波长 λ 满足 $D/\lambda > 0.15$ 时，称为大尺度结构。

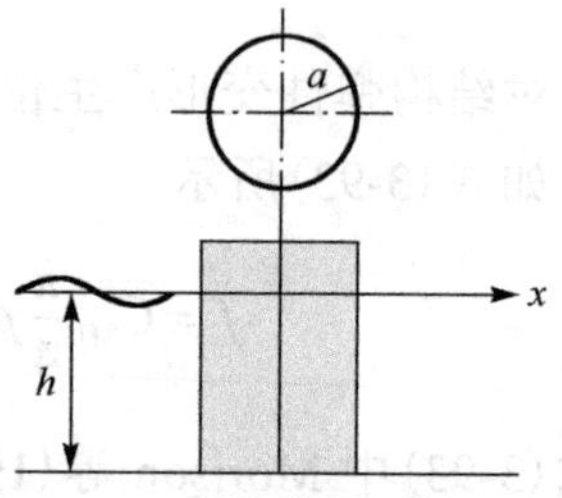

图 3-18　大直径直立圆柱的绕射流场

已知入射波速度势为

$$\phi_1(r,\theta,z) = -\frac{\mathrm{i}gA}{\omega}\frac{\cosh k(z+h)}{\cosh kh}\mathrm{e}^{\mathrm{i}kr\cos\theta} \tag{3-100}$$

式(3-100)中的指数部分可以通过 Bessel 函数表示出来：

$$\mathrm{e}^{\mathrm{i}kr\cos\theta} = \sum_{m=0}^{\infty}\varepsilon_m \mathrm{i}^m J_m(kr)\cos m\theta, \qquad \varepsilon_m = \begin{cases}1 & (m=0)\\ 2 & (m\geqslant 1)\end{cases} \tag{3-101}$$

式中，J_m 为 m 阶 Bessel 函数。

那么

$$\phi_1(r,\theta,z) = -\frac{\mathrm{i}gA}{\omega}\frac{\cosh k(z+h)}{\cosh kh}\sum_{m=0}^{\infty}\varepsilon_m \mathrm{i}^m J_m(kr)\cos m\theta \tag{3-102}$$

绕射速度势满足边界条件：

$$\frac{\partial \phi_D}{\partial z} = \frac{\omega^2}{g}\phi_D \quad (z=0) \tag{3-103}$$

$$\frac{\partial \phi_D}{\partial z} = 0 \quad (z=-h) \tag{3-104}$$

$$\frac{\partial \phi_D}{\partial z} = \frac{\partial \phi_I}{\partial r} \quad (\text{在物面} r = a \text{上}) \tag{3-105}$$

绕射速度势满足无穷远处的 Sommerfeld 辐射条件：

$$\lim_{R\to\infty} R^{1/2}\left(\frac{\partial \phi_D}{\partial R} - \mathrm{i}\phi_D\right) = 0 \tag{3-106}$$

由垂向特征函数的正交性和散射波在无穷远处的辐射条件，绕射速度势可以写为

$$\phi_D(r,\theta,z) = -\frac{\mathrm{i}gA}{\omega}\frac{\cosh k(z+h)}{\cosh kh}\sum_{m=0}^{\infty}\varepsilon_m \mathrm{i}^m A_m H_m(kr)\cos m\theta \tag{3-107}$$

式中，$H_m(kr)$ 为第一类 Hankel 函数。

把入射波速度势和绕射速度势一起代入柱面条件式(3-105)，可以得出系数：

$$A_m = -J'_m(ka)/H'_m(ka) \tag{3-108}$$

求得速度势后，根据波面方程得

$$\zeta(r,\theta) = A\sum_{m=0}^{\infty}\varepsilon_m \mathrm{i}^m\left[J_m(kr) - \frac{J'_m(ka)}{H'_m(kra)}H_m(kr)\right]\cos m\theta \tag{3-109}$$

式中，J_m 为 m 阶 Bessel 函数；H_m 为 m 阶 Hankel 函数；撇号代表求导(一阶)。

波动场压强为

$$p(r,\theta,z) = \rho gA\frac{\cosh k(z+h)}{\cosh kh}\sum_{m=0}^{\infty}\varepsilon_m \mathrm{i}^m\left[J_m(kr) - \frac{J'_m(ka)}{H'_m(kra)}H_m(kr)\right]\cos m\theta \tag{3-110}$$

圆柱上的水平波浪力可以根据物面积分得出。考虑到物面的单位法向矢量的 x 分量为

$$n_x = -\cos\theta$$

$$\begin{aligned} F_x &= \int_0^{2\pi}\int_{-h}^{0} p(a,\theta,z)n_x a\mathrm{d}z\mathrm{d}\theta = -\rho gA\int_{-h}^{0}\frac{\cosh k(z+h)}{\cosh kh}z\mathrm{d}z \\ &\int_0^{2\pi}\sum_{m=0}^{\infty}\frac{\varepsilon_m \mathrm{i}^m}{H'_m(ka)}[J_m(kr)H'_m(ka) - J'_m(ka)H_m(kr)]\cos m\theta\cos\theta\mathrm{d}\theta \end{aligned} \tag{3-111}$$

根据余弦函数的正交性和 Bessel 函数基本性质，可得

$$J_m(z)H'_m(z) - J'_m(z)H_m(z) = \frac{2\mathrm{i}}{\pi z}$$

一阶近似的波浪力可以写为

$$F_x = \frac{4\rho gAa^2}{kaH'_m(ka)}\frac{\tanh kh}{ka} \tag{3-112}$$

类似地，关于 y 轴的波浪力矩为

$$\begin{aligned} M_y &= \int_0^{2\pi}\int_{-h}^{0} p(a,\theta,z)n_x az\mathrm{d}z\mathrm{d}\theta \\ &= -\rho gAa\int_{-h}^{0}\frac{\cosh k(z+h)}{\cosh kh}z\mathrm{d}z\cdot\int_0^{2\pi}\sum_{m=0}^{\infty}\frac{\varepsilon_m \mathrm{i}^m}{H'_m(ka)}[J_m(kr)H'_m(ka) - J'_m(ka)H_m(kr)]\cos\theta\mathrm{d}\theta \end{aligned}$$

化简得

$$M_y = \frac{4\rho gA}{k^3 H_1'(ka)} \frac{1-\cosh kh}{\cosh kh} \tag{3-113}$$

2．截断圆柱的绕射速度势

图 3-19 是截断圆柱的绕射问题示意图。这个问题的速度势应该满足的边界条件为

$$\phi_z(x,y,z) = \frac{\omega^2}{g}\phi(x,y,z) \quad (z=0) \tag{3-114a}$$

$$\phi_z(x,y,z) = 0 \quad (z=-h) \tag{3-114b}$$

$$\phi_r(x,y,z) = 0 \quad (\text{在柱面} r=a, -T<z<0) \tag{3-114c}$$

$$\phi_z(x,y,z) = 0 \quad (\text{在柱底面} r<a, z=-T) \tag{3-114d}$$

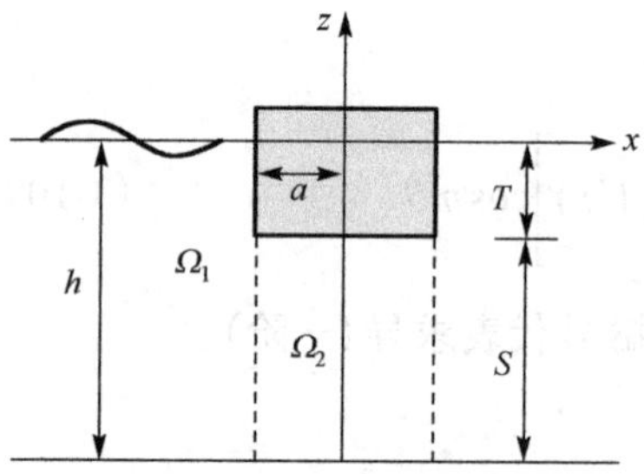

图 3-19　截断圆柱的绕射问题

速度势 ϕ 可分离变数为轴向因子 ϕ_z 和径向因子 ϕ_r。并且其满足无穷远处的 Sommerfeld 辐射条件式 (3-106)。

根据图 3-19，以半径为 a 的柱面将流域分为内外两区 Ω_1、Ω_2。在交界处需要满足内、外解的连续条件：

$$\phi_1(a,\theta,z) = \phi_2(a,\theta,z) \quad (-h<z<-T) \tag{3-115a}$$

$$\frac{\partial}{\partial r}\phi_1(a,\theta,z) = \frac{\partial}{\partial r}\phi_2(a,\theta,z) \tag{3-115b}$$

利用半解析方法，在外域将速度势分别按照幅度、水平径向和垂向距离展开得到式 (3-116)。

$$\phi_1(r,\theta,z) = -\frac{\mathrm{i}gA}{\omega}\sum_{m=0}^{\infty}\varepsilon_m \mathrm{i}^m \cos m\theta \cdot \left\{[J_m(k_0 r) + A_{m0}H_m(k_0 r)]Z_0(k_0 z) + \sum_{m=0}^{\infty} A_{mi}K_m(k_i r)Z_i(k_i z)\right\} \tag{3-116}$$

式中，K_m 为第 m 阶修正 Bessel 函数；k_0 和 k_i 分别为下述方程的根：

$$\omega_0^2 = gk_0 \tanh k_0 h \tag{3-117}$$

$$\omega_i^2 = -gk_i \tan k_i h \tag{3-118}$$

垂向特征函数：

$$Z_0(k_0 z) = \frac{\cosh k_0(z+h)}{\cosh k_0 h} \tag{3-119a}$$

$$Z_i(k_i z) = \frac{\cos k_i(z+h)}{\cos k_i h} \quad (i \geqslant 1) \tag{3-119b}$$

式 (3-116) 的第一项为入射波，第二项是绕射波，而第三项是随着 r 的增大而衰减的局部振荡项。

在内域将速度势展开得

$$\phi_2(r,\theta,z) = -\frac{\mathrm{i}gA}{\omega}\sum_{m=0}^{\infty}\varepsilon_m \mathrm{i}^m \cos m\theta \sum_{j=0}^{\infty} B_{mj} V_m(\lambda_j r) Y_j(\lambda_j z) \tag{3-120}$$

式(3-120)中的特征值 $\lambda_j = j\pi / S$。

垂向特征函数：

$$Y_0(\lambda_0 z) = \sqrt{2}/2, \quad Y_j(\lambda_j z) = \cos\lambda_j (z+h) \quad (j \geqslant 1)$$

径向特征函数：

$$V_m(\lambda_0 r) = (r/a)^m, \quad V_m(\lambda_j r) = I_m(\lambda_j r) / I_m(\lambda_j a) \quad (j \geqslant 1)$$

式中，I_m 为第一类变形 Bessel 函数。

根据在交界面上的速度势及导数的连续条件，还有 $\cos m\theta$ 和垂向特征函数 $Y_j(\lambda_j z)$、$Z_j(\lambda_j z)$ 的正交性，当内外解分别为 i+1 和 j+1 项近似时，可以解得内外解的展开式系数 A_{mi} 和 B_{mj}。

在物面上对压强积分，可以得到线性理论下的波浪力：

$$\begin{aligned} F_x &= \iint_{S_b} p n_x \mathrm{d}S = \mathrm{i}\omega\rho a \int_{-T}^{0}\int_{0}^{2\pi} \phi_1(a,z)(-\cos\theta)\mathrm{d}z\mathrm{d}\theta \\ &= -2\pi \mathrm{i}\rho g A a \int \left[Z_0(k_0 z) J_1(k_0 a) + A_{10} Z_0(k_0 z) H_1(k_0 a) + \sum_{i=1}^{l} A_{1i} Z_0(k_i z) K_1(k_i a) \right] \mathrm{d}z \end{aligned} \tag{3-121}$$

式中，S_b 为整个柱面。这时的垂向力为

$$\begin{aligned} F_z &= \iint_{S_b} p n_z \mathrm{d}S = \mathrm{i}\omega\rho a \int_0^a \int_0^{2\pi} \phi_2(r,-T) r \mathrm{d}r\mathrm{d}\theta \\ &= 2\pi\rho g A \sum_{j=0}^{j} B_J Y_j(-\lambda_j T) \int_0^a V_0(\lambda_j r) r \mathrm{d}r \end{aligned} \tag{3-122}$$

绕 y 轴的力矩为

$$\begin{aligned} M_y &= \iint_{S_b} p(z n_x - x n_z)\mathrm{d}S \\ &= \mathrm{i}\omega\rho a \int_{-T}^{0}\int_0^{2\pi} a\phi_1(a,z)(-\cos\theta)\mathrm{d}z\mathrm{d}\theta - \int_0^a \int_0^{2\pi} \phi_2(r,-T) r^2 \mathrm{d}r\mathrm{d}\theta \\ &= -2\pi i \rho g A \left\{ \int_{-T}^{0} a \left[Z_0(k_0 z) J_1(k_0 a) + A_{10} Z_0(k_0 z) H_1(k_0 a) + \sum_{i=1}^{l} A_{1i} Z_0(k_i z) K_1(k_i a) \right] \mathrm{d}z \right. \\ &\quad \left. + \sum_{j=0}^{J} B_J Y_j(-\lambda_j T) \int_0^a V_0(\lambda_j r) r^2 \mathrm{d}r \right\} \end{aligned} \tag{3-123}$$

3．任意形状大尺度结果的波浪力计算

针对海洋工程中非规则形状结构物的波浪力和波浪场的计算，必须应用数值方法来完成。在解决这类问题的时候，使用边界元方法可以减少维数，实践也已经证明这是一种可行的方法。边界元方法是根据格林(Green)公式和格林函数得到的。通过格林公式可以看出，波浪场的速度势可以由分布在解区域边界面上的奇点(源或偶极子)的面积分来表示。格林函数是满足方程和规定表面上条件的基本解。如果已知格林函数，通过剩余的表面条件可

以构成以奇点为未知函数的基本方程。该积分方程在利用有限个面元替代原始表面之后，可以将原积分方程转变为线代数方程组，便于求解。

格林函数有两类。简单的格林函数是无限空间的 Rankine 源，它的基本解是

$$G(x,\zeta)=-\frac{1}{4\pi}\cdot\frac{1}{r} \tag{3-124}$$

$$r^2=\left|-\zeta\right|^2=(x-x_0)^2+(y-y_0)^2+(z-z_0)^2 \tag{3-125}$$

式中，$x(x,y,z)$ 和 $\zeta(x_0,y_0,z_0)$ 分别为计算点、奇点所在的空间坐标。

当利用简单的 Rankin 源时，场内计算点速度势的积分表达式为

$$\phi(x)=\iint\sigma(\zeta)G(x,\zeta)\mathrm{d}S \tag{3-126}$$

因为这时的格林函数仅仅满足方程，所以还需要在所有的边界面上划分面元板块，未知数的量较大，解答比较烦琐。另外一种是能满足自由面、底面和辐射条件的脉动点源(Haskind 源)的基本解：

$$G=\frac{1}{r}+\frac{1}{r_1}+\frac{1}{\pi}\int_0^{\infty}\int_{-\pi}^{\pi}\frac{v}{k-v}\mathrm{e}^{k(z+z_0)+\mathrm{i}[(x-x_0)\cos\theta+(y-y_0)\sin\theta]}\mathrm{d}\theta\mathrm{d}k \tag{3-127}$$

式中，r_1 为 Rankin 源点 x 的镜像源 x_1 到奇点的距离。

式(3-127)利用了 Bessel 函数的积分表达式

$$J_0(kR)=\frac{1}{2\pi}\int_{-\pi}^{\pi}\mathrm{e}^{\mathrm{i}kR\cos\theta}\mathrm{d}\theta \tag{3-128}$$

和 $R\to\infty$ 的渐进表达式

$$J_0(kR)\approx\sqrt{\frac{2}{\pi Rk}}\cos\left(kR-\frac{\pi}{4}\right)+O(R^{-1})$$

选择路径 L_3 以满足无穷远处辐射条件，得

$$G=\frac{1}{r}+\frac{1}{r_1}+2v\cdot p.v.\int_0^{\infty}\frac{1}{k-v}\mathrm{e}^{k(z+z_0)}J_0(kR)\mathrm{d}k+\varepsilon_i\pi\mathrm{i}\mathrm{e}^{k(z+z_0)}J_0(vR) \tag{3-129}$$

式中，$p.v.$表示主值积分，$v=\dfrac{\omega^2}{g}$，$\varepsilon_i=\begin{cases}-2v & (沿L_1)\\ 0 & (沿L_2)\\ 2v & (沿L_3)\end{cases}$。

图 3-20 为沿 k 的正实轴的三种积分路径示意图。速度势为

$$\phi(x,y,z)=\iint_{S_b}\sigma(\zeta)G(x,\zeta)\mathrm{d}S \tag{3-130}$$

式(3-130)中的积分只需在物面上进行即可。

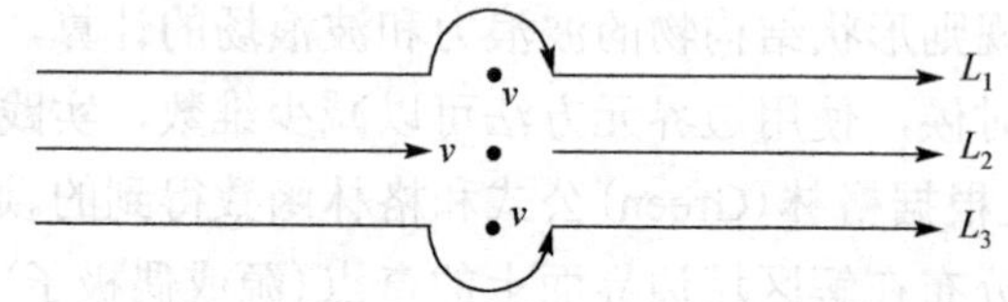

图 3-20　沿 k 的正实轴的三种积分路径示意图

3.3.5　波浪载荷的传递函数

传递函数为联系入射波波幅与作用于结构部件上载荷的函数。当传递函数已知时，可由波高得到波浪载荷。传递函数可由下面的形式进行定义：

$$G(\omega) = G_0 \mathrm{e}^{\mathrm{i}\omega t} \tag{3-131}$$

式中，G_0 为与时间无关的复数。传递函数只应用在阻力和恢复力项均为线性的动力系统。考虑到简谐力的作用，载荷函数 $\overline{q}$ 、$p_1(t)$ 和力矩 M_0 也可以写成相似的形式。载荷函数与其传递函数的关系是

$$\frac{\text{载荷函数}}{\text{波高}} = \mathrm{Re}[G(\omega)] \tag{3-132}$$

传递函数 $G(\omega)$ 的模按照下式计算：

$$|G(\omega)|^2 = G(\omega) \cdot G^*(\omega) \tag{3-133}$$

式中，$G^*(\omega)$ 为 $G(\omega)$ 的共轭。

考虑图 3-14 中的管柱，当流体力以惯性力为主时，阻力项可以忽略不计，则针对梁上的任意点 z 有

$$\frac{\overline{q}}{H} = -\frac{\pi}{8} C_{\mathrm{M}} D^2 \rho \omega^2 \frac{\cosh k(z+h)}{\sinh kh} \sin \omega t \tag{3-134}$$

传递函数为

$$G(\omega) = \mathrm{i}\frac{\pi}{8} C_{\mathrm{M}} D^2 \rho \omega^2 \frac{\cosh k(z+h)}{\sinh kh} \mathrm{e}^{\mathrm{i}\omega t} \tag{3-135}$$

$$|G(\omega)|^2 = \left[\frac{\pi}{8} C_{\mathrm{M}} D^2 \rho \omega^2 \frac{\cosh k(z+h)}{\sinh kh}\right]^2 \tag{3-136}$$

管柱的总波浪载荷是从 $z = -h$ 到 $z = 1-h$ 的积分。

第 4 章　单自由度体系

单自由度体系是结构动力学中最简单的结构。在此体系中，任意时刻结构的位置状态用一个广义坐标就能够确定。单自由度体系看似简单，实则十分重要，因为单自由度体系动力分析是多自由度体系动力分析的基础。单自由度体系包含动力分析的所有物理量及基本概念，而且许多动力问题在实际生活中可以简化成单自由度体系进行分析。多自由度体系振动问题的分析中，常常采用振型叠加的方法，即将多自由度问题化为一系列单自由度问题。如图 4-1 所示常见的单自由度体系模型有单质点的弹簧摆、弹簧振子等。

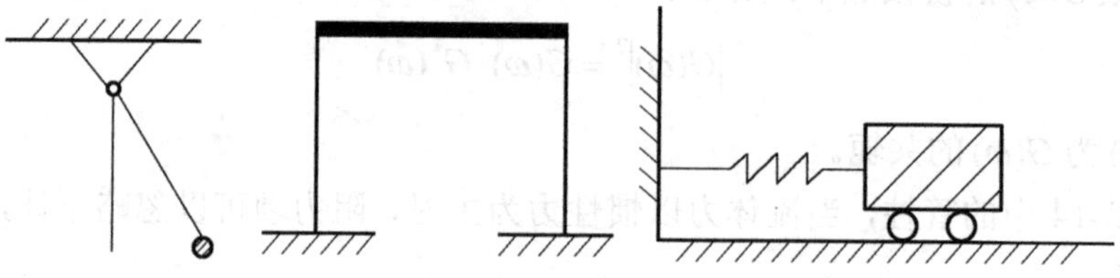

(a) 重力摆　　(b) 单层框架　　(c) 弹簧–质点体系

图 4-1　单自由度体系举例

4.1　无阻尼自由振动

结构的自由振动是指结构受到扰动离开平衡位置以后，不再受任何外力影响的振动过程。通过对单自由度体系无阻尼和有阻尼自由振动的分析，可以学习和掌握结构的自振频率、阻尼比的概念，并了解它们的特点。

对于有阻尼的弹簧–质量体系，运动方程为

$$m\ddot{u}+c\dot{u}+ku=P \tag{4-1}$$

式中，u 为相对于静力平衡位置的动力响应；m 为质量；c 为阻尼系数；k 为弹簧的弹性系数；P 为作用于体系的等效载荷。

若令 P=0，得

$$m\ddot{u}+c\dot{u}+ku=0 \tag{4-2}$$

作用力等于零时的运动方程，即自由振动方程。它代表了结构在外力作用下离开平衡位置后，自行按照其固有频率振动，不再受到任何外力影响的振动过程。

现在讨论无阻尼体系即 $c=0$ 的情况，自由振动 $(P(t)=0)$ 的运动方程为

$$m\ddot{u}+ku=0 \tag{4-3}$$

初始条件表示引起体系自由振动的扰动，即

$$u|_{t=0}=u(0)\,,\quad \dot{u}|_{t=0}=\dot{u}(0) \tag{4-4}$$

由于方程(4-3)是二阶齐次常微分方程，下面用常微分方程的分析方法求解。设解的形式为

$$u(t)=A\mathrm{e}^{st} \tag{4-5}$$

式中，s 为待定的常数；A 为常系数(只有当 s 为纯虚数时，A 才代表振幅)。

将式(4-5)代入运动方程(4-3)得

$$A(ms^2+k)\mathrm{e}^{st}=0 \tag{4-6}$$

由式(4-6)解得两个虚根为

$$s_{1,2}=\pm\mathrm{i}\omega_n \tag{4-7}$$

式中，$\mathrm{i}=\sqrt{-1}$，为单位虚数；$\omega_n=\sqrt{k/m}$ 为仅与结构性质有关的常数。

因此，运动方程(4-3)的通解为

$$u(t)=A_1\mathrm{e}^{s_1t}+A_2\mathrm{e}^{s_2t}=A_1\mathrm{e}^{\mathrm{i}\omega_nt}+A_2\mathrm{e}^{-\mathrm{i}\omega_nt} \tag{4-8}$$

式中，A_1、A_2 为未知的待定常数。

式(4-8)是一个复指数解，利用指数函数与三角函数的关系式

$$\mathrm{e}^{\mathrm{i}x}=\cos x+\mathrm{i}\sin x$$

$$\mathrm{e}^{-\mathrm{i}x}=\cos x-\mathrm{i}\sin x$$

用正弦函数和余弦函数表示通解，即

$$u(t)=A\cos\omega_nt+B\sin\omega_nt \tag{4-9}$$

式中，A、B 为未知常数。将式(4-9)对时间求一阶导数得到运动速度，即

$$\dot{u}(t)=-\omega_nA\sin\omega_nt+\omega_nB\cos\omega_nt \tag{4-10}$$

将位移和速度的形式解式(4-9)和式(4-10)分别代入初始条件，得

$$u|_{t=0}=A=u(0) \tag{4-11a}$$

$$\dot{u}|_{t=0}=\omega_nB=\dot{u}(0) \tag{4-11b}$$

从而解得

$$A=u(0),\qquad B=\frac{\dot{u}(0)}{\omega_n}$$

因此，式(4-9)成为

$$u(t)=u(0)\cos\omega_nt+\frac{\dot{u}(0)}{\omega_n}\sin\omega_nt \tag{4-12}$$

其中，

$$\omega_n=\sqrt{\frac{k}{m}} \tag{4-13}$$

式中，ω_n 为圆频率或角速度。

式(4-12)表明，体系的无阻尼振动是简谐运动，质量的运动是时间的正弦函数或余弦函数，其图形如图 4-2 所示。

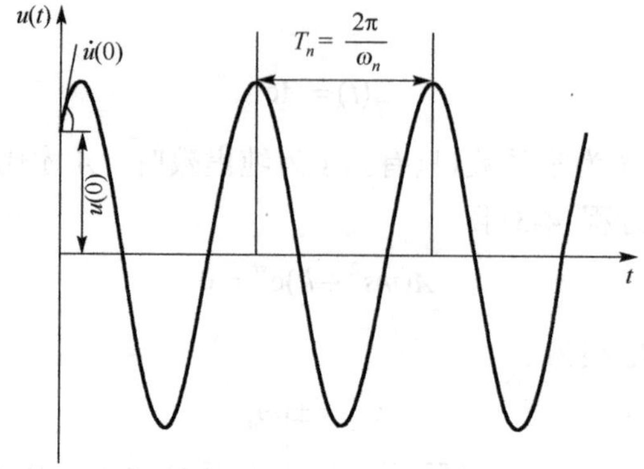

图 4-2　无阻尼体系的自由振动

图 4-2 是体系位移随时间 t 的变化曲线，在初始时刻($t=0$)，曲线坐标为初始位移 $u(0)$，曲线的斜率等于初始速度 $\dot{u}(0)$，此后曲线沿斜率方向变化，一段时间后曲线达到最大值：

$$u_0 = \max[u(t)] = \sqrt{[u(0)]^2 + \left(\frac{\dot{u}(0)}{\omega_n}\right)^2} \tag{4-14}$$

此时，体系速度为零，弹性恢复力达到最大，然后结构向负方向，即向静平衡点方向运动；质点到达静平衡点时的速度达到最大(绝对值)，弹性恢复力为零。在惯性的作用下，质点越过静平衡点继续运动直到负向最大位移点，然后结构又向正向，即向静平衡点运动，循环往复。

由式(4-12)可以看出，结构运动的周期 T_n 为

$$T_n = \frac{2\pi}{\omega_n} \tag{4-15}$$

自振周期是体系的固有特性。当体系为线弹性时，无论初始条件如何，体系完成一个振动循环所用的时间都不受影响。自振周期 T_n、自振圆频率 ω_n 和自振频率 f_n 的关系见表 4-1。

表 4-1　结构自振圆频率、自振频率和自振周期及其关系

物理量	名称	单位
$\omega_n = \sqrt{\frac{k}{m}}$	自振圆频率	rad/s(弧度/秒)
$T_n = \frac{2\pi}{\omega_n}$	自振周期	s(秒)
$f_n = \frac{\omega_n}{2\pi}$	自振频率	Hz(赫兹，周次/秒)

无阻尼条件下，结构自振圆频率 ω_n 仅与结构的刚度 k 和质量 m 有关，因而自振圆频率 ω_n、自振频率 f_n 和自振周期 T_n 都是结构的固有特性，仅与结构本身有关。自振周期和自振频率有时也称为固有周期与固有频率。

结构的自振周期(频率)是反映结构动力特性的主要物理量，在描述一个结构的动力特性或者实际测量结构动力特性时必须给出。不同结构的自振周期可能相差很大，从一般单层房屋的 0.1s，到 200m 左右高度的超高层结构的 4～5s，再到大型悬索桥的 17s。

单自由度的弯曲(扭转)弹簧组成的弹簧-质量体系，自振圆频率为

$$\omega_n = \sqrt{\frac{k_\theta}{J}} \tag{4-16}$$

式中，k_θ 为弯曲(扭转)刚度；J 为体系的转动惯量。

4.2　阻尼的影响

在结构振动中，阻尼是多种能量耗散机制的共同称谓，但为了数学上便于处理，常把这些阻尼等效为黏性阻尼，阻尼力的幅值与质点的速度成正比，方向与之相反。如 4.1 节所述，有阻尼单自由度体系自由振动的运动方程为

$$m\ddot{u} + c\dot{u} + ku = 0$$

令 $u(t) = \mathrm{e}^{st}$，代入上式得

$$s_{1,2} = -\frac{c}{2m} \pm \sqrt{\left(\frac{c}{2m}\right)^2 - \omega_n^2} \tag{4-17}$$

式中，$\omega_n = \sqrt{k/m}$，为无阻尼体系的自振圆频率。当结构体系的刚度和质量一定时，根号内式子的取值完全取决于阻尼系数 c，c 的大小影响了根号内数值的大小，根号内数值的正、负或零代表了三种运动类型。当根号内的值大于零时，s_1、s_2 均为实数，体系的运动不存在往复的振动；当根号内的值小于零时，s_1、s_2 均为复数，其解代表质点在平衡位置周围振动；当根号内数值为零时，阻尼值称为临界阻尼，是这两种运动状态的分界线。

4.2.1　临界阻尼与阻尼比

令式(4-17)中根号项为零，可得临界阻尼 c_{cr} 为

$$c_{\mathrm{cr}} = 2m\omega_n = 2\sqrt{km} \tag{4-18}$$

可见临界阻尼 c_{cr} 也是由结构刚度、质量决定的固有属性。当结构的阻尼系数 c 等于临界阻尼，即

$$c = c_{\mathrm{cr}} = 2m\omega_n$$

时，式(4-17)的两根相等，即

$$s_1 = s_2 = -\omega_n$$

方程的解为

$$u(t) = (A + Bt)\mathrm{e}^{-\omega_n t}$$

式中，A、B 为待定系数，由初始条件确定。

引入初始条件 $u(0)$ 和 $\dot{u}(0)$，得到临界阻尼体系运动的最终形式，为

$$u(t)=[u(0)(1+\omega_n t)+\dot{u}(0)t]\mathrm{e}^{-\omega_n t} \tag{4-19}$$

分析式(4-19)可以发现，临界阻尼体系的自由响应不包含出现在静平衡位置附近的振荡。这表明，当结构的阻尼等于临界阻尼时，结构的运动是按指数衰减逐渐回到平衡位置的运动，不存在往复的振动。

当结构的阻尼大于临界阻尼时，s_1 和 s_2 是两个不相等的负实根，结构的运动也是按指数衰减的运动。而当体系的阻尼小于临界阻尼时，体系的运动才呈现出在平衡位置周围往复振荡的现象。因此，临界阻尼也可以定义为，在体系自由振动响应中不出现往复振动的最小阻尼。

阻尼系数 c 是结构在每一个振动循环中消耗能量大小的度量，其量值可能在较大范围内变化，而结构的阻尼常常要通过实验得到，仅采用阻尼系数 c 不便于合理判断结构阻尼、比较不同结构间阻尼的大小。因此，在有阻尼的动力体系分析中，普遍采用阻尼系数 c 和临界阻尼 c_{cr} 的比值 ζ 来表示结构体系的阻尼大小，即

$$\zeta=\frac{c}{c_{\mathrm{cr}}}=\frac{c}{2m\omega_n} \tag{4-20}$$

式中，阻尼比 ζ 是一个无量纲数。

(1)当 $\zeta<1$ 时，称为欠阻尼或低阻尼，结构体系称为低阻尼体系。

(2)当 $\zeta=1$ 时，称为临界阻尼。

(3)当 $\zeta>1$ 时，称为过阻尼(或超阻尼)，结构体系称为过阻尼体系(或超阻尼体系)。

图 4-3 展示了低阻尼、临界阻尼和过阻尼三种阻尼比时结构的自由振动时程曲线。

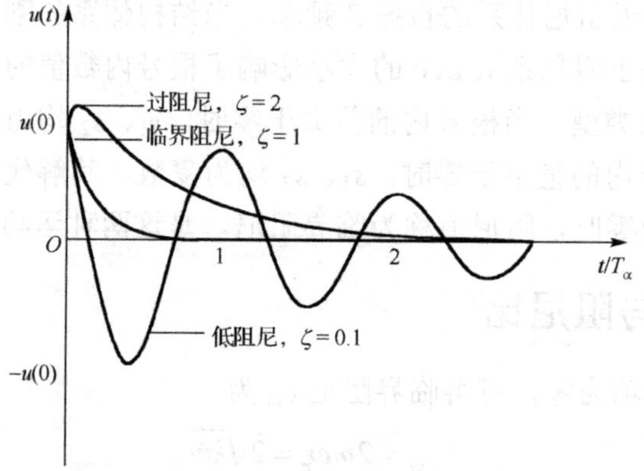

图 4-3　低阻尼、临界阻尼和过阻尼体系的自由振动时程曲线

用阻尼比 ζ 来研究不同类型结构的阻尼性质(大小)具有实际意义，在研究过程中发现了它的规律性。例如，对于钢结构，阻尼比 $\zeta=1\%$ 左右；对于钢筋混凝土结构，在脉动(微振)情况下，阻尼比 $\zeta=3\%$ 左右，而在中、小强度的地震作用下，阻尼比 $\zeta=5\%$ 左右。

结构动力特性现场测量得到的阻尼量值为阻尼比 ζ，根据 ζ 可以得出计算时的阻尼系数 $c=2m\omega_n\zeta$ 。

4.2.2　阻尼自由振动

有阻尼体系的运动方程的解为

$$s_{1,2}=-\frac{c}{2m}\pm\sqrt{\left(\frac{c}{2m}\right)^2-\omega_n^{\ 2}}$$

根据 4.2.1 节的讨论，这一表达式可以表示三种运动类型，分别对应于根号内数值的正、负或零，将根号项为零这一特殊情况称为临界阻尼条件。下面再具体研究这三种运动状态下的阻尼自由振动。

1．临界阻尼体系

当式(4-17)中根号项为零，即 $\frac{c}{2m}=\omega_n$ 时，c 为阻尼系数的临界值，记为 c_{cr}，即

$$c_{cr}=2m\omega_n$$

此时式(4-17)的两个根相等，即

$$s_1=s_2=-\frac{c_{cr}}{2m}=-\omega_n \tag{4-21}$$

因为解的形式必须满足

$$u(t)=(A+Bt)e^{-\omega_n t} \tag{4-22}$$

方程的解是两个相等的根，且指数项 $e^{-\omega_n t}$ 为实函数，所以 A 和 B 为实常数。

利用初始条件 $u(0)$ 和 $\dot{u}(0)$ 计算积分常数后，得

$$u(t)=(u(0)(1-\omega_n t)+\dot{u}(0)t)e^{-\omega_n t} \tag{4-23}$$

取正的 $u(0)$ 和 $\dot{u}(0)$ 的值绘制图形，得到图 4-4，经过 4.2.1 节的分析知，临界阻尼体系的自由响应不包含在静平衡位置附近的振荡，它的运动是按式(4-23)的指数衰减逐渐返回平衡位置的运动。但是，当初速度和初位移符号不同时，就会出现一次穿越零线。

临界阻尼条件(即在自由振动响应中不出现振荡的最小阻尼值)的定义是非常有用的。

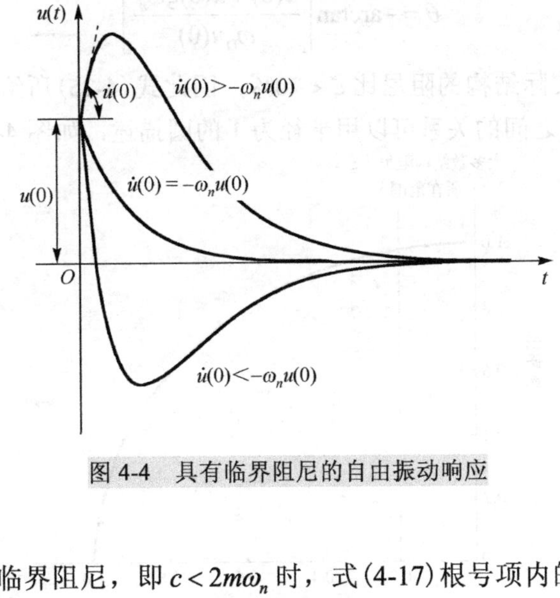

图 4-4　具有临界阻尼的自由振动响应

2．低阻尼体系

当体系阻尼小于临界阻尼，即 $c<2m\omega_n$ 时，式(4-17)根号项内的量为负。为了便于计算，采用阻尼与临界阻尼的比值 ζ 表示阻尼的量值，即

$$\zeta = \frac{c}{c_{\text{cr}}} = \frac{c}{2m\omega_n}$$

将式(4-20)代入式(4-17)得

$$S_{1,2} = -\xi\omega \pm \mathrm{i}\omega_{\mathrm{D}} \tag{4-24}$$

$$\omega_{\mathrm{D}} = \omega_n\sqrt{1-\zeta^2} \tag{4-25}$$

式中，ω_{D}为阻尼体系的自振圆频率。

由于方程(4-2)的自由振动响应解为$u(t)=A\mathrm{e}^{st}$，且s的两个值由式(4-24)确定，则进一步得到自由振动响应为

$$u(t) = [A\mathrm{e}^{\mathrm{i}\omega_{\mathrm{D}}t} + B\mathrm{e}^{-\mathrm{i}\omega_{\mathrm{D}}t}]\mathrm{e}^{-\zeta\omega_n t} \tag{4-26}$$

式中，为使响应$u(t)$为实数，A和B必须为复共轭常数，即$A=G_{\mathrm{R}}+\mathrm{i}G_{\mathrm{I}}$，$B=G_{\mathrm{R}}-\mathrm{i}G_{\mathrm{I}}$。

同时，式(4-26)可以用等价的三角函数形式表示为

$$u(t) = (G_1\cos\omega_{\mathrm{D}}t + G_2\sin\omega_{\mathrm{D}}t)\mathrm{e}^{-\zeta\omega_n t} \tag{4-27}$$

式中，$G_1 = 2G_{\mathrm{R}}$，$G_2 = -2G_{\mathrm{I}}$。

利用初始条件$u(0)$和$\dot{u}(0)$得到常数G_1、G_2，从而

$$u(t) = \left[u(0)\cos\omega_{\mathrm{D}}t + \frac{\dot{u}(0)+u(0)\zeta\omega_n}{\omega_{\mathrm{D}}}\sin\omega_{\mathrm{D}}t\right]\mathrm{e}-\zeta\omega_n t \tag{4-28}$$

另外，$u(t)$也可以写为

$$u(t) = \rho\cos(\omega_{\mathrm{D}}t+\theta)\mathrm{e}^{-\zeta\omega_n t} \tag{4-29}$$

其中，

$$\rho = \left\{[u(0)]^2 + \left[\frac{\dot{u}(0)+u(0)\zeta\omega_n}{\omega_{\mathrm{D}}}\right]^2\right\}^{1/2} \tag{4-30}$$

$$\theta = -\arctan\left[\frac{\dot{u}(0)+u(0)\zeta\omega_n}{\omega_{\mathrm{D}}u(0)}\right] \tag{4-31}$$

需要注意到多数实际结构的阻尼比$\zeta<20\%$，因此式(4-25)所给出的频率比$\omega_{\mathrm{D}}/\omega_n$接近1。阻尼比与频率比之间的关系可以用半径为1的圆描述，如图4-5所示。

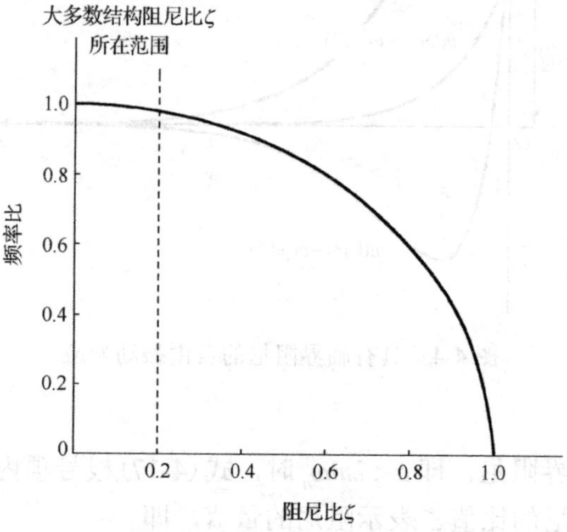

图4-5　频率比与阻尼比的关系

低阻尼体系在初位移为$u(0)$、初速度$\dot{u}(0)=0$条件下的运动响应规律如图4-6所示。应注意到，低阻尼体系具有不变的圆频率ω_n，并在中性位置附近振荡。

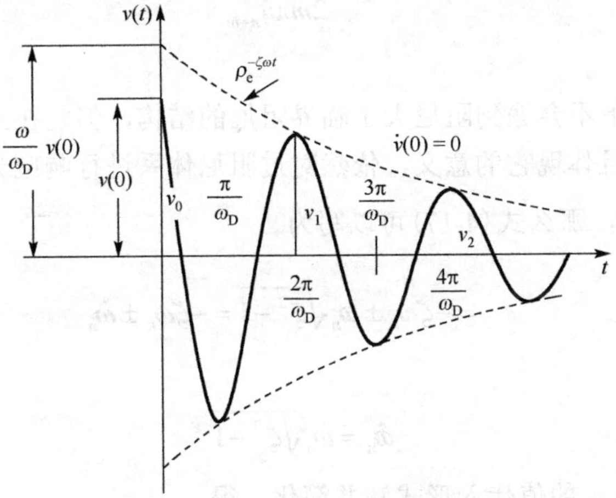

图4-6　低阻尼体系自由振动响应

因为典型结构体系的真实阻尼特性复杂且难于确定，所以一般采用自由振动条件下具有相同衰减率的等效黏滞阻尼比ζ来表示实际的阻尼。因此，需要把图4-6所示的自由振动响应与等效黏滞阻尼比ζ充分联系起来。

对于任意两个在$n\left(\dfrac{2\pi}{\omega_D}\right)$和$(n+1)\dfrac{2\pi}{\omega_D}$时刻出现的相邻正波峰$u_n$与$u_{n+1}$，利用式(4-29)，得到相邻峰值的比为

$$\frac{u_n}{u_{n+1}}=e^{2\pi\zeta\omega_n/\omega_D} \tag{4-32}$$

对式(4-32)两边同时取自然对数并代入$\omega_D=\omega\sqrt{1-\zeta^2}$，得对数衰减率：

$$\delta=\ln\frac{u_n}{u_{n+1}}=\frac{2\pi\zeta}{\sqrt{1-\zeta^2}} \tag{4-33}$$

小阻尼情况下，对数衰减率可以近似为

$$\delta\doteq 2\pi\zeta \tag{4-34}$$

其中，符号≐表示近似等于，进而

$$\frac{u_n}{u_{n+1}}=e^{\delta}\doteq e^{2\pi\zeta}=1+2\pi\zeta+\frac{(2\pi\zeta)^2}{2!}+\dots \tag{4-35}$$

因为ζ较小，所以忽略式(4-35) Taylor级数中二阶以上的量，可得

$$\zeta\doteq\frac{u_n-u_{n+1}}{2\pi u_{n+1}} \tag{4-36}$$

对于低阻尼体系，取相隔几周(如相隔m周)的响应波峰来计算阻尼比，可获得更高的精度，即

$$\ln\frac{u_n}{u_{n+m}}=\frac{2m\pi\zeta}{\sqrt{1-\zeta^2}} \tag{4-37}$$

对于小阻尼，由式(4-37)可得与式(4-36)等价的近似关系：

$$\zeta \doteq \frac{u_n - u_{n+m}}{2m\pi u_{n+m}} \tag{4-38}$$

3．过阻尼体系

虽然在正常情况下不会遇到阻尼大于临界阻尼的结构，但它在工程中有时也会出现。因此，为了完整讨论且体现它的意义，依然对过阻尼体系进行响应分析。

此时，$\zeta = \dfrac{c}{c_{\mathrm{cr}}} > 1$，那么式(4-17)可以写为

$$s_{1,2} = -\zeta\omega_n \pm \omega_n\sqrt{\zeta^2 - 1} = -\zeta\omega_n \pm \hat{\omega}_n \tag{4-39}$$

其中，

$$\hat{\omega}_n = \omega_n\sqrt{\zeta^2 - 1} \tag{4-40}$$

将式(4-39)中 s_1、s_2 的值代入形式解并简化，得

$$u(t) = [A\sinh\hat{\omega}_n t + B\cosh\hat{\omega}_n t]\mathrm{e}^{-\zeta\omega_n t} \tag{4-41}$$

利用初始条件 $u(0)$ 和 $\dot{u}(0)$ 确定实常数 A 与 B。

观察式(4-41)不难看出，超阻尼体系的响应是不振荡的，它与图 4-4 具有临界阻尼的自由振动响应的情况类似。不同的是，它返回零位移位置的速度随阻尼的增大而减慢。

4.3　单自由度体系对简谐载荷的响应

单自由度体系在简谐载荷作用下的响应是结构动力学中的经典问题。一方面，简谐载荷在工程实际中广泛存在；另一方面，根据由简单到复杂的学习思想，单自由度体系在简谐载荷作用下的解(响应)为进一步了解结构动力特征和更复杂载荷作用下体系的响应分析提供了方法。

4.3.1　无阻尼体系的简谐载荷响应

忽略体系阻尼的情况下，当体系上作用的外载荷为简谐载荷时，单自由度体系的运动方程为

$$m\ddot{u} + ku = P_0\sin\omega t \tag{4-42}$$

式中，P_0 为简谐载荷的幅值；ω 为简谐载荷的圆频率。

体系的初始条件为

$$u|_{t=0} = u(0), \qquad \dot{u}|_{t=0} = \dot{u}(0) \tag{4-43}$$

不难看出，式(4-42)和式(4-43)为带有初值条件的二阶常微分方程，它的全解由齐次方程的通解和特解构成。齐次方程的通解对应于一个自由振动方程，其解 u_{c} 是无阻尼自由振动：

$$u_{\mathrm{c}}(t) = A\cos\omega_n t + B\sin\omega_n t \tag{4-44}$$

$$\omega_n = \sqrt{\frac{k}{m}}$$

特解$u_p(t)$要满足式(4-42)。它是由动载荷$P_0 \sin \omega t$直接引起的振动解。可以设特解为

$$u_p(t) = C\sin\omega t + D\cos\omega t \tag{4-45}$$

将式(4-45)代入式(4-42)得

$$C = \frac{P_0}{k}\frac{1}{1-(\omega/\omega_n)^2}, \qquad D = 0 \tag{4-46}$$

式中，ω/ω_n为频率比，指外载荷的激振频率与结构自振圆频率之比。

方程的通解和特解之和为运动方程的全解，即

$$u(t) = u_c(t) + u_p(t) = A\cos\omega_n t + B\sin\omega_n t + \frac{P_0}{k}\frac{1}{1-(\omega/\omega_n)^2}\sin\omega t \tag{4-47}$$

式中，待定系数A、B可以由初始条件式(4-43)和式(4-47)确定，可得

$$A = u(0), \qquad B = \frac{\dot{u}(0)}{\omega_n} - \frac{P_0}{k}\frac{\omega/\omega_n}{1-(\omega/\omega_n)^2} \tag{4-48}$$

由此，可以得出满足初始条件的解为

$$u(t) = u(0)\cos\omega_n t + \left[\frac{\dot{u}(0)}{\omega_n} - \frac{P_0}{k}\frac{\omega/\omega_n}{1-(\omega/\omega_n)^2}\right]\sin\omega_n t + \frac{P_0}{k}\frac{1}{1-(\omega/\omega_n)^2}\sin\omega t \tag{4-49}$$

式(4-49)中的第一项、第二项相当于自由振动，振动的频率与体系的自振圆频率ω_n相等，称为瞬态响应；第三项是直接由动载荷引起的，其振动频率与外载荷频率ω相同，称为稳态响应。在实际问题中体系阻尼必然存在，会使自由振动项快速衰减为零，即瞬态响应会很快衰减，最后结构的响应只有由外载荷直接引起的稳态响应。基于这一情况，一般情况下稳态响应是最重要的，因此下面着重分析体系的稳态响应。

记

$$u_{st} = \frac{P_0}{k} \tag{4-50}$$

为等效静位移，相当于P_0静止作用的结果。

u_0为稳态响应的振幅，即

$$u_0 = \frac{P_0}{k}\frac{1}{\left|1-(\omega/\omega_n)^2\right|} \tag{4-51}$$

定义动力放大系数为

$$R_d = \frac{u_0}{u_{st}} = \frac{1}{\left|1-(\omega/\omega_n)^2\right|} \tag{4-52}$$

无阻尼体系动力放大系数R_d随频率的变化曲线如图 4-7 所示，由图可知：

(1) 当$\omega = 0$时，$R_d = 1$，动力问题转化为静力问题。

(2) 当$\omega = \omega_n$时，$R_d \to \infty$，动力响应趋于无穷大，即共振。

(3) 当 $\omega/\omega_n>\sqrt{2}$ 时，$R_d<1$，动力响应小于静力响应。

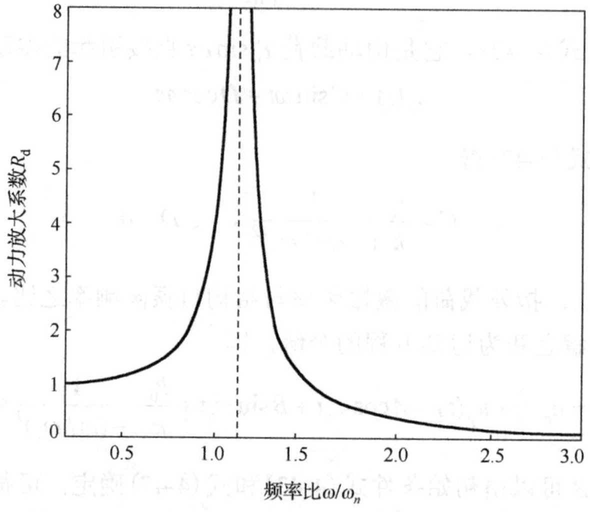

图 4-7　体系无阻尼强迫振动时的动力放大系数

注意：当 $\omega\to\omega_n$ 时，运动方程的特解为

$$u_p(t)=-\frac{u_{st}}{2}\omega_n t\cos\omega_n t$$

满足零初始条件的全解为

$$u(t)=-\frac{u_{st}}{2}(\omega_n t\cos\omega_n t-\sin\omega_n t)$$

零初始条件下共振时无阻尼体系的动力响应随时间增大的过程如图 4-8 所示。

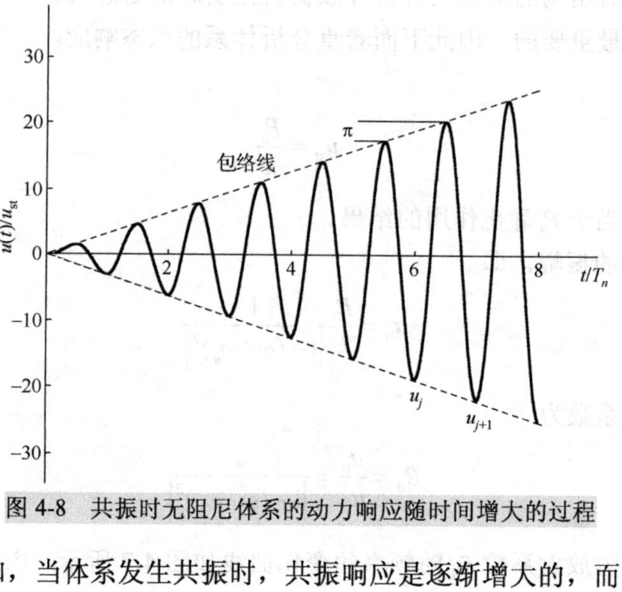

图 4-8　共振时无阻尼体系的动力响应随时间增大的过程

分析图 4-8 可知，当体系发生共振时，共振响应是逐渐增大的，而不是瞬时趋于无穷大的。

4.3.2　有阻尼体系的简谐载荷响应

单自由度体系在简谐载荷作用下的运动方程为

$$m\ddot{u}+c\dot{u}+ku=P_0\sin\omega t \tag{4-53}$$

初始条件为

$$u|_{t=0}=u(0)\,,\qquad \dot{u}|_{t=0}=\dot{u}(0)$$

将运动方程两边同时除以 m，用阻尼比 ζ 代替 $\dfrac{c}{2m\omega_n}$，得

$$\ddot{u}+2\zeta\omega_n\dot{u}+\omega_n^2u=\frac{P_0}{m}\sin\omega t \tag{4-54}$$

当齐次方程的通解 u_c 对应有阻尼自由振动响应时，设 $\zeta<1$，得

$$u_c(t)=e^{-\zeta\omega_n t}(A\cos\omega_D t+B\sin\omega_D t) \tag{4-55}$$

式中，$\omega_D=\omega_n\sqrt{1-\zeta^2}$，为有阻尼自由振动体系的自振频率。

设方程的特解 u_p 为

$$u_p(t)=C\sin\omega t+D\cos\omega t \tag{4-56}$$

将式(4-56)代入式(4-54)得

$$[(\omega_n^2-\omega^2)C-2\zeta\omega_n\omega D]\sin\omega t+[2\zeta\omega_n\omega C+(\omega_n^2-\omega^2)D]\cos\omega t=\frac{P_0}{m}\sin\omega t$$

由于时间的任意性，得到两个关于系数 C、D 的联立方程，为

$$[1-(\omega/\omega_n)^2]C-(2\zeta\omega/\omega_n)D=u_{st}$$

$$(2\zeta\omega/\omega_n)C+[1-(\omega/\omega_n)^2]D=0$$

解得

$$\begin{cases} C=u_{st}\dfrac{1-(\omega/\omega_n)^2}{[1-(\omega/\omega_n)^2]^2+[2\zeta(\omega/\omega_n)]^2} \\ D=u_{st}\dfrac{-2\zeta\omega/\omega_n}{[1-(\omega/\omega_n)^2]^2+[2\zeta(\omega/\omega_n)]^2} \end{cases} \tag{4-57}$$

由此，求得方程的全解为

$$u(t)=u_c+u_p=e^{-\zeta\omega_n t}(A\cos\omega_D t+B\sin\omega_D t)+C\sin\omega t+D\cos\omega t \tag{4-58}$$

令阻尼比 $\zeta=0$，则式(4-58)退化为无阻尼体系的解式。

由式(4-58)可知，振动频率与体系的自振圆频率 ω_n 的瞬态响应项相等，同时阻尼的存在会使瞬态响应项很快衰减为零，最后响应仅有由外载荷直接引起的稳态响应。

图 4-9 给出了有初始条件影响的动力响应时程，其中虚线为稳态响应项，实线为在稳态响应项上叠加了瞬态响应项后的总体响应，即全解。

在一般情况下，主要分析稳态响应项，但是在特殊情况下，在响应的初始阶段瞬态响应项可能远远大于稳态响应项，这时瞬态响应项成为结构最大响应的控制量，它在结构的

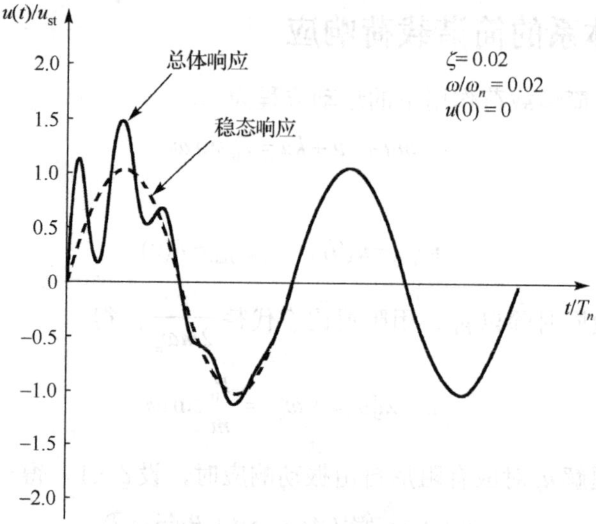

图 4-9　有初始条件影响的动力响应时程

动力响应分析或结构设计时的影响不能被忽略。如果采用的分析方法能自动包括全解，即解中既包含了稳态响应项又包含了瞬态响应项，如采用后面将介绍的时域逐步积分法进行分析，则不会出现忽略瞬态响应项的问题。

另外，瞬态响应项以结构的自振圆频率振动，它可以反映结构的动力特性；而稳态响应项以外载荷的激振频率振动，它可以反映输入载荷的性质。

4.3.3　共振

4.3.1 节已经介绍过，当 $\omega=\omega_n$ 时，结构发生共振，由式(4-57)得

$$C=0, \qquad D=-\frac{u_{st}}{2\zeta} \tag{4-59}$$

将式(4-59)代入式(4-58)，同时令其满足零初始条件，即 $u(0)=\dot{u}(0)=0$，可得

$$A=\frac{1}{2\zeta}u_{st}, \qquad B=\frac{1}{2\sqrt{1-\zeta^2}}u_{st} \tag{4-60}$$

从而得到零初始条件下的共振表达式，如式(4-61)所示。

$$u(t)=\frac{u_{st}}{2\zeta}\left[e^{-\zeta\omega_n t}\left(\cos\omega_D t+\frac{\zeta}{\sqrt{1-\zeta^2}}\sin\omega_D t\right)-\cos\omega_n t\right] \tag{4-61}$$

分析式(4-61)知，当阻尼较小时，$\omega_D=\omega_n$，式(4-61)中正弦项的影响不大，此时式(4-61)可以写为

$$u(t)=\frac{u_{st}}{2\zeta}(e^{-\zeta\omega_n t}-1)\cos\omega_n t \tag{4-62}$$

另外，当 $\zeta=0$ 时，由式(4-61)得到的零初始条件的共振响应为

$$u(t) = -\frac{u_{st}}{2}(\omega_n t\cos\omega_n t - \sin\omega_n t)$$

与无阻尼时的结果完全相同。

有阻尼体系共振响应时程如图 4-10 所示。

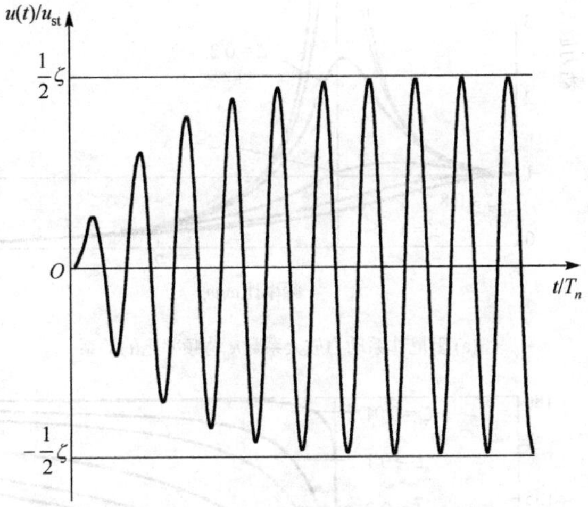

图 4-10 有阻尼体系共振响应时程

已知在简谐载荷的作用下体系振动的瞬态响应项由于阻尼的存在而很快衰减，经过一段时间后，体系的振动将只有稳态响应项。因此，下面着重讨论稳态振动的特点，并将稳态响应项写为

$$u(t) = C\sin\omega t + D\cos\omega t = u_0\sin(\omega t - \theta) \tag{4-63}$$

式中，u_0 为稳态响应的振幅；θ 为体系振动位移与简谐载荷的相位差；C、D 由式(4-57)确定。由三角公式可得

$$u_0 = \sqrt{C^2 + D^2}, \qquad \phi = \arctan\left(-\frac{D}{C}\right)$$

将式(4-57)代入上式，可得

$$u_0 = u_{st}\frac{1}{\sqrt{[1-(\omega/\omega_n)^2]^2 + [2\zeta(\omega/\omega_n)]^2}} \tag{4-64}$$

$$\theta = \arctan\frac{2\zeta(\omega/\omega_n)}{1-(\omega/\omega_n)^2} \quad (0 \leqslant \phi \leqslant 180^\circ)$$

由此定义动力放大系数 R_d 为

$$R_d = \frac{u_0}{u_{st}} = \frac{1}{\sqrt{[1-(\omega/\omega_n)^2]^2 + [2\zeta(\omega/\omega_n)]^2}} \tag{4-65}$$

阻尼比 ζ 取不同的值时，体系动力放大系数 R_d 和相位差 θ 随动力载荷频率的变化曲线如图 4-11 所示。

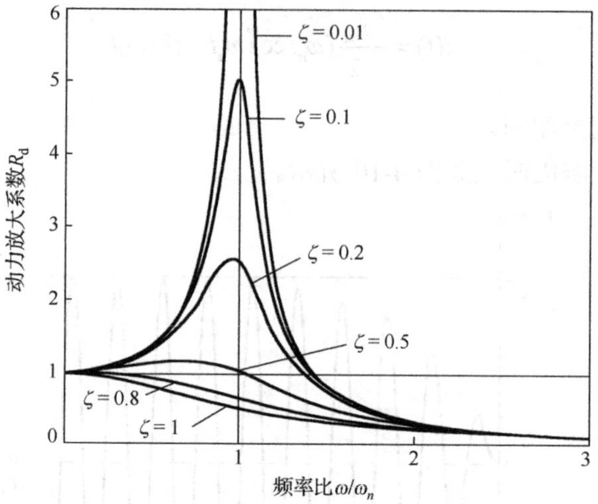

(a) 阻尼体系动力放大系数R_d与频率比的关系

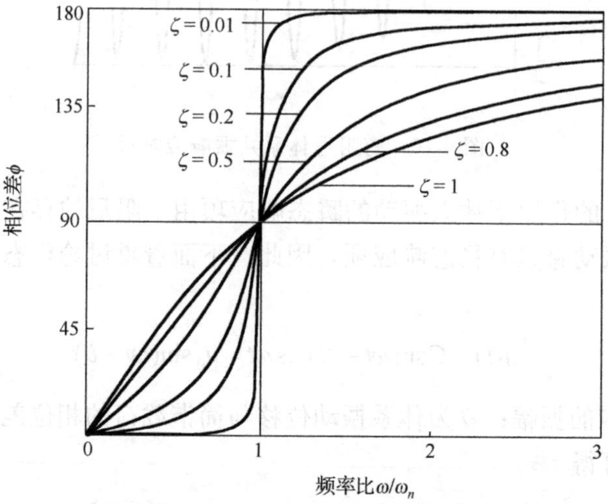

(b) 相位差ϕ与频率比的关系

图 4-11　阻尼体系动力放大系数 R_d，相位差 θ 与频率比的关系

观察图 4-11 可以发现，简谐载荷作用下结构动力响应的特点和变化规律：

(1) 当 $\zeta \geqslant 1/\sqrt{2}$ 时，$R_d \leqslant 1$，此时体系不发生放大响应。

(2) 当 $\zeta < 1/\sqrt{2}$ 时，$R_d > 1$，此时动力放大系数的最大值 $(R_d)_{\max} = 1/\left(2\zeta\sqrt{1-\zeta^2}\right)$，最大值对应的频率为 $\omega/\omega_n = \sqrt{1-2\zeta^2}$。

(3) 当 $\omega/\omega_n = 1$ 时，发生共振，$R_d = 1/2\zeta$。

(4) 当 $\omega/\omega_n \geqslant \sqrt{2}$ 时，$R_d \leqslant 1$ 对于任意的 ζ 均成立。

另外，有时也称最大值(峰值)对应的频率为共振频率，对比(2)和(3)两种情况不难发现：当阻尼比较小时，两种定义的共振频率差别不大；当阻尼比较大时，存在较大的差别。因此，在理解共振频率的定义时应加以注意。

下面讨论相位差 θ。在动力载荷作用下，有阻尼体系的动力响应，即位移、速度、加速度等，必然滞后动力载荷一段时间，即存在响应滞后现象。相位差 θ 就反映了滞后的时间，假设滞后时间为 t_0，那么 $\theta=\omega t_0$。通过计算 θ 的公式可知，滞后的相位差与频率比 ω/ω_n 和阻尼大小均有关。

图 4-11(b)给出了阻尼比 $\zeta=0.2$ 时，相应于不同频率比 ω/ω_n 时的外力 $P(t)$、位移 $u(t)$ 与滞后相位差 θ 的曲线。从图中不难发现，相位差 θ 反映的实际是体系位移相应于动力载荷响应的滞后时间，频率比越大，即外载荷作用得越快，动力响应的滞后时间越长。

由具有不同阻尼比体系的相位差与振动频率的关系图不难发现，载荷频率越大，响应越滞后。这里存在三种情形，即载荷频率等于零、共振和趋于无限大。当频率等于零时，体系的响应与静载荷作用结果相同，位移与载荷同相，此时反映位移滞后效应的相位差 θ 趋于零；当共振时，位移与载荷的相位差为90°；当载荷频率非常大时，位移和载荷的相位差为180°，此时两者完全反向。表 4-2 给出相应于这三种特殊情况的物理解释。

表 4-2　三种特殊情况时体系振动位移与简谐载荷的相位关系

由 $\theta-\omega/\omega_n$ 图判断	物理解释(根据关系 $f_s\propto u$，$f_D\propto\dot{u}$，$f_I\propto\ddot{u}=-\omega^2u$)
$\omega/\omega_n\to0$ 时，$\theta\to0°$	$\omega\to0$，则 $\dot{u}$ 和 $\ddot{u}\to0$，即 f_D 和 $f_I\to0$，则 $f_s\approx P(t)$，即 $ku\approx P(t)$，u 和 $P(t)$ 相位相同
$\omega/\omega_n=1$ 时，$\theta=90°$	$f_I=m\ddot{u}=-m\omega_n^2u=-ku=-f_s$，则 $f_I+f_s=0$； $f_D=P(t)$，即 $c\dot{u}=P(t)$，$\dot{u}$ 与 $P(t)$ 同相，而 $\dot{u}$ 与 u 相差 90°，则 $u(t)$ 与 $P(t)$ 相差 90°
$\omega/\omega_n\to\infty$ 时，$\theta=180°$	$\omega\to\infty$，则 $f_I\gg f_s$ 和 f_D，则 $f_I\approx P(t)$，而惯性力与位移反相，因而位移与 $P(t)$ 相差 180°，则 $\theta=180°$

4.4　频域分析方法

4.4.1　周期载荷的 Fourier 级数表达式

1. 三角形式

将周期为 t_p 的载荷展开成离散频率谐振载荷分量的 Fourier 级数，以论述此载荷的任意周期载荷情况。

著名的 Fourier 三角级数形式为

$$p(t)=a_0+\sum_{n=1}^{\infty}a_n\cos\bar{\omega}_nt+\sum_{n=1}^{\infty}b_n\sin\bar{\omega}_nt \tag{4-66}$$

其中，

$$\bar{\omega}_n=n\bar{\omega}_1=n\frac{2\pi}{t_p} \tag{4-67}$$

可用式(4-68)计算谐振幅值系数：

$$\begin{aligned}
a_0&=\frac{1}{T_p}\int_0^{T_p}p(t)\mathrm{d}t\\
a_n&=\frac{2}{T_p}\int_0^{T_p}p(t)\cos\bar{\omega}_nt\mathrm{d}t\quad(n=1,2,\cdots)\\
b_n&=\frac{2}{T_p}\int_0^{T_p}p(t)\sin\bar{\omega}_nt\mathrm{d}t\quad(n=1,2,\cdots)
\end{aligned} \tag{4-68}$$

当 $p(t)$ 为任意形式的周期函数时，式(4-68)可用数值积分计算。为此可以把周期 T_p 分割成 N 个相等的时间间隔 $\Delta t(t_\mathrm{p}=N\Delta t)$，计算与每一积分时间 $t=t_m=m\Delta t(m=0,1,2,\cdots,N)$ 对应的被积函数值，且记作 $q_0,q_1,q_2,\cdots,q_N$，则应用积分的梯形规则如下：

$$\int_0^{T_\mathrm{p}} q(t)\mathrm{d}t \doteq \Delta t\left[\frac{q_0}{2}+\left(\sum_{m=1}^{N-1}q_m\right)+\frac{q_N}{2}\right] \tag{4-69}$$

实际上，因为周期函数开始和终止时刻的值 q_0 与 q_N 通常可以取为零，式(4-69)可简化为

$$\int_0^{T_\mathrm{p}} q(t)\mathrm{d}t \doteq \Delta t\sum_{m=1}^{N-1}q_m \tag{4-70}$$

据此，式(4-68)的谐振幅值系数可表达为

$$\frac{2\Delta t}{T_\mathrm{p}}\sum_{m=1}^{N-1}q_m=\begin{cases}a_0\\a_n\\b_n\end{cases}\quad\left(q_m=\begin{cases}\frac{1}{2}p(t_m)\\p(t_m)\cos\bar{\omega}_n(m\Delta t)\\p(t_m)\sin\bar{\omega}_n(m\Delta t)\end{cases}\right) \tag{4-71}$$

2．指数形式

将逆 Euler 关系式中的角 θ 替换为 $\bar{\omega}_n t$，得

$$\cos\bar{\omega}_n t=\frac{1}{2}[\exp(\mathrm{i}\bar{\omega}_n t)+\exp(-\mathrm{i}\bar{\omega}_n t)] \tag{4-72}$$

$$\sin\bar{\omega}_n t=-\frac{\mathrm{i}}{2}[\exp(\mathrm{i}\bar{\omega}_n t)-\exp(-\mathrm{i}\bar{\omega}_n t)] \tag{4-73}$$

将式(4-72)、式(4-73)代入式(4-66)和式(4-68)得

$$p(t)=\sum_{n=-\infty}^{\infty}P_n\exp(\mathrm{i}\bar{\omega}_n t) \tag{4-74}$$

式中，复幅值系数为

$$P_n=\frac{1}{T_\mathrm{p}}\int_0^{T_\mathrm{p}}p(t)\exp(-\mathrm{i}\bar{\omega}_n t)\mathrm{d}t\quad(n=0,\pm1,\pm2,\cdots) \tag{4-75}$$

需要注意的是，对式(4-74)中每个 n 的正值，如 $n=+m$，必有一个对应项 $n=-m$。由式(4-75)可见，P_m 和 P_{-m} 为一对共轭复数，相应地，式(4-74)中全部虚数项必然将彼此抵消。

式(4-74)也可以用梯形法则进行数值积分计算，只是需要计算离散时间 $t=t_m=m\Delta t$ 的函数值 $q(t)=p(t)\exp(-\mathrm{i}\bar{\omega}_n t)$。假定 $q_0=q_N=0$，$\bar{\omega}_n=\dfrac{2\pi n}{T_\mathrm{p}}=2\pi n/(N\Delta t)$ 和 $t_m=m\Delta t$，则可导得

$$P_n\doteq\frac{1}{N}\sum_{m=1}^{N-1}p(t_m)\exp\left(-\mathrm{i}\frac{2\pi nm}{N}\right)\quad(n=0,1,2,\cdots,N-1) \tag{4-76}$$

4.4.2 Fourier 级数载荷的响应

将线性体系所受的周期载荷表示成谐振项级数，则其响应可简单地由累加各简谐载荷

响应而得到。根据无阻尼单自由度体系的知识知，由式(4-66)第 n 个正弦波谐振载荷引起的稳态响应为

$$u_n(t)=\frac{b_n}{k}\left(\frac{1}{1-\beta_n^2}\right)\sin\bar{\omega}_n t \tag{4-77}$$

其中，

$$\beta_n \equiv \bar{\omega}_n/\omega$$

同样地，由式(4-66)第 n 个余弦波谐振载荷引起的稳态响应为

$$u_n(t)=\frac{a_n}{k}\left(\frac{1}{1-\beta_n^2}\right)\cos\bar{\omega}_n t \tag{4-78}$$

最后，常数载荷 a_0 稳态响应是静挠度，即

$$u_0=a_0/k$$

因此，无阻尼结构的总周期响应可以表示为式(4-66)各单个载荷响应的和，即

$$u(t)=\frac{1}{k}\left[a_0+\sum_{n=1}^{\infty}\left(\frac{1}{1-\beta_n^2}\right)(a_n\cos\bar{\omega}_n t+b_n\sin\bar{\omega}_n t)\right] \tag{4-79}$$

其中载荷幅值系数由式(4-68)确定。

为了获得黏滞阻尼单自由度体系在周期载荷下的稳态响应，需要用第 3 章中的阻尼稳态谐振响应表达式来代替上述的相应表达式，此时总的稳态响应为

$$u(t)=\frac{1}{k}\left(a_0+\sum_{n=1}^{\infty}\left[\frac{1}{(1-\beta_n^2)^2+(2\xi\beta_n)^2}\right]\right. \tag{4-80}$$
$$\left.\times\{[2\xi a_n\beta_n+b_n(1-\beta_n)^2]\sin\bar{\omega}_n t+[a_n(1-\beta_n)^2-2\xi b_n\beta_n]\cos\bar{\omega}_n t\}\right)$$

例 4.1　作为一个受周期载荷作用分析结构响应的例子，研究图 4-12 所示的体系和载荷。此时载荷由简单正值的正弦半波函数组成，式(4-66)的 Fourier 系数可用式(4-67)、式(4-68)求得

$$a_0=\frac{1}{T_p}\int_0^{T_p/2}p_0\sin\frac{2\pi t}{T_p}\mathrm{d}t=\frac{p_0}{\pi}$$

$$a_n=\frac{2}{T_p}\int_0^{T_p/2}p_0\sin\frac{2\pi t}{T_p}\cos\frac{2\pi nt}{T_p}\mathrm{d}t=\begin{cases}0 & (n\text{为奇数})\\ \dfrac{p_0}{\pi}\left(\dfrac{2}{1-n^2}\right) & (n\text{为偶数})\end{cases}$$

$$b_n=\frac{2}{T_p}\int_0^{T_p/2}p_0\sin\frac{2\pi t}{T_p}\sin\frac{2\pi nt}{T_p}\mathrm{d}t=\begin{cases}\dfrac{p_0}{2} & (n=1)\\ 0 & (n>1)\end{cases}$$

将这些系数代入式(4-66)，导得周期载荷的级数表达式：

$$p(t)=\frac{p_0}{\pi}\left(1+\frac{\pi}{2}\sin\bar{\omega}_1 t-\frac{2}{3}\cos 2\bar{\omega}_1 t-\frac{2}{15}\cos 4\bar{\omega}_1 t-\frac{2}{35}\cos 6\bar{\omega}_1 t+\cdots\right)$$

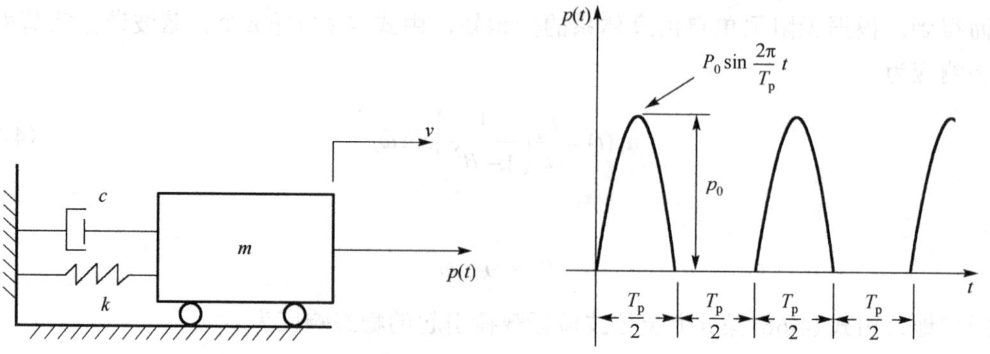

(a) 单自由度体系示意图　　(b) 周期载荷

图 4-12　周期载荷作用下结构响应分析例子

其中，$\bar{\omega}_1 = 2\pi / T_p$。

假定图 4-12(a)所示结构是无阻尼的，且假定载荷的周期为结构振动周期的 4/3，即

$$\frac{T_p}{T} = \frac{\omega}{\bar{\omega}_1} = \frac{4}{3}, \qquad \beta_n = \frac{n\bar{\omega}_1}{\omega} = \frac{3}{4}n$$

由式(4-79)给出的稳态响应成为

$$u(t) = \frac{p_0}{k\pi}\left(1 + \frac{8\pi}{7}\sin\bar{\omega}_1 t + \frac{8}{15}\cos 2\bar{\omega}_1 t + \frac{1}{60}\cos 4\bar{\omega}_1 t + \cdots\right)$$

如果结构是有阻尼的，只需用式(4-80)代替式(4-79)，分析过程不变。

如果将周期载荷用指数形式的谐振表达，黏滞阻尼单自由度体系的第 n 个谐振稳态响应将为

$$u_n(t) = H_n P_n \exp(\mathrm{i}\bar{\omega}_n t) \tag{4-81}$$

式中，复载荷系数 P_n 由式(4-75)或式(4-76)给定，复频率响应系数 H_n 为

$$H_n = \frac{1}{k}\frac{1}{(1-\beta_n^2) + \mathrm{i}(2\xi\beta_n)} = \frac{1}{k}\frac{(1-\beta_n^2) - \mathrm{i}(2\xi\beta_n)}{(1-\beta_n^2)^2 + (2\xi\beta_n)^2} \tag{4-82}$$

再应用叠加原理，结构受式(4-74)周期载荷作用时单自由度稳态响应为

$$u(t) = \sum_{n=-\infty}^{\infty} H_n P_n \exp(\mathrm{i}\bar{\omega}_n t) \tag{4-83}$$

由此式所获得的总响应与由式(4-80)所获得的总响应相同。

4.4.3　Fourier 变换方法

频域分析方法基于 Fourier 变换。不同于 Fourier 级数方法，Fourier 变换可以应用于任意非周期、有限长的载荷，在频域求得体系的动力响应。

Fourier 变换的定义为

$$\begin{cases} U(\omega) = \int_{-\infty}^{+\infty} u(t)\mathrm{e}^{-\mathrm{i}\omega t}\mathrm{d}t & (\text{正变换}) \\ u(t) = \dfrac{1}{2\pi}\int_{-\infty}^{+\infty} U(\omega)\mathrm{e}^{\mathrm{i}\omega t}\mathrm{d}\omega & (\text{逆变换}) \end{cases} \tag{4-84}$$

式中，$U(\omega)$为位移$u(t)$的Fourier谱。

由Fourier变换的性质得速度与加速度的Fourier变换为

$$\begin{cases}\int_{-\infty}^{+\infty}\dot{u}(t)\mathrm{e}^{-\mathrm{i}\omega t}\mathrm{d}t=\mathrm{i}\omega U(\omega)\\ \int_{-\infty}^{+\infty}\ddot{u}(t)\mathrm{e}^{-\mathrm{i}\omega t}\mathrm{d}t=-\omega^2U(\omega)\end{cases}\tag{4-85}$$

对单自由度体系运动方程

$$\ddot{u}(t)+2\zeta\omega_n\dot{u}(t)+\omega_n^2u(t)=\frac{1}{m}P(t)$$

两边同时进行Fourier正变换，可得

$$-\omega^2U(\omega)+\mathrm{i}2\zeta\omega_n\omega U(\omega)+\omega_n{}^2U(\omega)=\frac{1}{m}P(\omega)\tag{4-86}$$

式中，$U(\omega)$为$u(t)$的Fourier谱，$P(\omega)$为$P(t)$的Fourier谱，即

$$U(\omega)\overset{F}{\leftrightarrow}u(t)$$

$$P(\omega)\overset{F}{\leftrightarrow}P(t)$$

通过Fourier变换，将问题从时间域(即自变量为t)变到频率域(即自变量为ω)从频域的运动方程(4-86)可得

$$U(\omega)=H(\mathrm{i}\omega)P(\omega)\tag{4-87}$$

式中，$H(\mathrm{i}\omega)=\dfrac{1}{k}\dfrac{1}{[1-(\omega/\omega_n)^2]+\mathrm{i}[2\zeta(\omega/\omega_n)]}$，为复频响应函数，i在$H(\mathrm{i}\omega)$中表示函数是一复数。

通过以上分析，了解频域分析的意义，在频率域完成了频域解的推导，再由式(4-84)中的Fourier逆变换得到位移解为

$$u(t)=\frac{1}{2\pi}\int_{-\infty}^{+\infty}H(\mathrm{i}\omega)P(\omega)\mathrm{e}^{\mathrm{i}\omega t}\mathrm{d}\omega\tag{4-88}$$

根据以上基于Fourier变换的频域分析方法，可以看出其基本计算步骤如下。

(1)对外载荷$P(t)$做Fourier变换，得出载荷的Fourier谱$P(\omega)$：$P(t)\xrightarrow{F}P(\omega)$。

(2)将外载荷的Fourier谱$P(\omega)$和复频响应函数$H(\mathrm{i}\omega)$代入式(4-87)，得结构响应的频域解——Fourier谱$U(\omega)$：$U(\omega)=H(\mathrm{i}\omega)P(\omega)$。

(3)根据式(4-88)，应用Fourier逆变换，由频域解$U(\omega)$得到时域解$u(t)$：$U(\omega)\xrightarrow{逆F}u(t)$。

在用频域法分析过程中涉及的Fourier变换与逆变换均为无穷域积分，尤其是Fourier逆变换，被积函数为复数，有时也会涉及围道积分。需要注意的是，当外载荷是复杂的时间函数，如波浪载荷时，利用解析型的Fourier变换十分困难，所以在实际计算中大量采用离散Fourier变换。

离散Fourier变换把随时间连续变化的函数用等步长Δt离散成有N个离散数据点的系列，即

$$P(t_k)\quad (k=0,1,2,\cdots,N-1),\qquad t_k=k\Delta t\,,\qquad \Delta t=T_{\mathrm{p}}/N$$

式中，Δt 为离散时间步长；T_{p} 为外载荷的持续时间。

同样地，对频域的 Fourier 谱也进行离散化，即

$$P(\omega_j)\quad (j=0,1,2,\cdots,N-1),\qquad \omega_j=j\Delta\omega\,,\qquad \Delta\omega=2\pi/T_{\mathrm{p}}$$

将离散化的值代入 Fourier 正变换公式，并应用梯形数值积分公式，可得

$$P(\omega_j)=\int_{-\infty}^{+\infty}P(t)\mathrm{e}^{-\mathrm{i}\omega_j t}\mathrm{d}t=\sum_{k=0}^{N-1}P(t_k)\mathrm{e}^{-\mathrm{i}\omega_j t_k}\cdot\Delta t=\Delta t\sum_{k=0}^{N-1}P(t_k)\mathrm{e}^{-\mathrm{i}\frac{2\pi k}{N}}\tag{4-89}$$

根据式(4-87)得到体系的位移谱 $U(\omega_j)=H(\mathrm{i}\omega_j)P(\omega_j)$，可将 $U\left(\omega_j\right)$ 代入式(4-88)得

$$u(t_k)=\frac{1}{2\pi}\int_{-\infty}^{+\infty}U(\omega)\mathrm{e}^{\mathrm{i}\omega t_k}\mathrm{d}\omega=\frac{1}{2\pi}\sum_{j=0}^{N-1}U(\omega_j)\mathrm{e}^{\mathrm{i}\omega_j t_k}\Delta\omega=\frac{1}{T_{\mathrm{p}}}\sum_{j=0}^{N-1}U(\omega_j)\mathrm{e}^{\mathrm{i}\frac{2\pi kj}{N}}\tag{4-90}$$

式(4-90)为求结构响应的离散 Fourier 变换方法(DFT)。假设 $N=2^m$，利用简谐函数 $\mathrm{e}^{\pm\mathrm{i}x}$ 周期性的特点，得到快速 Fourier 变换(FFT)，应用 FFT 加快了分析速度，并且减少了工作量。

需要注意的是，在应用离散 Fourier 变换方法分析一般任意载荷作用下体系的动力响应问题时，离散 Fourier 变换将非周期函数周期化。图 4-13 为离散 Fourier 变换将非周期的时间函数周期化的示意图。

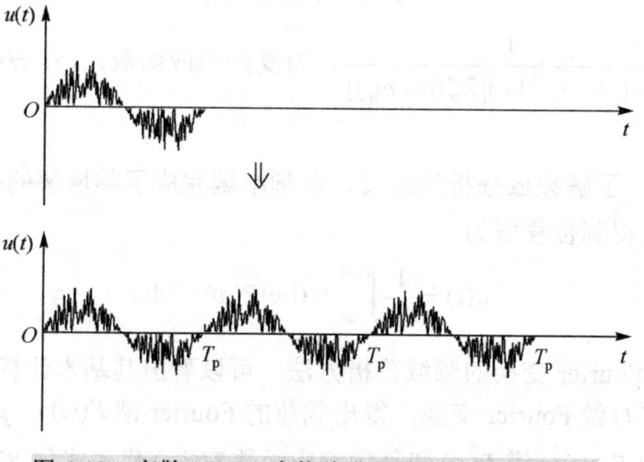

图 4-13　离散 Fourier 变换将非周期时间函数周期化

在应用离散 Fourier 变换时应注意以下事项：

(1) 离散 Fourier 变换将非周期时间函数周期化；

(2) 出于上述原因，需要对 $P(t)$ 加足够多的零点以增大持续时间 T_{p}，来保证在所计算的时间段 $[0,T_{\mathrm{p}}]$ 内，体系的位移能衰减到零；

(3) 频谱上限频率，即 Nyquist 频率，$f_{\mathrm{Nyquist}}=1/2\Delta t$，$\omega_{\mathrm{Nyquist}}=2\pi f_{\mathrm{Nyquist}}$；

(4) 频谱的分辨率为 $\Delta f=1/T_{\mathrm{p}}$，即 $\Delta\omega=2\pi/T_{\mathrm{p}}$；

(5) 频谱的下限为 $f_1=1/T_{\mathrm{p}}$。

4.5　时域分析方法——Duhamel 积分法

在工程实践中存在着很多非简谐、非周期的动力载荷，为此必须采取更为通用的方法对随时间任意变化的载荷作用下的结构响应问题开展研究。4.4 节中介绍的 Fourier 变换方法是解决此类问题的方法之一，本节将介绍一种时域分析方法——Duhamel 积分法。应注意的是，Fourier 变换法和 Duhamel 积分法的适用范围都限于线弹性结构的动力响应问题。

1．单位脉冲响应函数

单位脉冲是作用时间短，冲量等于 1 的荷载。它实际上是数学中的 δ 函数。δ 函数是一种应用广泛的广义函数，常被用于线性问题中对点源或瞬时量的描述。它用简洁的数学形式来表示一些复杂的极限过程。

δ 函数的定义为

$$\delta(t-\tau)=\begin{cases}\infty & (t=\tau)\\ 0 & (\text{其他})\end{cases}$$

且有 $\int_0^{\infty}\delta(t-\tau)\mathrm{d}t=1$。

单位脉冲 $P(t)=\delta(t)$ 在 $t=\tau$ 时刻作用在单自由度体系上，使质点获得一个单位冲量，在脉冲结束后，质点获得一个初速度，即

$$m\dot{u}(\tau+\varepsilon)=\int_{\tau}^{\tau+\varepsilon}P(t)\mathrm{d}t=\int_{\tau}^{\tau+\varepsilon}\delta(t)\mathrm{d}t=1$$

当 $\varepsilon\to 0$ 时，

$$\dot{u}(\tau)=\frac{1}{m}$$

由于脉冲作用时间很短，当 $\varepsilon\to 0$ 时，单位脉冲引起的质点的位移为零，即

$$u(\tau)=0$$

求体系在单位脉冲作用下的响应，就是求解单位脉冲作用后的自由振动问题。单位脉冲的作用即初始条件，将 τ 时刻的初始条件 $u(\tau)=0$ 和 $\dot{u}(\tau)=\dfrac{1}{m}$ 代入单自由度振动的一般解，得到无阻尼和阻尼体系的单位脉冲响应函数。

对于无阻尼系统，用 $h(t-\tau)$ 表示单位脉冲响应函数，其中 t 为动力响应的时间，τ 为单位脉冲作用的时刻。

无阻尼体系的单位脉冲响应函数为

$$h(t-\tau)=u(t)=\frac{1}{m\omega_n}\sin[\omega_n(t-\tau)]\qquad(t\geqslant\tau)\tag{4-91}$$

阻尼体系的单位脉冲响应函数为

$$h(t-\tau)=u(t)=\frac{1}{m\omega_{\mathrm{D}}}\mathrm{e}^{-\zeta\omega_{\mathrm{D}}(t-\tau)}\sin[\omega_{\mathrm{D}}(t-\tau)]t\tag{4-92}$$

图 4-14 为单位脉冲与单位脉冲响应函数 $h(t-\tau)$。

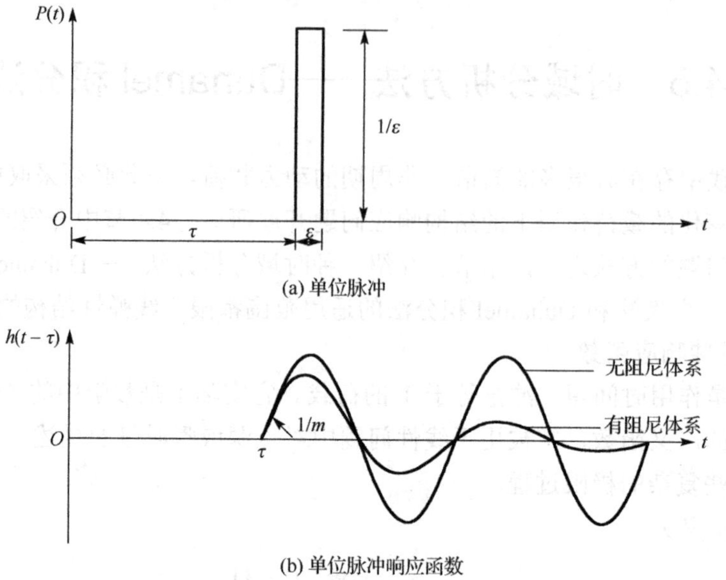

图 4-14　单位脉冲及单位脉冲响应函数

2. 对任意荷载的响应

采用与对任意周期荷载分析响应相似的方法，首先把荷载分解成一系列脉冲，然后获得每一个脉冲作用下的结构的响应，最后将每一个脉冲作用下的响应相加，得到结构的总的响应。图 4-15 为将任意载荷离散为一系列脉冲，以及各个脉冲动力响应时程的示意图。

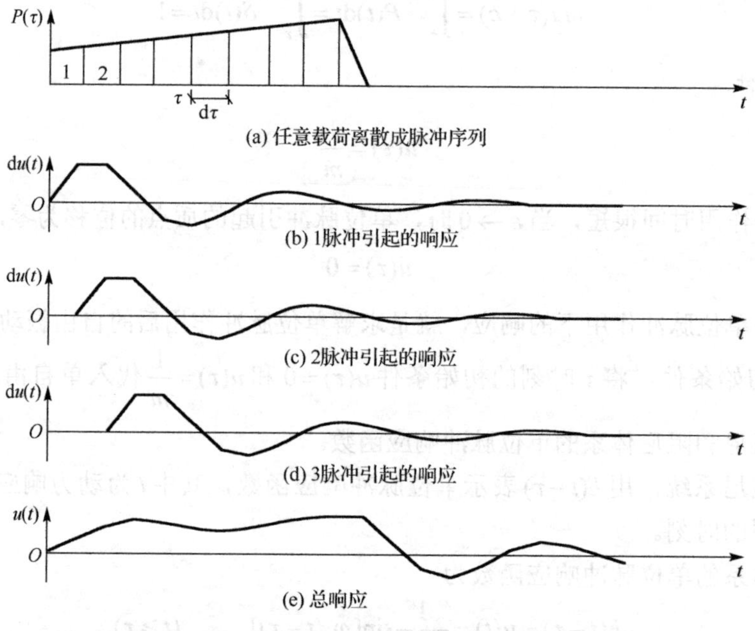

图 4-15　任意载荷离散成脉冲序列及各个脉冲的动力响应时程

将作用于结构体系的外荷载 $P(\tau)$ 离散成一系列脉冲，先计算其中任一脉冲 $P(\tau)\mathrm{d}\tau$ 的动力响应。由于此时脉冲的冲量等于 $P(\tau)\mathrm{d}\tau$，由单位脉冲响应函数得到在该脉冲作用下结构的响应：

$$du(t) = P(\tau)d\tau h(t-\tau) \quad (t > \tau)$$

任意时间t结构的响应，即t以前所有脉冲作用下响应之和为

$$u(t) = \int_0^t du = \int_0^t P(\tau)h(t-\tau)d\tau \tag{4-93}$$

将式(4-92)和式(4-93)分别代入式(4-93)得出无阻尼和阻尼体系动力响应的 Duhamel 积分公式：

$$u(t) = \frac{1}{m\omega_n}\int_0^t P(\tau)\sin[\omega_n(t-\tau)]d\tau \tag{4-94}$$

$$u(t) = \frac{1}{m\omega_D}\int_0^t P(\tau)e^{-\zeta\omega_D(t-\tau)}\sin[\omega_D(t-\tau)]d\tau \tag{4-95}$$

式中，ω_n和$\omega_D = \omega_n\sqrt{1-\zeta^2}$分别为无阻尼和阻尼体系的自振圆频率。

Duhamel 积分的解是以动力荷载为初始条件的特解。全解是特解再叠加上由非零初始条件引起的自由振动。例如，对于无阻尼体系，存在非零初始条件时的全解为

$$u(t) = u(0)\cos\omega_n t + \frac{\dot{u}(0)}{\omega_n}\sin\omega_n t + \int_0^t P(\tau)h(t-\tau)d\tau$$

Duhamel 积分法给出了适用于线弹性体系的计算线性单自由度体系在任意荷载作用下动力响应的全解。由于使用了叠加原理，只能在弹性范围分析。荷载$P(\tau)$为简单函数时，可得到封闭解；$P(\tau)$为复杂函数时，可通过数值积分得到解。其计算只涉及简单的代数运算，但是实际上用 Duhamel 积分法求解时，由于计算任一时间点t的响应都要从 0 积分到t，实际计算中采取数值积分的方法，一个时间点系列可能要遍历几百甚至几千个时间点，计算效率不高。

Duhamel 给出了以积分形式表示的体系运动的解析表达式，在分析任意荷载作用下体系动力响应的理论研究中得到广泛应用。当外荷载可以用解析函数表示时，采用 Duhamel 积分法往往更容易得到体系动力响应的解析解。

第 5 章　多自由度体系

如果整个结构体系的运动可以仅用一个坐标系表达，而不存在更为复杂的运动模式，那么该体系就是一个单自由度体系。另一种情况是，结构体系虽然存在多种位移模式，但可以通过假定变形的形状使其简化成为单自由度体系。这是对结构体系真实的动力学特征所做的简化，在工程中常常需要更高的计算精度，也就需要增加自由度数，因此需要对多自由度体系展开研究。

一般而言，单自由度模型不能有效地描述海洋工程结构的动力响应。结构的动力响应包含了位移形状随时间的变化，这样的特征无法在单一的坐标系内描述。以海浪上运动的浮体结构为例，其任意时刻的空间位置需要用 6 个坐标来描述；对于导管架平台，如果用其各个节点的位移自由度来描述结构的振动，则需要更多的自由度。将振动系统任意瞬时的空间位置需要一个以上的几何参数或坐标来描述的体系称为多自由度体系。

海洋平台受到任意方向的风、浪、流载荷的作用，显然无法用一个独立的标量描述它们的响应。一是由于多种载荷同时激发引起多种形式的响应模式，二是由于结构本身具有复杂的弹性和质量性质，一个响应量的存在通常伴随着多种其他响应量的存在。因此，必须考虑多自由度相互的耦合作用，研究结构的动力响应。

由于多自由度体系的运动方程通常都是二阶耦合常微分方程组，求解问题也就需要不同于单自由度问题的数学工具。本章将介绍应用 d'Alembert 原理、虚功原理建立振动方程的方法，固有振动频率和振型分析，以及振动响应计算的直接方法与模态分析技术。

需要注意的是，本章所讨论的多自由度体系是一种离散系统，在描述系统振动特性时，广泛采用了矩阵表达、矩阵分析及矩阵的运算，矩阵的引入使多自由度体系的振动分析过程简洁而方便，学习本章需要读者具备相应的矩阵运算知识。

5.1　运动方程的建立

5.1.1　d'Alembert 原理

与单自由度体系一样，建立多自由度体系的运动微分方程，也可以用牛顿第二定律和 d'Alembert 原理，即将加速度考虑为惯性力，建立动平衡方程。应用这种方法需要画出质量的受力图，并考虑约束反力。如第 2 章所述，对于自由度数很少的简单系统，这种方法有其方便性。

【例 5.1】 如图 5-1 所示的无阻尼二自由度振动系统，试用 d'Alembert 原理建立其运动方程式。

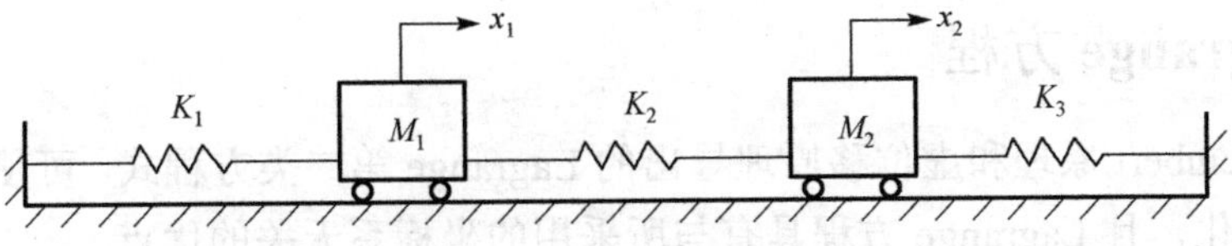

(a) 无阻尼二自由度系统示意图

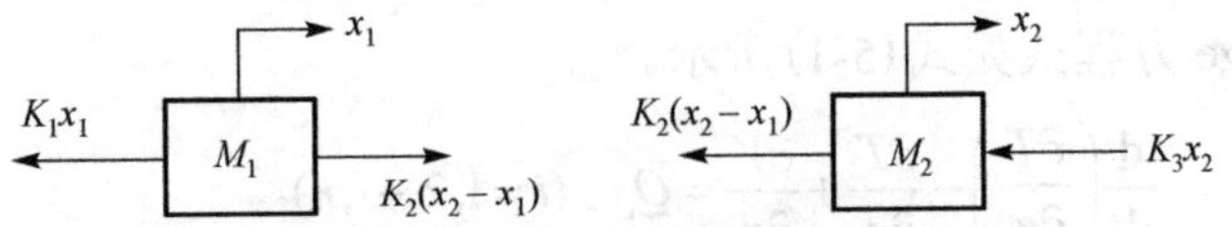

(b) 各自由度受力示意图

图 5-1　无阻尼二自由度振动系统

解　以各质量静平衡位置为坐标原点，分别设质量 M_1 和 M_2 的广义坐标为 x_1 与 x_2，并假设它们的位移幅度足够小，系统在线性范围内运动。

分别单独考虑 M_1 和 M_2，并将其受到的弹性力和惯性力标于图上，得到如下运动微分方程式：

$$M_1\ddot{x}_1+(K_1+K_2)x_1-K_2x_2=0 \tag{1}$$

$$M_1\ddot{x}_2-K_2x_1+(K_2+K_3)x_2=0 \tag{2}$$

【例 5.2】 将汽车在平面内的运动简化为两端受弹簧支撑的刚性杆，并略去前后方向的位移，试给出车辆质心的竖直运动及绕质心 C 的俯仰运动方程(图 5-2)。

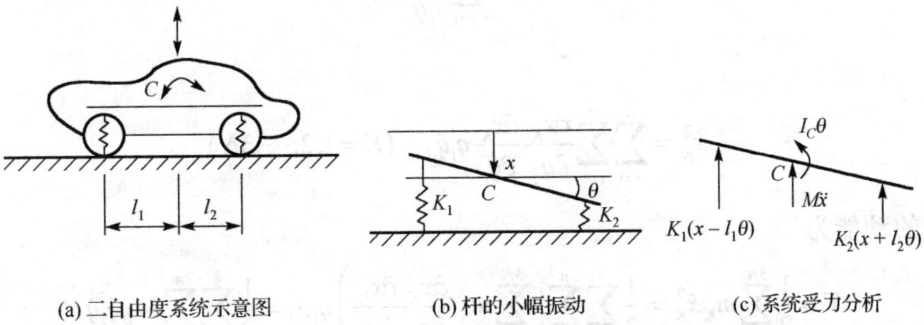

图 5-2　汽车运动模型

解　不考虑水平方向的运动，则平面坐标系内的系统为两个自由度系统，有两个独立的广义坐标。将质心 C 处的竖向位移和杆绕质心的刚性转角 θ 组成广义坐标系，并取 x 向下为正，θ 以顺时针方向为正。在任一瞬时，杆发生小幅振动如图 5-2(b)所示，于是系统的受力分析如图 5-2(c)所示。由 d'Alembert 原理建立其运动微分方程式如下：

$$\begin{cases} M\ddot{x}+K_1(x-l_1\theta)+K_2(x+l_2\theta)=0 \\ I_C\ddot{\theta}-K_1(x-l_1\theta)l_1+K_2(x+l_2\theta)l_2=0 \end{cases} \tag{1}$$

合并同类项后有

$$\begin{cases} M\ddot{x}+(K_1+K_2)x+(-K_1l_1+K_2l_2)\theta=0 \\ I_C\ddot{\theta}+(K_1l_1^2+K_2l_2^2)\theta+(-K_1l_1+K_2l_2)x=0 \end{cases} \tag{2}$$

5.1.2 Lagrange 方程

采用 d'Alembert 原理和虚位移原理导出的 Lagrange 第二类方程式，可使运动方程式建立的工作格式化，且 Lagrange 方程具有与所采用的坐标系无关的优点。

Lagrange 第二类方程式适用于完整约束的系统。对于具有阻尼力和外界干扰力作用的非保守系统，其 Lagrange 方程式如式(5-1)所示。

$$\frac{\mathrm{d}}{\mathrm{d}t}\left(\frac{\partial T}{\partial q_i}\right)-\frac{\partial T}{\partial q_i}+\frac{\partial V}{\partial q_i}=Q_i \quad (i=1,2,\cdots,n) \tag{5-1}$$

式中，T 为体系的动能；V 为势能；q_i 和 $\dot{q}_i$ 分别为广义坐标和广义速度；Q_i 为体系的非有势力，可根据虚功原理，并由非有势力所做的虚功得出，如式(5-2)所示。

$$\delta W=\sum_{i=1}^{n}Q_i\delta q_i \tag{5-2}$$

式中，δq_i 为第 i 个广义坐标 q_i 的虚位移；n 为系统的总自由度数。若 $Q_i(t)=0$ 对任意的 i 成立，则式(5-2)简化为无阻尼系统的 Lagrange 方程。

设系统具有 N 个质点、n 个自由度，广义坐标 $\boldsymbol{q}=[q^1,q^2,\cdots,q^n]^{\mathrm{T}}$ 在完整和稳定约束的条件下，任意质点的位移和速度可表示为式(5-3)、式(5-4)的形式。

$$x_K=x_K(q_1,q_2,\cdots,q_n) \tag{5-3}$$

$$\dot{x}_K=\sum_{j=1}^{n}\frac{\partial x_K}{\partial q_j}\dot{q}_j \tag{5-4}$$

而

$$\dot{x}_K^2=\sum_{j=1}^{n}\sum_{i=1}^{n}\frac{\partial x_K}{\partial q_j}\frac{\partial x_K}{\partial q_i}\dot{q}_i\dot{q}_j \quad (K=1,2,\cdots,3N) \tag{5-5}$$

系统的动能为

$$T=\frac{1}{2}\sum_{K=1}^{3N}m_K\dot{x}_K^2=\frac{1}{2}\sum_{j=1}^{n}\sum_{i=1}^{n}\left(\sum_{K=1}^{3N}m_K\frac{\partial x_K}{\partial q_j}\frac{\partial x_K}{\partial q_i}\right)\dot{q}_i\dot{q}_j=\frac{1}{2}\sum_{j=1}^{n}\sum_{i=1}^{n}M_{ij}\dot{q}_i\dot{q}_j \tag{5-6}$$

式中，M_{ij} 为 n 个广义坐标的函数，即

$$M_{ij}=\sum_{K=1}^{3N}m_K\frac{\partial x_K}{\partial q_j}\frac{\partial x_K}{\partial q_i} \tag{5-7}$$

系统的势能为

$$V=V(x_1,x_2,\cdots,x_{3N})=V(q_1,q_2,\cdots,q_n) \tag{5-8}$$

对于结构在平衡位置附近的小幅振动，可将 M_{ij} 和势能 V 以平衡位置为中心做 Taylor 展开。在动能、势能的表达式中，保留 $\dot{q}$ 和 q 的二阶小量，略去高阶余量，并设 $V(0)=0$，即系统处于平衡位置时，势能为零，于是式(5-6)和式(5-8)归结为

$$T=\frac{1}{2}\sum_{i=1}^{n}\sum_{j=1}^{n}M_{ij}\dot{q}_i\dot{q}_j \tag{5-9}$$

$$V=\frac{1}{2}\sum_{i=1}^{n}\sum_{j=1}^{n}K_{ij}q_iq_j \tag{5-10}$$

式中，K_{ij} 为广义坐标 i 的弹性模量在广义坐标 j 上的分量。

由式(5-9)、式(5-10)可知，系统的动能和势能是广义速度与广义坐标的二次型，可以很容易地得出相应的矩阵形式为

$$T=\frac{1}{2}\dot{\boldsymbol{q}}^{\mathrm{T}}\boldsymbol{M}\dot{\boldsymbol{q}} \tag{5-11}$$

$$V=\frac{1}{2}\boldsymbol{q}^{\mathrm{T}}\boldsymbol{K}\boldsymbol{q} \tag{5-12}$$

根据以上推导不难发现，矩阵 $\boldsymbol{M}$ 和 $\boldsymbol{K}$ 的元素 M_{ij} 和 K_{ij} 是常量，且 $M_{ij}=M_{ji}$，$K_{ij}=K_{ji}$，即 $\boldsymbol{M}$ 和 $\boldsymbol{K}$ 均为实对称矩阵。

将式(5-9)和式(5-10)代入 Lagrange 第二类方程式，即可得到 n 自由度无阻尼系统的自由振动运动方程，为

$$\boldsymbol{M}\ddot{\boldsymbol{q}}+\boldsymbol{K}\boldsymbol{q}=\boldsymbol{0} \tag{5-13}$$

归纳应用 Lagrange 方程建立系统运动微分方程式的主要步骤如下。

(1)选取广义坐标，数目与自由度数相同；

(2)计算系统动能和势能，将动能和势能表示为广义速度、广义坐标的二次型；

(3)计算 Lagrange 方程中各项导数，计算对应广义坐标的广义力，并代入方程式。

【例 5.3】 应用 Lagrange 方程推导如图 5-3 所示多自由度体系的运动微分方程。

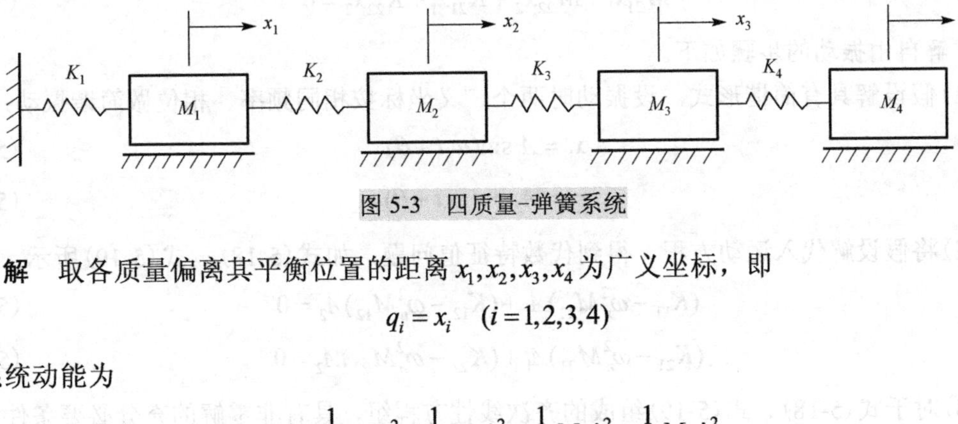

图 5-3　四质量-弹簧系统

解　取各质量偏离其平衡位置的距离 x_1,x_2,x_3,x_4 为广义坐标，即

$$q_i=x_i \quad (i=1,2,3,4) \tag{1}$$

则系统动能为

$$T=\frac{1}{2}M_1\dot{x}_1^2+\frac{1}{2}M_2\dot{x}_2^2+\frac{1}{2}M_3\dot{x}_3^2+\frac{1}{2}M_4\dot{x}_4^2 \tag{2}$$

系统势能为

$$V=\frac{1}{2}K_1x_1^2+\frac{1}{2}K_2(x_2-x_1)^2+\frac{1}{2}K_3(x_3-x_2)^2+\frac{1}{2}K_4(x_4-x_3)^2 \tag{3}$$

计算 Lagrange 方程中各项导数并代回到 Lagrange 方程，得

$$M_1\ddot{x}_1+(K_1+K_2)x_1-K_2x_2=0 \tag{4}$$

$$M_2\ddot{x}_2-K_2x_1+(K_2+K_3)x_2-K_3x_3=0 \tag{5}$$

$$M_3\ddot{x}_3 - K_3x_2 + (K_3+K_4)x_3 - K_4x_3 = 0 \tag{6}$$

$$M_4\ddot{x}_4 - K_4x_3 + K_4x_4 = 0 \tag{7}$$

将式(4)～式(7)表示为矩阵形式：

$$\boldsymbol{M}\ddot{\boldsymbol{q}} + \boldsymbol{K}\boldsymbol{q} = \boldsymbol{0} \tag{8}$$

式中，弹性矩阵 $\boldsymbol{K}$、质量矩阵 $\boldsymbol{M}$ 和位移列阵 $\boldsymbol{q}$ 为

$$\boldsymbol{M} = \begin{bmatrix} M_1 & 0 & 0 & 0 \\ 0 & M_2 & 0 & 0 \\ 0 & 0 & M_3 & 0 \\ 0 & 0 & 0 & M_4 \end{bmatrix}, \quad \boldsymbol{K} = \begin{bmatrix} K_1+K_1 & -K_2 & 0 & 0 \\ -K_2 & K_2+K_3 & -K_3 & 0 \\ 0 & -K_3 & K_3+K_4 & -K_4 \\ 0 & 0 & -K_4 & K_4 \end{bmatrix}$$

$$\boldsymbol{q} = [x_1, x_2, x_3, x_4]^{\mathrm{T}}$$

5.2 多自由度体系的自由振动

5.2.1 二自由度体系的自由振动

由例 5.1 已知无阻尼二自由度振动系统的运动微分方程，其更一般的形式如式(5-14)、式(5-15)所示。这是一个二阶常系数线性齐次常微分方程组。

$$M_{11}\ddot{x}_1 + M_{12}\ddot{x}_2 + K_{11}x_1 + K_{12}x_2 = 0 \tag{5-14}$$

$$M_{21}\ddot{x}_1 + M_{22}\ddot{x}_2 + K_{21}x_1 + K_{22}x_2 = 0 \tag{5-15}$$

求解自由振动的步骤如下。

(1)假设解具有简谐形式。设振动时两个广义坐标按相同频率、相位做简谐振动：

$$x_1 = A_1\sin(\omega_n t + \theta) \tag{5-16}$$

$$x_2 = A_2\sin(\omega_n t + \theta) \tag{5-17}$$

(2)将假设解代入运动方程，得到代数特征值问题，如式(5-18)、式(5-19)所示：

$$(K_{11} - \omega_n^2 M_{11})A_1 + (K_{12} - \omega_n^2 M_{12})A_2 = 0 \tag{5-18}$$

$$(K_{21} - \omega_n^2 M_{21})A_1 + (K_{22} - \omega_n^2 M_{22})A_2 = 0 \tag{5-19}$$

(3)对于式(5-18)、式(5-19)组成的齐次线性方程组，具有非零解的充分必要条件为系数行列式为零，从而得到关于 ω_n^2 的特征方程：

$$\begin{aligned} D(\omega_n^2) &= \begin{vmatrix} K_{11} - \omega_n^2 M_{11} & K_{12} - \omega_n^2 M_{12} \\ K_{21} - \omega_n^2 M_{21} & K_{22} - \omega_n^2 M_{22} \end{vmatrix} \\ &= M_{11}M_{22}\omega_n^4 - (K_{11}M_{22} + K_{22}M_{11} - K_{12}M_{21} - K_{21}M_{12})\omega_n^2 \\ &\quad + (K_{11}K_{22} - K_{12}K_{21}) \\ &= 0 \end{aligned} \tag{5-20}$$

(4)解上述特征方程得到两个根：

$$\left.\begin{matrix}\omega_{n1}^2\\ \omega_{n2}^2\end{matrix}\right\}=\frac{1}{2}\frac{K_{11}M_{22}+K_{22}M_{11}-K_{12}M_{21}-K_{21}M_{12}}{M_{11}M_{22}}$$
$$\mp\frac{1}{2}\left[\left(\frac{K_{11}M_{22}+K_{22}M_{11}-K_{12}M_{21}-K_{21}M_{12}}{M_{11}M_{22}}\right)^2-4\left(\frac{K_{11}K_{22}-K_{12}K_{21}}{M_{11}M_{22}}\right)^2\right]^{1/2} \tag{5-21}$$

且 $\omega_{n1}\leqslant\omega_{n2}$，$\omega_{n1}$ 和 ω_{n2} 称为系统的第一、二阶固有圆频率(简称固有频率)。

(5)将 ω_{n1} 和 ω_{n2} 分别代回式(5-18)，式(5-19)中，可以确定两种固有频率下振幅 A_1 和 A_2 之间的比例关系：

$$\beta^{(i)}=\frac{A_2^{(i)}}{A_1^{(i)}}=-\frac{K_{11}-\omega_{ni}^2M_{11}}{K_{12}-\omega_{ni}^2M_{12}}=-\frac{K_{21}-\omega_{ni}^2M_{21}}{K_{22}-\omega_{ni}^2M_{22}}\quad(i=1,2) \tag{5-22}$$

式(5-22)表明，当系统按某一固有频率(ω_{n1} 或 ω_{n2})振动时，振幅比只取决于系统本身的物理性质，与初始条件无关。在振动过程中，系统各广义坐标的位移比值均可由该振幅比确定。比值 $\beta^{(i)}$ 确定了整个振动系统的振动形态，因此被称为固有振型或主振型。ω_{n1} 对应的振幅为 $\begin{Bmatrix}A_1^{(1)}\\ A_2^{(1)}\end{Bmatrix}$，$\omega_{n2}$ 对应的振幅为 $\begin{Bmatrix}A_1^{(2)}\\ A_2^{(2)}\end{Bmatrix}$。

(6)确定主振动。系统以某一阶固有频率按其相应的主振型做振动，称为系统的主振动。因此，第一、二阶主振动分别为

$$x_1^{(i)}=A_1^{(i)}\sin(\omega_{ni}t+\theta_i)\quad(i=1,2) \tag{5-23}$$

$$x_2^{(i)}=A_2^{(i)}\sin(\omega_{ni}t+\theta_i)=\beta^{(i)}A_1^{(i)}\sin(\omega_{ni}t+\theta_i)\quad(i=1,2) \tag{5-24}$$

观察式(5-23)、式(5-24)可以看出，系统做主振动时，各广义坐标同时经过静平衡位置和到达最大偏离位置，这是一种有确定频率和振型的简谐振动。

(7)求一般情况下自由振动的通解。系统并不总是做主振动形式的运动。一般情况下，运动方程的通解是上述两种主振动的叠加：

$$\begin{cases}x_1=A_1^{(1)}\sin(\omega_{n1}t+\theta_1)+A_1^{(2)}\sin(\omega_{n2}t+\theta_2)\\ x_2=A_2^{(1)}\sin(\omega_{n1}t+\theta_1)+A_2^{(2)}\sin(\omega_{n2}t+\theta_2)=\beta^{(1)}A_1^{(1)}\sin(\omega_{n1}t+\theta_1)+\beta^{(2)}A_1^{(2)}\sin(\omega_{n2}t+\theta_2)\end{cases} \tag{5-25}$$

因此，一般情况下系统的自由振动是两种频率的主振动的线性组合，叠加的结果往往不是简谐振动，这是与单自由度体系自由振动重要的不同。

(8)代入初始条件，求解系统响应。因为式(5-14)和式(5-15)均为二阶常微分方程，所以其解式(5-25)有四个待定系数 $A_1^{(1)}$、$A_2^{(2)}$、θ_1 和 θ_2，至少需要四个彼此独立的初始条件才能定解。

考虑特定的初始条件，当 $A_i^{(1)}=0\,(i=1,2)$ 时，系统做第一阶主振动；同理，当 $A_i^{(2)}=0\,(i=1,2)$ 时，系统做第二阶主振动。如果系统的初始位移和初始速度的比值都等于振幅比 $\beta^{(1)}$ 或 $\beta^{(2)}$，就可以得到 $A_i^{(2)}=0$ 或 $A_i^{(1)}=0$ 的条件。当然，得出此结果所需的初始条件不是唯一的。

【例 5.4】 试求例 5.1 的系统做无阻尼自由振动时的固有频率、固有振型。若设其参数如下：质量 M=1500kg，绕质心的回转半径 ρ_C=1.1m，前轴与质心的距离 l_1=1.5m，后轴与

质心的距离 l_2=1.6m，前弹簧的刚度 K_1=36kN/m，后弹簧的刚度 K_2=39kN/m。

解 其运动微分方程式由例 5.2 所列出。设

$$x(t) = A_1 \sin(\omega_n + \phi)$$
$$\theta(t) = A_2 \sin(\omega_n + \phi)$$

并代入运动微分方程得

$$(-M\omega_n^2 + K_1 + K_2)A_1 + (-K_1 l_1 + K_2 l_2)A_2 = 0$$
$$(-K_1 l_1 + K_2 l_2)A_1 + (-I_C \omega_n^2 + K_1 l_1^2 + K_2 l_2^2)A_2 = 0$$

代入输入参数得

$$8400 A_1 + (-1815\omega_n^2 + 180840)A_2 = 0 \tag{1}$$

式(1)有非零解，则

$$2.7225\omega_n^4 - 407.385\omega_n^2 + 13492.44 = 0 \tag{2}$$

进而求出固有频率，为

$$\omega_{n1} = 7.0344\text{rad/s} \tag{3}$$

$$\omega_{n2} = 10.0077\text{rad/s} \tag{4}$$

由式(1)得出振幅度比：

$$\beta = \frac{A_1}{A_2} = \frac{-K_1 l_1 + K_2 l_2}{-M\omega_n^2 + K_1 + K_2} \tag{5}$$

二阶固有振型为

$$\beta^{(1)} = \frac{A_1^{(1)}}{A_2^{(1)}} = -10.8359 \tag{6}$$

$$\beta^{(2)} = \frac{A_1^{(2)}}{A_2^{(2)}} = 0.1117 \tag{7}$$

其振型如图 5-4 所示。

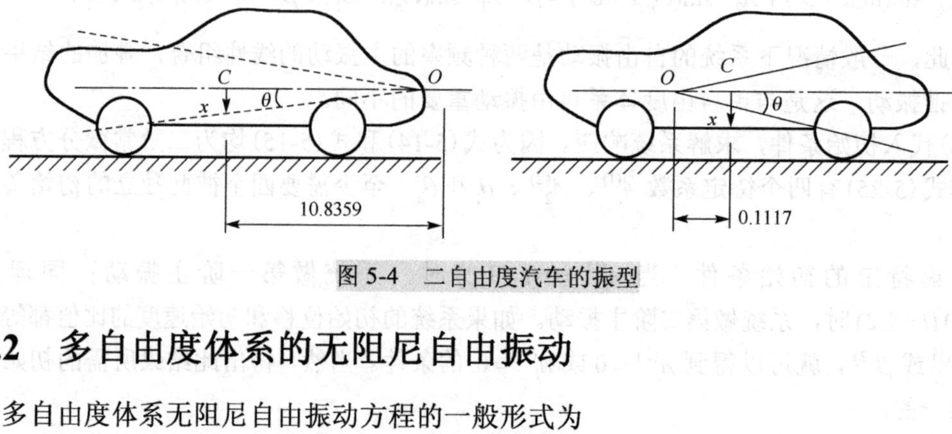

图 5-4 二自由度汽车的振型

5.2.2 多自由度体系的无阻尼自由振动

多自由度体系无阻尼自由振动方程的一般形式为

$$\boldsymbol{M}\ddot{\boldsymbol{q}} + \boldsymbol{K}\boldsymbol{q} = \boldsymbol{0} \tag{5-26}$$

其展开形式为

$$\begin{bmatrix} M_{11} & \cdots & M_{1n} \\ \vdots & & \vdots \\ M_{n1} & \cdots & M_{nn} \end{bmatrix} \begin{Bmatrix} \ddot{q}_1 \\ \vdots \\ \ddot{q}_n \end{Bmatrix} + \begin{bmatrix} K_{11} & \cdots & K_{1n} \\ \vdots & & \vdots \\ K_{n1} & \cdots & K_{nn} \end{bmatrix} \begin{Bmatrix} q_1 \\ \vdots \\ q_n \end{Bmatrix} = \begin{Bmatrix} 0 \\ \vdots \\ 0 \end{Bmatrix} \tag{5-27}$$

设上述方程的形式解为

$$\boldsymbol{q}=\boldsymbol{A}\sin(\omega t+\theta) \tag{5-28}$$

式中，ω 为固有频率；θ 为相位角；$\boldsymbol{q}=[q_1,q_2,\cdots,q_n]^{\mathrm{T}}$ 为系统广义坐标的 n 阶列阵；$\boldsymbol{A}=[A_1,A_2,\cdots,A_n]^{\mathrm{T}}$ 为系统广义坐标幅值的 n 阶列阵。将式(5-28)代入运动方程可得到关于 $A_i(i=1,2,\cdots,n)$ 的 n 阶线性齐次方程组，即

$$\begin{cases} (K_{11}-\omega^2 M_{11})A_1+(K_{12}-\omega^2 M_{12})A_2+\cdots+(K_{1n}-\omega^2 M_{1n})A_n=0 \\ (K_{21}-\omega^2 M_{21})A_1+(K_{22}-\omega^2 M_{22})A_2+\cdots+(K_{2n}-\omega^2 M_{2n})A_n=0 \\ \qquad\vdots \\ (K_{n1}-\omega^2 M_{n1})A_1+(K_{n2}-\omega^2 M_{n2})A_2+\cdots+(K_{nn}-\omega^2 M_{nn})A_n=0 \end{cases} \tag{5-29}$$

写成矩阵形式为

$$(\boldsymbol{K}-\omega^2\boldsymbol{M})\boldsymbol{A}=\boldsymbol{0} \tag{5-30}$$

方程具有非零解，则

$$D(\omega^2)=|\boldsymbol{K}-\omega^2\boldsymbol{M}|=0 \tag{5-31}$$

对于 n 个自由度的系统，式(5-31)是 ω^2 的 n 次方程。因为 $\boldsymbol{M}$ 和 $\boldsymbol{K}$ 均为(正定)实对称矩阵，所以频率方程式必有 n 个正实根，令 $\omega_1^2<\omega_2^2<\cdots<\omega_n^2$，称为方程的 n 个特征根。由于特征根与初始条件无关，仅取决于系统的固有的物理参数 $\boldsymbol{M}$ 和 $\boldsymbol{K}$，故称 ω_i 为系统的固有频率。

对于每一个固有频率，可求得相应的振幅矢量 $\boldsymbol{A}$。由于 $\omega=\omega_r$ 时行列式的值为 0，线性代数方程式组中实际只有 n–1 个方程是线性独立的。因此，对于每一个固有频率，只能解得 n 个广义坐标幅度之间的比例，即只能得到包含一个待定系数的振动形状。在求解时，任取 n–1 个方程即可。将 n 个未知量中的任意一个元素 $A_n^{(r)}$ 作为自由未知量，可将矩阵方程展开式改写为

$$\begin{cases} (K_{21}-\omega_r^2 M_{21})A_1^{(r)}+(K_{22}-\omega_r^2 M_{22})A_2^{(r)}+\cdots+(K_{2,n-1}-\omega_r^2 M_{2,n-1})A_{n-1}^{(r)}=-(K_{2n}-\omega_r^2 M_{2n})A_n^{(r)} \\ \qquad\vdots \\ (K_{j1}-\omega_r^2 M_{j1})A_1^{(r)}+(K_{j2}-\omega_r^2 M_{j2})A_2^{(r)}+\cdots+(K_{j,n-1}-\omega_r^2 M_{j,n-1})A_{n-1}^{(r)}=-(K_{jn}-\omega_r^2 M_{jn})A_n^{(r)} \\ \qquad\vdots \\ (K_{n1}-\omega_r^2 M_{n1})A_1^{(r)}+(K_{n2}-\omega_r^2 M_{n2})A_2^{(r)}+\cdots+(K_{n,n-1}-\omega_r^2 M_{n,n-1})A_{n-1}^{(r)}=-(K_{nn}-\omega_r^2 M_{nn})A_n^{(r)} \end{cases} \tag{5-32}$$

从而解得其余 n–1 个元素。由此可得到振幅矢量的 n 个元素间的比例关系：

$$\frac{A_1^{(r)}}{\rho_1^{(r)}}=\frac{A_2^{(r)}}{\rho_2^{(r)}}=\cdots=\frac{A_j^{(r)}}{\rho_j^{(r)}}=\cdots=\frac{A_n^{(r)}}{\rho_n^{(r)}}=p^{(r)} \tag{5-33}$$

式中，$\rho^{(r)}$为任意比例常数；$\rho_j^{(r)}$为行列式$\left|\boldsymbol{K}-\omega_r^2\boldsymbol{M}\right|$中第 1 行、第 j 列元素的代数余子式，即

$$\rho_j^{(r)}=(-1)^{(j+1)}\begin{vmatrix} K_{21}-\omega_r^2M_{21} & \cdots & K_{2,j-1}-\omega_r^2M_{2,j-1} & K_{2,j+1}-\omega_r^2M_{2,j+1} & \cdots & K_{2n}-\omega_r^2M_{2n} \\ \vdots & & \vdots & \vdots & & \vdots \\ K_{i1}-\omega_r^2M_{i1} & \cdots & K_{i,j-1}-\omega_r^2M_{i,j-1} & K_{i,j+1}-\omega_r^2M_{i,j+1} & \cdots & K_{in}-\omega_r^2M_{in} \\ \vdots & & \vdots & \vdots & & \vdots \\ K_{n1}-\omega_r^2M_{n1} & \cdots & K_{n,j-1}-\omega_r^2M_{n,j-1} & K_{n,j+1}-\omega_r^2M_{n,j+1} & \cdots & K_{nn}-\omega_r^2M_{nn} \end{vmatrix}$$

因此，式(5-33)可写为

$$\boldsymbol{A}^{(r)}=\boldsymbol{\rho}^{(r)}p^{(r)} \tag{5-34}$$

其中，

$$\boldsymbol{\rho}^{(r)}=\left[\rho_1^{(r)},\rho_2^{(r)},\cdots,\rho_n^{(r)}\right]^{\mathrm{T}} \tag{5-35}$$

$$\boldsymbol{A}^{(r)}=\left[A_1^{(r)},A_2^{(r)},\cdots,A_n^{(r)}\right]^{\mathrm{T}} \tag{5-36}$$

式中，$p^{(r)}$为比例系数，可取任意值。显然，特征矢量$\boldsymbol{A}^{(r)}$或$\boldsymbol{\rho}^{(r)}$表示系统按第 r 阶固有频率做主振动时的振动形式，即 n 自由度体系的固有振型。与二自由度体系的情形类似，它也与初始条件无关，仅取决于系统的固有属性 $\boldsymbol{M}$ 和 $\boldsymbol{K}$。

n 自由度体系有 n 个固有频率和对应的固有振型。还应当了解，固有振型必然包含一个待定系数，它不能代表系统的实际振幅，而只是系统振动特性的反映。

一般而言，特征方程的 n 个根可以是单根、复根，也可以是实根或二重根，甚至多重根。但系统的质量矩阵 $\boldsymbol{M}$ 为正定实对称矩阵，弹性矩阵 $\boldsymbol{K}$ 为正定或半正定实对称矩阵时，根据线性代数理论，所有的特征值都是非负实数。零特征值只出现在半正定系统(在物理上对应可能发生刚体运动的系统)中。

【例 5.5】确定图 5-5(a)所示系统的固有频率和固有振型，并求正则振型，令 $M=l$，$K=1$。

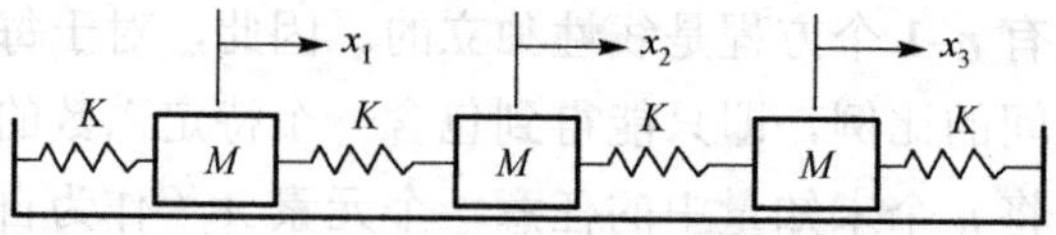

(a) 三自由度系统示意图

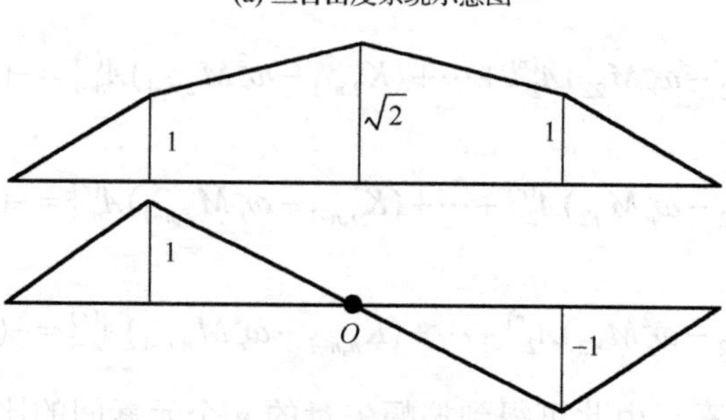

(b) 固有振型示意图

图 5-5　三质量-弹簧系统示意图

解　根据 d'Alembert 原理直接给出质量矩阵、刚度矩阵：

$$\boldsymbol{M}=\begin{bmatrix}1&0&0\\0&1&0\\0&0&1\end{bmatrix},\qquad \boldsymbol{K}=\begin{bmatrix}2&-1&0\\-1&2&-1\\0&-1&2\end{bmatrix} \tag{1}$$

系统运动方程为

$$\boldsymbol{M}\ddot{\boldsymbol{x}}(t)+\boldsymbol{K}\boldsymbol{x}(t)=\boldsymbol{0} \tag{2}$$

对应的特征值问题为

$$\boldsymbol{K}\boldsymbol{A}=\omega_n^2\boldsymbol{M}\boldsymbol{A} \tag{3}$$

特征方程为

$$\Delta(\omega_n^2)=\begin{vmatrix}(2-\omega_n^2)&-1&0\\-1&(2-\omega_n^2)&-1\\0&-1&(2-\omega_n^2)\end{vmatrix}=(2-\omega_n^2)(\omega_n^4-4\omega_n^2+2)=0 \tag{4}$$

解得特征值为

$$\omega_{n1}^2=2-\sqrt{2},\qquad \omega_{n2}^2=2,\qquad \omega_{n3}^2=2+\sqrt{2} \tag{5}$$

接下来计算三个固有频率对应的振型。将 $\omega_{n1}^2=2-\sqrt{2}$ 代入方程(3)得

$$\begin{bmatrix}\sqrt{2}&-1&0\\-1&\sqrt{2}&-1\\0&-1&\sqrt{2}\end{bmatrix}\begin{Bmatrix}A_1^{(1)}\\A_2^{(1)}\\A_3^{(1)}\end{Bmatrix}=\begin{Bmatrix}0\\0\\0\end{Bmatrix} \tag{6}$$

令 $A_1^{(1)}=1$，方程(6)变为

$$\begin{bmatrix}\sqrt{2}&-1&0\\-1&\sqrt{2}&-1\\0&-1&\sqrt{2}\end{bmatrix}\begin{Bmatrix}1\\A_2^{(1)}\\A_3^{(1)}\end{Bmatrix}=\begin{Bmatrix}0\\0\\0\end{Bmatrix} \tag{7}$$

解得

$$\begin{Bmatrix}A_2^{(1)}\\A_3^{(1)}\end{Bmatrix}=-\begin{bmatrix}\sqrt{2}&-1\\-1&\sqrt{2}\end{bmatrix}^{-1}\begin{Bmatrix}-1\\0\end{Bmatrix}=\begin{Bmatrix}\sqrt{2}\\1\end{Bmatrix} \tag{8}$$

从而得出 $\omega_{n1}^2=2-\sqrt{2}$ 对应的振型：

$$\boldsymbol{A}^{(1)}=\begin{Bmatrix}1\\\sqrt{2}\\1\end{Bmatrix} \tag{9}$$

同理，可得到 ω_{n2}^2 和 ω_{n3}^2 对应的固有振型：

$$\boldsymbol{A}^{(2)}=\begin{Bmatrix}1\\0\\-1\end{Bmatrix},\qquad \boldsymbol{A}^{(3)}=\begin{Bmatrix}1\\-\sqrt{2}\\1\end{Bmatrix} \tag{10}$$

5.2.3 固有振型的正交性

正交性是固有振型最重要的性质。设系统第 r 阶固有频率为 ω_r，固有振型为 $\boldsymbol{\rho}^{(r)}$，则有

$$(\boldsymbol{K}-\omega_r^2\boldsymbol{M})\boldsymbol{\rho}^{(r)}=\boldsymbol{0} \tag{5-37}$$

同理，系统第 s 阶固有频率、固有振型满足：

$$(\boldsymbol{K}-\omega_s^2\boldsymbol{M})\boldsymbol{\rho}^{(s)}=\boldsymbol{0} \tag{5-38}$$

对式(5-37)所有项同时左乘 $\boldsymbol{\rho}^{(s)\mathrm{T}}$，对式(5-38)所有项同时左乘 $\boldsymbol{\rho}^{(r)\mathrm{T}}$，然后两式相减，得到

$$\boldsymbol{\rho}^{(s)\mathrm{T}}\boldsymbol{K}\boldsymbol{\rho}^{(r)}-\boldsymbol{\rho}^{(r)\mathrm{T}}\boldsymbol{K}\boldsymbol{\rho}^{(s)}-\omega_{r_s}^2\boldsymbol{\rho}^{(s)\mathrm{T}}\boldsymbol{M}\boldsymbol{\rho}^{(r)}+\omega_{s_r}^2\boldsymbol{\rho}^{(r)\mathrm{T}}\boldsymbol{M}\boldsymbol{\rho}^{(s)}=\boldsymbol{0} \tag{5-39}$$

注意到 $\boldsymbol{M}$、$\boldsymbol{K}$ 均为实对称阵，故

$$\boldsymbol{\rho}^{(s)\mathrm{T}}\boldsymbol{K}\boldsymbol{\rho}^{(r)}=\boldsymbol{\rho}^{(r)\mathrm{T}}\boldsymbol{K}\boldsymbol{\rho}^{(s)},\qquad \boldsymbol{\rho}^{(s)\mathrm{T}}\boldsymbol{M}\boldsymbol{\rho}^{(r)}=\boldsymbol{\rho}^{(r)\mathrm{T}}\boldsymbol{M}\boldsymbol{\rho}^{(s)}$$

因此，式(5-39)可简化为

$$(\omega_s^2-\omega_r^2)\boldsymbol{\rho}^{(r)\mathrm{T}}\boldsymbol{M}\boldsymbol{\rho}^{(s)}=\boldsymbol{0} \tag{5-40}$$

由此可知

$$\boldsymbol{\rho}^{(s)\mathrm{T}}\boldsymbol{M}\boldsymbol{\rho}^{(r)}=\begin{cases}0 & (r\neq s)\\ M_r & (r=s)\end{cases} \tag{5-41}$$

如果对式(5-37)两侧同时乘以 ω_s^2，式(5-38)两侧同时乘以 ω_r^2，并重复上述推导，不难得到

$$\boldsymbol{\rho}^{(r)\mathrm{T}}\boldsymbol{K}\boldsymbol{\rho}^{(s)}=\begin{cases}0 & (r\neq s)\\ K_r & (r=s)\end{cases} \tag{5-42}$$

式(5-41)和式(5-42)分别表示了振型关于质量矩阵、刚度矩阵的正交性。这一性质被广泛应用于振动理论和工程计算中。M_r 和 K_r 分别为广义质量与广义刚度。

5.2.4 固有振型的归一化

固有振型表示系统各广义坐标的位移相对关系，表示它们之间的幅值比例关系，而非唯一确定的量。引入适当的人为规定，给出固有振型的取值方法，使振型矢量的元素成为单值的过程称为归一化或正则化。本节介绍一种较为常见的方法。

将 $\boldsymbol{\rho}^{(r)}$ 乘以常数因子 $c^{(r)}$ 后，有

$$\boldsymbol{\varphi}^{(r)}=c^{(r)}\boldsymbol{\rho}^{(r)} \tag{5-43}$$

令

$$M_r=\boldsymbol{\varphi}^{(r)\mathrm{T}}\boldsymbol{M}\boldsymbol{\varphi}^{(r)}=1 \tag{5-44}$$

称 $\boldsymbol{\varphi}^{(r)}$ 为正则振型。正则振型同样满足正交条件，如式(5-45)所示：

$$\boldsymbol{\varphi}^{(r)\mathrm{T}}\boldsymbol{M}\boldsymbol{\varphi}^{(s)}=\begin{cases}0 & (r\neq s)\\ 1 & (r=s)\end{cases},\qquad \boldsymbol{\varphi}^{(r)\mathrm{T}}\boldsymbol{K}\boldsymbol{\varphi}^{(s)}=\begin{cases}0 & (r\neq s)\\ \omega_r^2 & (r=s)\end{cases} \tag{5-45}$$

读者可自行验证。正则振型的引入，简化了公式的表达，给推演、计算带来了方便。正则振型的常数 $c^{(r)}$ 可以由式(5-46)确定。

$$c^{(r)}=\frac{1}{\sqrt{\boldsymbol{\rho}^{(r)\mathrm{T}}\boldsymbol{M}\boldsymbol{\rho}^{(r)}}},\qquad \boldsymbol{\varphi}^{(r)}=c^{(r)}\boldsymbol{\rho}^{(r)}=\frac{\boldsymbol{\rho}^{(r)}}{\sqrt{\boldsymbol{\rho}^{(r)\mathrm{T}}\boldsymbol{M}\boldsymbol{\rho}^{(r)}}} \tag{5-46}$$

5.2.5　模态质量、模态刚度和模态矩阵

当式(5-41)和式(5-42)中取 $r=s$ 时，可得到 M_r 和 K_r，分别被称为系统的第 r 阶模态质量(或广义质量)、模态刚度(或广义刚度)。若引入振型矩阵(或模态矩阵)，则将各阶振型列阵组合到一起，有

$$\boldsymbol{\rho}=[\boldsymbol{\rho}^{(1)},\boldsymbol{\rho}^{(2)},\cdots,\boldsymbol{\rho}^{(n)}] \tag{5-47}$$

不难发现：

$$\boldsymbol{M}_{\mathrm{m}}=\boldsymbol{\rho}^{\mathrm{T}}\boldsymbol{M}\boldsymbol{\rho}=\mathrm{diag}(M_r)=\begin{bmatrix} M_1 & & & \\ & M_2 & & \\ & & \ddots & \\ & & & M_n \end{bmatrix} \tag{5-48}$$

$$\boldsymbol{K}_{\mathrm{m}}=\boldsymbol{\rho}^{\mathrm{T}}\boldsymbol{K}\boldsymbol{\rho}=\mathrm{diag}(K_r)=\begin{bmatrix} K_1 & & & \\ & K_2 & & \\ & & \ddots & \\ & & & K_n \end{bmatrix} \tag{5-49}$$

式中，$\boldsymbol{M}_{\mathrm{m}}$ 和 $\boldsymbol{K}_{\mathrm{m}}$ 为模态质量矩阵和模态刚度矩阵，下角标 m 为 modal 的缩写。采用归一化的振型矩阵，则模态质量矩阵为单位对角矩阵，模态刚度矩阵的元素为 ω_i^2，即

$$\boldsymbol{M}_{\mathrm{m}}=\boldsymbol{I}=\begin{bmatrix} 1 & & & 0 \\ & 1 & & \\ & & \ddots & \\ 0 & & & 1 \end{bmatrix},\qquad \boldsymbol{K}_{\mathrm{m}}=\begin{bmatrix} \omega_1^2 & & & \\ & \omega_2^2 & & \\ & & \ddots & \\ & & & \omega_n^2 \end{bmatrix} \tag{5-50}$$

【例 5.6】 验证例 5.5 中振型向量的正交性，并计算模态质量和模态刚度。

解　例 5.5 中已计算出固有频率及其振型：

$$\omega_{n1}^2=2-\sqrt{2},\qquad \boldsymbol{\rho}^{(1)\mathrm{T}}=[1,\sqrt{2},1] \tag{1}$$

$$\omega_{n2}^2=2,\qquad \boldsymbol{\rho}^{(2)\mathrm{T}}=[1,0,-1] \tag{2}$$

$$\omega_{n3}^2=2+\sqrt{2},\qquad \boldsymbol{\rho}^{(3)\mathrm{T}}=[1,-\sqrt{2},1] \tag{3}$$

令 r=1，s=2，代入式(5-41)得

$$\boldsymbol{\rho}^{(1)\mathrm{T}}\boldsymbol{M}\boldsymbol{\rho}^{(2)}=[1,\sqrt{2},1]\begin{bmatrix} 1 & 0 & 0 \\ 0 & 1 & 0 \\ 0 & 0 & 1 \end{bmatrix}\begin{Bmatrix} 1 \\ 0 \\ -1 \end{Bmatrix}=0 \tag{4}$$

类似地，令 $r=1$，$s=3$，可验证第一阶和第三阶模态的正交性；令 $r=2$，$s=3$，可验

证第二阶和第三阶模态的正交性。

计算第一阶模态质量：

$$M^{(1)}=\boldsymbol{\rho}^{(1)\mathrm{T}}\boldsymbol{M}\boldsymbol{\rho}^{(1)}=[1,\sqrt{2},1]\begin{Bmatrix}1\\ \sqrt{2}\\ 1\end{Bmatrix}=4 \tag{5}$$

同理，

$$M^{(2)}=2,\qquad M^{(3)}=4 \tag{6}$$

计算第一阶模态刚度：

$$K^{(1)}=\boldsymbol{\rho}^{(1)\mathrm{T}}\boldsymbol{K}\boldsymbol{\rho}^{(1)}=[1,\sqrt{2},1]\begin{bmatrix}2 & -1 & 0\\ -1 & 2 & -1\\ 0 & -1 & 2\end{bmatrix}\begin{Bmatrix}1\\ \sqrt{2}\\ 1\end{Bmatrix}=4(2-\sqrt{2}) \tag{7}$$

同理，

$$K^{(2)}=\boldsymbol{\rho}^{(2)\mathrm{T}}\boldsymbol{K}\boldsymbol{\rho}^{(2)}=4 \tag{8}$$

$$K^{(3)}=\boldsymbol{\rho}^{(3)\mathrm{T}}\boldsymbol{K}\boldsymbol{\rho}^{(2)}=4(2+\sqrt{2}) \tag{9}$$

【例 5.7】 对例 5.6 中各阶固有振型进行归一化。

解 令

$$\boldsymbol{\varphi}^{(1)}=c_1\begin{Bmatrix}1\\ \sqrt{2}\\ 1\end{Bmatrix} \tag{1}$$

根据归一化定义，有

$$c_1^2[1,\sqrt{2},1]\boldsymbol{M}\begin{Bmatrix}1\\ \sqrt{2}\\ 1\end{Bmatrix}=1 \tag{2}$$

由于

$$M^{(1)}=[1,\sqrt{2},1]\begin{bmatrix}1 & 0 & 0\\ 0 & 1 & 0\\ 0 & 0 & 1\end{bmatrix}\begin{Bmatrix}1\\ \sqrt{2}\\ 1\end{Bmatrix}=4 \tag{3}$$

由式(2)可知

$$c_1=\frac{1}{\sqrt{M^{(1)}}}=\frac{1}{2} \tag{4}$$

由式(1)得出第 1 阶正则振型向量：

$$\boldsymbol{\varphi}^{(1)}=\frac{1}{2}\begin{Bmatrix}1\\ \sqrt{2}\\ 1\end{Bmatrix}=\begin{Bmatrix}0.500\\ 0.707\\ 0.500\end{Bmatrix} \tag{5}$$

重复上述过程，得到

$$\boldsymbol{\varphi}^{(2)}=\frac{1}{\sqrt{2}}\begin{Bmatrix}1\\0\\-1\end{Bmatrix}=\begin{Bmatrix}0.707\\0.000\\-0.707\end{Bmatrix} \tag{6}$$

$$\boldsymbol{\varphi}^{(3)}=\frac{1}{2}\begin{Bmatrix}1\\-\sqrt{2}\\1\end{Bmatrix}=\begin{Bmatrix}0.500\\-0.707\\0.500\end{Bmatrix} \tag{7}$$

5.2.6　展开定理

由于固有振型向量具有正交性，且数量与自由度数目相同，系统的任何一种变形的矢量 $\boldsymbol{q}(t)$ 都可用这 n 个振型向量的线性组合得出，即

$$\boldsymbol{q}(t)=\boldsymbol{\rho}^{(1)}p_1+\boldsymbol{\rho}^{(2)}p_2+\cdots+\boldsymbol{\rho}^{(n)}p_n=\sum_{r=1}^{n}\boldsymbol{\rho}^{(r)}p_r \tag{5-51}$$

写为矩阵形式为

$$\boldsymbol{q}(t)=\boldsymbol{\rho}\boldsymbol{p} \tag{5-52}$$

式中，

$$\boldsymbol{\rho}=[\boldsymbol{\rho}^{(1)},\boldsymbol{\rho}^{(2)},\cdots,\boldsymbol{\rho}^{(n)}],\qquad \boldsymbol{p}=[p_1,p_2,\cdots,p_n] \tag{5-53}$$

式(5-51)左侧乘以 $\boldsymbol{\rho}^{(r)\mathrm{T}}\boldsymbol{M}$，利用正交性得

$$p_r=\frac{1}{M_r}\boldsymbol{\rho}^{(r)}\boldsymbol{M}\boldsymbol{q} \tag{5-54}$$

若采用正则振型矢量，则有

$$p_r=\boldsymbol{\rho}^{(r)\mathrm{T}}\boldsymbol{M}\boldsymbol{q} \tag{5-55}$$

式(5-51)即展开定理，它是求解自由振动和受迫振动响应的振型叠加法的理论基础，揭示了振型空间对结构运动方程组的解耦本质。

5.2.7　用振型叠加法求解系统自由振动

考虑无阻尼自由振动问题。对广义坐标 $\boldsymbol{q}(t)$，自由振动的运动方程式为

$$\boldsymbol{M}\ddot{\boldsymbol{q}}+\boldsymbol{K}\boldsymbol{q}(t)=\boldsymbol{0} \tag{5-56}$$

通常而言，上述矩阵方程中，质量矩阵 $\boldsymbol{M}$ 和刚度矩阵 $\boldsymbol{K}$ 都是对角矩阵，既有弹性耦合，又有惯性耦合。消除方程间的耦合，最理想的情况是每一个方程式中只有一个待定的坐标，矩阵均为对角阵，每个微分方程式都可以独立求解，像单自由度体系一样。使耦合的方程组变为一组无耦合的方程，这样的过程称为解耦。

对运动方程采用展开定理，并在左侧乘以 $\boldsymbol{\rho}^{(i)\mathrm{T}}$，引入正交条件，得

$$M_i\ddot{p}_i+K_ip_i=0\qquad (i=1,2,\cdots,n) \tag{5-57}$$

观察式(5-57)发现，经过坐标变换，运动方程组已经被解耦，得到了关于模态坐标 $p_i(t)$ 的方程式，且形式上与单自由度体系完全一样，可利用下列关系确定系统响应：

$$p_i(t)=p_i(0)\cos\omega_{ni}t+\frac{\dot{p}_i(0)}{\omega_{ni}}\sin\omega_{ni}t\quad(i=1,2,\cdots,n)\tag{5-58}$$

或

$$p_i(t)=p^{(i)}\sin(\omega_{ni}t+\theta_i)\quad(i=1,2,\cdots,n)\tag{5-59}$$

在初始时刻(t=0)：

$$\boldsymbol{q}(0)=[q_1(0),q_2(0),\cdots,q_n(0)]^{\mathrm{T}}\tag{5-60}$$

$$\dot{\boldsymbol{q}}(0)=[\dot{q}_1(0),\dot{q}_2(0),\cdots,\dot{q}_n(0)]^{\mathrm{T}}\tag{5-61}$$

进而利用展开定理，将上述两个初始矢量展开成固有振型的级数，得

$$p_i(0)=\frac{1}{M_i}\boldsymbol{\rho}^{(i)\mathrm{T}}\boldsymbol{M}\boldsymbol{q}(0)\tag{5-62}$$

$$\dot{p}_i(0)=\frac{1}{M_i}\boldsymbol{\rho}^{(i)\mathrm{T}}\boldsymbol{M}\dot{\boldsymbol{q}}(0)\tag{5-63}$$

于是

$$\boldsymbol{q}(t)=\sum_{i=1}^{n}\boldsymbol{\rho}^{(i)}p_i(t)\tag{5-64}$$

至此，初始条件所导致的系统自由振动已经完全确定了。

【例 5.8】 在例 5.5 中，给定初始条件

$$\boldsymbol{x}_0^{\mathrm{T}}=[0,0,x_0],\qquad \dot{x}_0=0$$

求解系统自由振动响应。

解　已经求出固有频率和正则振型矩阵：

$$\omega_{n1}^2=2-\sqrt{2},\qquad \omega_{n2}^2=2,\qquad \omega_{n3}^2=2+\sqrt{2}\tag{1}$$

$$\boldsymbol{\varphi}=\begin{bmatrix}0.500 & 0.707 & 0.500\\ 0.707 & 0.000 & -0.707\\ 0.500 & -0.707 & 0.500\end{bmatrix}\tag{2}$$

设

$$\boldsymbol{x}(t)=\boldsymbol{\varphi}\boldsymbol{p}(t)\tag{3}$$

则有

$$\boldsymbol{p}_0=\boldsymbol{\varphi}^{\mathrm{T}}\boldsymbol{M}\boldsymbol{x}_0\tag{4}$$

将振型矩阵和初始条件代入式(4)，得

$$\boldsymbol{p}_0=\begin{bmatrix}0.500 & 0.707 & 0.500\\ 0.707 & 0.000 & -0.707\\ 0.500 & -0.707 & 0.500\end{bmatrix}\begin{Bmatrix}0\\0\\x_0\end{Bmatrix}=x_0\begin{Bmatrix}0.500\\-0.707\\0.500\end{Bmatrix}\tag{5}$$

同样，求得

$$\dot{\boldsymbol{p}}_0 = \mathbf{0} \tag{6}$$

正则坐标响应为

$$\begin{cases} p_1(t) = 0.5x_0\cos\omega_{n1}t \\ p_2(t) = -0.7071x_0\cos\omega_{n2}t \\ p_3(t) = 0.5x_0\cos\omega_{n3}t \end{cases} \tag{7}$$

利用叠加原理得

$$\begin{aligned} \boldsymbol{x}(t) &= \sum_{r=1}^{3}\boldsymbol{\varphi}^{(r)}p_r(t) \\ &= \begin{Bmatrix} 0.25 \\ 0.3536 \\ 0.25 \end{Bmatrix} x_0\cos\omega_{n1}t - \begin{Bmatrix} 0.5 \\ 0.0 \\ -0.5 \end{Bmatrix} x_0\cos\omega_{n2}t + \begin{Bmatrix} 0.25 \\ -0.3536 \\ 0.25 \end{Bmatrix} x_0\cos\omega_{n3}t \end{aligned} \tag{8}$$

其中，固有频率

$$\omega_{n1} = 0.7654\text{rad/s}, \qquad \omega_{n2} = 1.4142\text{rad/s}, \qquad \omega_{n3} = 1.8478\text{rad/s}$$

不难发现，虽然初始条件较为简单，系统的自由振动响应却非周期运动。

5.3　多自由度体系的强迫振动

5.3.1　阻尼表达与处理

在工程中，如果阻尼很小，激励频率又远离固有频率，阻尼效应影响小，可以忽略不计。而当激励频率接近共振频率时，阻尼影响显著，不能简单地忽略。

由于阻尼机理复杂，通常采用黏性阻尼模型，即假设系统的阻尼力大小与速度成正比。系统的运动微分方程式为

$$\boldsymbol{M}\ddot{\boldsymbol{q}} + \boldsymbol{C}\dot{\boldsymbol{q}} + \boldsymbol{K}\boldsymbol{q} = \boldsymbol{F}(t) \tag{5-65}$$

式中，$\boldsymbol{C}$ 为阻尼矩阵。

在结构动力分析时，经常采用的是以下的瑞利(Rayleigh)阻尼假设：

$$\boldsymbol{C} = \alpha\boldsymbol{M} + \beta\boldsymbol{K} \tag{5-66}$$

式中，α 和 β 为比例常数。瑞利阻尼模型下的阻尼矩阵正比于质量矩阵（$\beta=0$），或者正比于刚度矩阵（$\alpha=0$），或者正比于它们的线性组合，因此也称为比例阻尼。

利用无阻尼系统的固有振型，即可使 $\boldsymbol{C}$ 对角化。设 $\boldsymbol{\Phi}$ 为归一化的振型矩阵，则

$$\boldsymbol{\Phi}^{\mathrm{T}}\boldsymbol{C}\boldsymbol{\Phi} = \alpha\boldsymbol{\Phi}^{\mathrm{T}}\boldsymbol{M}\boldsymbol{\Phi} + \beta\boldsymbol{\Phi}^{\mathrm{T}}\boldsymbol{K}\boldsymbol{\Phi} = \alpha\boldsymbol{I} + \beta\boldsymbol{\Lambda} \tag{5-67}$$

式中，$\boldsymbol{I}$ 为单位矩阵；$\boldsymbol{\Lambda}$ 为对角矩阵，

$$\boldsymbol{\Lambda} = \operatorname{diag}(\omega_{nr}^2) \tag{5-68}$$

令

$$\alpha + \beta\omega_{nr}^2 = 2\omega_{nr}\zeta_r \tag{5-69}$$

得

$$\zeta_r = \frac{\alpha + \beta\omega_{nr}^2}{2\omega_{nr}} = \frac{\alpha}{2\omega_{nr}} + \frac{\beta\omega_{nr}}{2} \tag{5-70}$$

式中，ζ_r 为第 r 阶模态的阻尼比。由式(5-70)可见，当阻尼矩阵正比于质量矩阵时，阻尼比与模态频率成反比，此时低阶振型起的作用占比较小。反之，当阻尼矩阵正比于刚度矩阵时，阻尼比正比于模态频率，则高阶振型起的作用较小。要近似地反映实际振动系统中阻尼的影响，应适当地选取α和β。

阻尼的物理机制很复杂，阻尼矩阵难以精确地确定，通常采用实验测定方法近似地确定阻尼比。但是系统并非总是具备比例阻尼性质，阻尼矩阵的非对角元素也就不总是全为零，当阻尼比很小时，也可令非对角元素为零，近似地建立对角阻尼矩阵。正则坐标下的阻尼矩阵如式(5-71)所示。对于这样的矩阵，可以使方程解耦，为求解系统响应带来便利。

$$\boldsymbol{C} = \begin{bmatrix} 2\omega_{n1}\zeta_1 & & & & \\ & 2\omega_{n2}\zeta_2 & & & \\ & & \ddots & & \\ & & & 2\omega_{nr}\zeta_r & \\ & & & & \ddots \\ & & & & & 2\omega_{nn}\zeta_n \end{bmatrix} \tag{5-71}$$

5.3.2 系统对任意激励的响应

有阻尼情况下，线性多自由度体系强迫振动的运动方程为

$$\boldsymbol{M}\ddot{\boldsymbol{q}} + \boldsymbol{C}\dot{\boldsymbol{q}} + \boldsymbol{K}\boldsymbol{q} = \boldsymbol{F}(t) \tag{5-72}$$

一般而言，矩阵 $\boldsymbol{M}$、$\boldsymbol{C}$ 和 $\boldsymbol{K}$ 中有非零的耦合项，需要解有 n 个未知数的常微分方程组。利用展开定理，可将广义坐标的响应用主振型的级数来描述，而用此求响应的方法称为振型叠加法。主振型取无阻尼时的模态振型，主坐标是待求的，从而可将广义坐标下的振动方程转换为主坐标下的振动方程，求出主坐标的响应式，然后进行坐标变换求出广义坐标的响应。这是一种求多自由度体系响应的常用方法。

如上所述，首先解自由振动中的特征值问题，得出固有振型 $\boldsymbol{A}_r$ 和固有频率 $\omega_{nr}^2 (r = 1, 2, \cdots, n)$：

$$(\boldsymbol{K} - \omega_{nr}^2\boldsymbol{M})\boldsymbol{A}_r = \boldsymbol{0} \tag{5-73}$$

做如下坐标变换：

$$\boldsymbol{q} = \boldsymbol{\Phi}\boldsymbol{p} \tag{5-74}$$

代入运动方程并在左侧乘$\boldsymbol{\Phi}^{\mathrm{T}}$，得

$$\tilde{\boldsymbol{M}}\ddot{\boldsymbol{p}} + \tilde{\boldsymbol{C}}\dot{\boldsymbol{p}} + \tilde{\boldsymbol{K}}\boldsymbol{p} = \tilde{\boldsymbol{F}}(t) \tag{5-75}$$

其中，

$$\begin{cases}\tilde{\boldsymbol{M}}=\boldsymbol{\Phi}^{\mathrm{T}}\boldsymbol{M}\boldsymbol{\Phi} & (\text{模态质量矩阵})\\ \tilde{\boldsymbol{C}}=\boldsymbol{\Phi}^{\mathrm{T}}\boldsymbol{C}\boldsymbol{\Phi} & (\text{模态阻尼矩阵})\\ \tilde{\boldsymbol{K}}=\boldsymbol{\Phi}^{\mathrm{T}}\boldsymbol{K}\boldsymbol{\Phi} & (\text{模态刚度矩阵})\\ \tilde{\boldsymbol{F}}(t)=\boldsymbol{\Phi}^{\mathrm{T}}\boldsymbol{F}(t) & (\text{模态力矢量})\end{cases}$$

根据正交条件，$\boldsymbol{M}$ 和 $\boldsymbol{K}$ 是对角阵，在黏性阻尼情况下，$\tilde{\boldsymbol{C}}$ 为对角阵，式(5-75)解耦为主坐标下的振动方程：

$$\ddot{p}_r+2\zeta_r\omega_{nr}\dot{p}_r+\omega_{nr}^2p_r=\frac{\tilde{F}_r(t)}{M_r}\quad(r=1,2,\cdots,n) \tag{5-76}$$

其中，

$$M_r=\boldsymbol{\varphi}^{(r)\mathrm{T}}\boldsymbol{M}\boldsymbol{\varphi}^{(r)},\qquad \tilde{F}_r(t)=\boldsymbol{\varphi}^{(r)\mathrm{T}}\boldsymbol{F}(t) \tag{5-77}$$

在求解上述单自由度体系振动问题的基础上，总响应为初始条件引起的自由振动与激励力响应之和：

$$\begin{aligned}p_r(t)=&\mathrm{e}^{-\zeta_r\omega_{nr}t}\left[p_r(0)\cos\omega_{dr}t+\frac{\dot{p}_r(0)+\zeta_r\omega_{nr}p_r(0)}{\omega_{dr}}\sin\omega_{dr}t\right]\\&+\frac{1}{\omega_{dr}}\int_0^t\frac{\tilde{F}_r(\tau)}{M_r}\mathrm{e}^{-\zeta_r\omega_{nr}(t-\tau)}\sin\omega_{dr}(t-\tau)\mathrm{d}\tau\quad(r=1,2,\cdots,n)\end{aligned} \tag{5-78}$$

式中，ω_{dr} 为第 r 阶阻尼共振频率。

t=0 时，取初始条件 $\boldsymbol{q}=\boldsymbol{q}(0),\dot{\boldsymbol{q}}=\dot{\boldsymbol{q}}(0)$，它们与主坐标下的初始条件 $\boldsymbol{p}(0)$ 和 $\dot{\boldsymbol{p}}(0)$ 之间的关系为

$$\boldsymbol{q}(0)=\boldsymbol{\Phi}\boldsymbol{p}(0),\qquad \dot{\boldsymbol{q}}(0)=\boldsymbol{\Phi}\dot{\boldsymbol{p}}(0) \tag{5-79}$$

在式(5-79)两边同时左乘 $\boldsymbol{\Phi}^{\mathrm{T}}\boldsymbol{M}$ 得

$$\boldsymbol{\Phi}^{\mathrm{T}}\boldsymbol{M}\boldsymbol{q}(0)=\tilde{\boldsymbol{M}}\boldsymbol{p}(0),\qquad \boldsymbol{\Phi}^{\mathrm{T}}\boldsymbol{M}\dot{\boldsymbol{q}}(0)=\tilde{\boldsymbol{M}}\dot{\boldsymbol{p}}(0) \tag{5-80}$$

由于 $\tilde{\boldsymbol{M}}$ 为对角矩阵，由式(5-80)可进一步得到主坐标下的初始条件：

$$p_r(0)=\frac{1}{M_r}\boldsymbol{\varphi}^{(r)\mathrm{T}}\boldsymbol{M}\boldsymbol{q}(0),\qquad \dot{p}_r(0)=\frac{1}{M_r}\boldsymbol{\varphi}^{(r)\mathrm{T}}\boldsymbol{M}\dot{\boldsymbol{q}}(0) \tag{5-81}$$

通过式(5-78)求得主坐标响应后，再进行坐标变换，即可得到广义坐标下的响应表达式。

【例 5.9】 求图 5-6 所示的二自由度体系的强迫振动响应。其中，$F_1(t)=0$，$F_2(t)$ 为脉冲激励：

$$F_2(t)=\begin{cases}F_0 & (0\leqslant t<t_1)\\ 0 & (t>t_1)\end{cases}$$

式中，t_1 为任意给定时刻。

解　系统运动方程为

$$\begin{bmatrix}M_1 & 0\\ 0 & M_2\end{bmatrix}\begin{Bmatrix}\ddot{x}_1\\ \ddot{x}_2\end{Bmatrix}+\begin{bmatrix}C_1+C_2 & -C_2\\ -C_2 & C_2+C_3\end{bmatrix}\begin{Bmatrix}\dot{x}_1\\ \dot{x}_2\end{Bmatrix}+\begin{bmatrix}K_1+K_2 & -K_2\\ -K_2 & K_2+K_3\end{bmatrix}\begin{Bmatrix}x_1\\ x_2\end{Bmatrix}=\begin{Bmatrix}0\\ F_2(t)\end{Bmatrix} \tag{1}$$

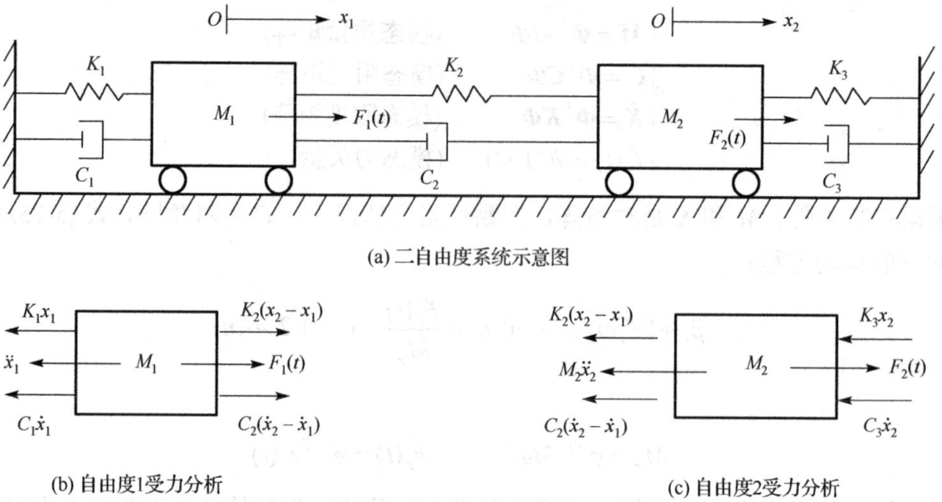

(a) 二自由度系统示意图

(b) 自由度1受力分析　　(c) 自由度2受力分析

图 5-6　二自由度体系

当 $M_1=M_2$，$K_1=K_2=K_3$ 时，固有频率、固有振型为

$$\omega_{n1}=\sqrt{\frac{K_1}{M_1}},\qquad \omega_{n2}=\sqrt{\frac{3K_1}{M_1}} \tag{2}$$

$$\boldsymbol{p}^{(1)}=\begin{Bmatrix}1\\1\end{Bmatrix},\qquad \boldsymbol{p}^{(2)}=\begin{Bmatrix}1\\-1\end{Bmatrix} \tag{3}$$

归一化振型为

$$\boldsymbol{\varphi}^{(1)}=\frac{1}{\sqrt{\boldsymbol{\rho}^{(1)\mathrm{T}}\boldsymbol{M}\boldsymbol{\rho}^{(1)}}}\begin{Bmatrix}1\\1\end{Bmatrix}=\frac{1}{\sqrt{2M_1}}\begin{Bmatrix}1\\1\end{Bmatrix} \tag{4}$$

$$\boldsymbol{\varphi}^{(2)}=\frac{1}{\sqrt{\boldsymbol{\rho}^{(2)\mathrm{T}}\boldsymbol{M}\boldsymbol{\rho}^{(2)}}}\begin{Bmatrix}1\\-1\end{Bmatrix}=\frac{1}{\sqrt{2M_1}}\begin{Bmatrix}1\\-1\end{Bmatrix} \tag{5}$$

设 $C_1=C_2=C_3$，运动方程可化为

$$\begin{bmatrix}M_1 & 0\\0 & M_2\end{bmatrix}\begin{Bmatrix}\ddot{x}_1\\\ddot{x}_2\end{Bmatrix}+\begin{bmatrix}2C_1 & -C_1\\-C_1 & 2C_1\end{bmatrix}\begin{Bmatrix}\dot{x}_1\\\dot{x}_2\end{Bmatrix}+\begin{bmatrix}2K_1 & -K_1\\-K_1 & 2K_1\end{bmatrix}\begin{Bmatrix}x_1\\x_2\end{Bmatrix}=\begin{Bmatrix}0\\F_2(t)\end{Bmatrix} \tag{6}$$

令

$$\boldsymbol{x}(t)=\boldsymbol{\Phi}\boldsymbol{p}(t) \tag{7}$$

代入方程(7)并左乘 $\boldsymbol{\Phi}^{\mathrm{T}}$，得

$$\ddot{\boldsymbol{p}}+\boldsymbol{\Phi}^{\mathrm{T}}\boldsymbol{C}\boldsymbol{\Phi}\dot{\boldsymbol{p}}+\boldsymbol{\Lambda}\boldsymbol{p}=\boldsymbol{\Phi}^{\mathrm{T}}\boldsymbol{F}=\tilde{\boldsymbol{F}}(t) \tag{8}$$

其中，

$$\boldsymbol{\Lambda}=\mathrm{diag}(\omega_{n1}^2,\omega_{n2}^2) \tag{9}$$

$$\tilde{\boldsymbol{C}}=\boldsymbol{\Phi}^{\mathrm{T}}\boldsymbol{C}\boldsymbol{\Phi}=\frac{C_1}{2M_1}\begin{bmatrix}1 & 1\\1 & -1\end{bmatrix}\begin{bmatrix}2 & -1\\-1 & 2\end{bmatrix}\begin{bmatrix}1 & 1\\1 & -1\end{bmatrix}=\frac{C_1}{M_1}\begin{bmatrix}1 & 0\\0 & 3\end{bmatrix} \tag{10}$$

黏性阻尼模型实际上是比例阻尼在 $\alpha=0$，$\beta=C_1/K_1$ 时的特例，因此 $\tilde{\boldsymbol{C}}$ 为对角阵，于是

$$2\zeta_1\omega_{n1}=\frac{C_1}{M_1},\qquad 2\zeta_2\omega_{n2}=\frac{3C_1}{M_1} \tag{11}$$

或

$$\zeta_1=\frac{C_1}{2M_1\omega_{n1}},\qquad \zeta_2=\frac{3C_1}{2M_1\omega_{n2}} \tag{12}$$

$$\tilde{\boldsymbol{F}}(t)=\boldsymbol{\Phi}^{\mathrm{T}}\boldsymbol{F}=\frac{1}{\sqrt{2M_1}}\begin{bmatrix}1 & 1\\ 1 & -1\end{bmatrix}\begin{Bmatrix}0\\ F_2(t)\end{Bmatrix}=\frac{1}{\sqrt{2M_1}}\begin{Bmatrix}F_2(t)\\ -F_2(t)\end{Bmatrix} \tag{13}$$

因此，

$$\ddot{p}_1(t)+2\zeta_1\omega_{n1}\dot{p}_1+\omega_{n1}^2p_1=\frac{1}{\sqrt{2M_1}}F_2(t) \tag{14}$$

$$\ddot{p}_2(t)+2\zeta_2\omega_{n2}\dot{p}_2+\omega_{n2}^2p_2=\frac{-1}{\sqrt{2M_1}}F_2(t) \tag{15}$$

采用 Duhamel 积分即可求得任意激励 $F_2(t)$ 作用下的主坐标响应。若忽略阻尼，采用零初始条件，当 $0\leqslant t\leqslant t_1$ 时，有

$$p_1(t)=\frac{F_0}{\omega_{n1}^2}\cdot\frac{1}{\sqrt{2M_1}}(1-\cos\omega_{n1}t) \tag{16}$$

$$p_2(t)=\frac{F_0}{\omega_{n2}^2}\cdot\frac{1}{\sqrt{2M_1}}(1-\cos\omega_{n2}t) \tag{17}$$

当 $t>t_1$ 时，有

$$p_1(t)=\frac{F_0}{\sqrt{2M_1}\,\omega_{n1}^2}\cdot 2\sin\frac{\omega_{n1}t_1}{2}\sin\omega_{n1}\left(t-\frac{t_1}{2}\right) \tag{18}$$

$$p_2(t)=\frac{F_0}{\sqrt{2M_1}\,\omega_{n2}^2}\cdot 2\sin\frac{\omega_{n2}t_1}{2}\sin\omega_{n2}\left(t-\frac{t_1}{2}\right) \tag{19}$$

最终，由叠加原理得

$$\begin{Bmatrix}x_1(t)\\ x_2(t)\end{Bmatrix}=\frac{1}{\sqrt{2M_1}}\begin{bmatrix}1 & 1\\ 1 & -1\end{bmatrix}\begin{Bmatrix}p_1(t)\\ p_2(t)\end{Bmatrix}=\begin{Bmatrix}\dfrac{1}{\sqrt{2M_1}}[p_1(t)+p_2(t)]\\ \dfrac{1}{\sqrt{2M_1}}[p_1(t)-p_2(t)]\end{Bmatrix} \tag{20}$$

由此可知，两个阶段的系统响应分别如下。

当 $0\leqslant t\leqslant t_1$ 时，

$$x_1(t)=\frac{F_0}{2M_1}\left(\frac{1-\cos\omega_{n1}t}{\omega_{n1}^2}+\frac{1-\cos\omega_{n2}t}{\omega_{n2}^2}\right) \tag{21}$$

$$x_2(t)=\frac{F_0}{2M_1}\left(\frac{1-\cos\omega_{n1}t}{\omega_{n1}^2}-\frac{1-\cos\omega_{n2}t}{\omega_{n2}^2}\right) \tag{22}$$

当$t>t_1$时，

$$x_1(t)=\frac{F_0}{M_1}\left[\frac{1}{\omega_{n1}^2}\sin\frac{\omega_{n1}t_1}{2}\sin\omega_{n1}\left(t-\frac{t_1}{2}\right)+\frac{1}{\omega_{n2}^2}\sin\frac{\omega_{n2}t_1}{2}\sin\omega_{n2}\left(t-\frac{t_1}{2}\right)\right] \tag{23}$$

$$x_2(t)=\frac{F_0}{M_1}\left[\frac{1}{\omega_{n1}^2}\sin\frac{\omega_{n1}t_1}{2}\sin\omega_{n1}\left(t-\frac{t_1}{2}\right)-\frac{1}{\omega_{n2}^2}\sin\frac{\omega_{n2}t_1}{2}\sin\omega_{n2}\left(t-\frac{t_1}{2}\right)\right] \tag{24}$$

5.3.3 系统对正弦激励的响应

1. 振型叠加法

若系统受到简谐激励$F(t)=F_0\sin\omega t$，则主坐标下的解耦运动方程可写为

$$\ddot{p}_r+2\zeta_r\omega_{nr}\dot{p}_r+\omega_{nr}^2p_r=\frac{1}{M_r}\tilde{F}_r(t)\sin\omega t \tag{5-82}$$

式中，

$$\tilde{F}_r=\boldsymbol{\varphi}^{(r)\mathrm{T}}\boldsymbol{F}_0 \tag{5-83}$$

将正弦激励力用复数表示，则

$$\ddot{\bar{p}}_r+2\zeta_r\omega_{nr}\dot{\bar{p}}_r+\omega_{nr}^2\bar{p}_r=\frac{1}{M_r}\tilde{F}_r\mathrm{e}^{\mathrm{i}\omega t} \tag{5-84}$$

主坐标$\bar{p}_r$的稳态解为

$$\bar{p}_r=\bar{H}(\omega)\tilde{F}_r\mathrm{e}^{\mathrm{i}\omega t} \tag{5-85}$$

式中，$\bar{H}(\omega)$为主坐标的复频响函数，第r个元素为

$$\overline{H_r}(\omega)=\frac{1/K_r}{(1-\gamma_r^2)+\mathrm{i}(2\zeta_r\gamma_r)},\qquad K_r=M_r\omega_{nr}^2,\qquad \gamma_r=\frac{\omega}{\omega_{nr}} \tag{5-86}$$

进而可将物理坐标下的频响写为

$$\bar{\boldsymbol{q}}=\boldsymbol{\Phi}\bar{\boldsymbol{p}}(t)=\sum_{r=1}^{n}\boldsymbol{\varphi}^{(r)}\bar{p}_r(t)=\sum_{r=1}^{n}\left(\frac{\boldsymbol{\varphi}^{(r)}\boldsymbol{\varphi}^{(r)\mathrm{T}}\boldsymbol{F}_0}{K_r}\right)\left[\frac{1}{(1-\gamma_r^2)+\mathrm{i}(2\zeta_r\gamma_r)}\right]\mathrm{e}^{\mathrm{i}\omega t} \tag{5-87}$$

由此得出坐标q_j处受到单位激励力时q_i处的复响应：

$$\bar{H}_{ij}(\omega)=\sum_{r=1}^{n}\left(\frac{\varphi_i^{(r)}\varphi_j^{(r)}}{K_r}\right)\left[\frac{1}{(1-\gamma_r^2)+\mathrm{i}(2\zeta_r\gamma_r)}\right] \tag{5-88}$$

式(5-88)也称为复频响函数或者传递函数，常被用于通过实验确定系统的振动特性：

$$q(t)=\sum_{r=1}^{n}\left(\frac{\boldsymbol{\varphi}^{(r)}\boldsymbol{\varphi}^{(r)\mathrm{T}}\boldsymbol{F}_0}{K_r}\right)\left[\frac{1}{\sqrt{(1-\gamma_r^2)^2+(2\zeta_r\gamma_r)^2}}\right]\sin(\omega t-\alpha_r) \tag{5-89}$$

其中，

$$\alpha_r=\arctan\frac{2\zeta_r\gamma_r}{1-\gamma_r^2}$$

【例 5.10】 如图 5-7(a)所示的二自由度体系，已知$Q_1(t)=Q_0\cos\omega t$，$K_1=987$，$K_2=217$，$C_1=0.6284$，$C_2=0.0628$，求：

(1) 无阻尼固有频率及对应的固有振型；

(2) 复频响函数 $\bar{H}_{11}(\omega)$ 和 $\bar{H}_{21}(\omega)$ 的模态展开式。

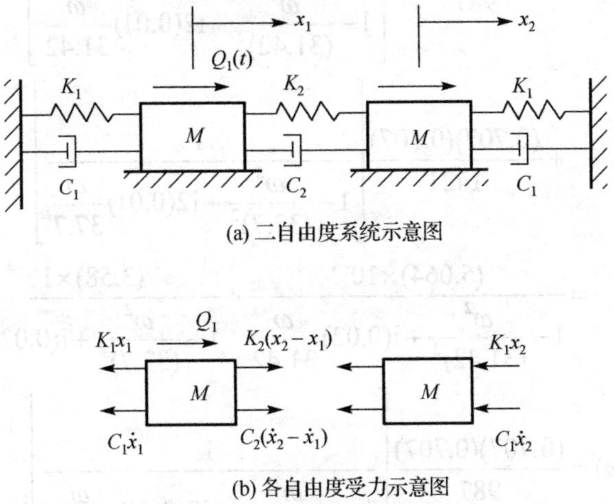

图 5-7　二自由度体系示意图

解　(1) 根据图 5-7(b) 所示受力，给出运动微分方程：

$$\begin{bmatrix} M & 0 \\ 0 & M \end{bmatrix}\begin{Bmatrix} \ddot{x}_1 \\ \ddot{x}_2 \end{Bmatrix}+\begin{bmatrix} C_1+C_2 & -C_2 \\ -C_2 & C_1+C_2 \end{bmatrix}\begin{Bmatrix} \dot{x}_1 \\ \dot{x}_2 \end{Bmatrix}+\begin{bmatrix} K_1+K_2 & -K_2 \\ -K_2 & K_1+K_2 \end{bmatrix}\begin{Bmatrix} x_1 \\ x_2 \end{Bmatrix}=\begin{Bmatrix} Q_0\cos\omega t \\ 0 \end{Bmatrix} \tag{1}$$

对应的自由振动特征值问题为

$$\left(\begin{bmatrix} K_1+K_2 & -K_2 \\ -K_2 & K_1+K_2 \end{bmatrix}-\omega_n^2\begin{bmatrix} M & 0 \\ 0 & M \end{bmatrix}\right)\begin{Bmatrix} A_1 \\ A_2 \end{Bmatrix}=\begin{Bmatrix} 0 \\ 0 \end{Bmatrix} \tag{2}$$

解得

$$\begin{aligned} &\omega_{n1}^2=\frac{K}{M}=987, \qquad \boldsymbol{\rho}^{(1)\mathrm{T}}=[1,1] \\ &\omega_{n2}^2=\frac{K_1+2K_2}{M}=1421, \qquad \boldsymbol{\rho}^{(2)\mathrm{T}}=[1,-1] \end{aligned} \tag{3}$$

得到固有频率为

$$f_1=\frac{\omega_{n1}}{2\pi}=\frac{31.42}{2\pi}=5.00\text{Hz}, \qquad f_2=\frac{\omega_{n2}}{2\pi}=\frac{37.70}{2\pi}=6.00\text{Hz} \tag{4}$$

归一化后得到正则振型，为

$$\boldsymbol{\varphi}^{(1)}=\begin{Bmatrix} 0.707 \\ 0.707 \end{Bmatrix}, \qquad \boldsymbol{\varphi}^{(2)}=\begin{Bmatrix} 0.707 \\ -0.707 \end{Bmatrix} \tag{5}$$

(2) 由复频响函数公式有

$$H_{ij}(\omega)=\sum_{r=1}^{2}\frac{\varphi_i^{(r)}\varphi_j^{(r)}}{\omega_{nr}^2}\frac{1}{1-\left(\dfrac{\omega}{\omega_{nr}}\right)^2+\mathrm{i}\left(2\zeta_r\dfrac{\omega}{\omega_{nr}}\right)} \tag{6}$$

即有

$$H_{11}(\omega)=\frac{(0.707)(0.707)}{987}\left[\frac{1}{1-\frac{\omega^2}{(31.42)^2}+\mathrm{i}2(0.01)\frac{\omega}{31.42}}\right]$$

$$+\frac{(0.707)(0.707)}{1421}\left[\frac{1}{1-\frac{\omega^2}{(37.7)^2}+\mathrm{i}2(0.01)\frac{\omega}{37.7}}\right] \tag{7}$$

$$=\frac{(5.064)\times10^{-4}}{1-\frac{\omega^2}{(31.42)^2}+\mathrm{i}(0.02)\frac{\omega}{31.42}}+\frac{(3.58)\times10^{-4}}{1-\frac{\omega^2}{(37.7)^2}+\mathrm{i}(0.02)\frac{\omega}{37.7}}$$

$$H_{21}(\omega)=\frac{(0.707)(0.707)}{987}\left[\frac{1}{1-\frac{\omega^2}{(31.42)^2}+\mathrm{i}2(0.01)\frac{\omega}{31.42}}\right]$$

$$+\frac{(-0.707)(0.707)}{1421}\left[\frac{1}{1-\frac{\omega^2}{(37.7)^2}+\mathrm{i}2(0.01)\frac{\omega}{37.7}}\right] \tag{8}$$

$$=\frac{(5.064)\times10^{-4}}{1-\frac{\omega^2}{(31.42)^2}+\mathrm{i}(0.02)\frac{\omega}{31.42}}+\frac{(3.519)\times10^{-4}}{1-\frac{\omega^2}{(37.7)^2}+\mathrm{i}(0.02)\frac{\omega}{37.7}}$$

复频响函数的实部和虚部分别为

$$R(H_{ij})=\sum_{r=1}^{2}\left(\frac{\varphi_i^{(r)}\varphi_j^{(r)}}{\omega_{nr}^2}\right)\left[\frac{1-\left(\frac{\omega}{\omega_{nr}}\right)^2}{\left(1-\left(\frac{\omega}{\omega_{nr}}\right)^2\right)^2+\left(2\zeta_r\frac{\omega}{\omega_{nr}}\right)^2}\right] \tag{9}$$

$$I(H_{ij})=\sum_{r=1}^{2}\left(\frac{\varphi_i^{(r)}\varphi_j^{(r)}}{\omega_{nr}^2}\right)\left[\frac{-2\zeta_r\overline{\omega}_r}{\left(1-\left(\frac{\omega}{\omega_{nr}}\right)^2\right)^2+\left(2\zeta_r\frac{\omega}{\omega_{nr}}\right)^2}\right] \tag{10}$$

【例 5.11】 如图 5-8 所示，无阻尼三质量-弹簧系统最右端的质量受到了常幅值的阶跃激励力 p_0，求系统的零初值位移响应。

解　(1) 求解系统模态。

主频率为

$$\omega_{n1}^2=0.198\frac{K}{M},\qquad \omega_{n2}^2=1.555\frac{K}{M},\qquad \omega_{n3}^2=3.247\frac{K}{M} \tag{1}$$

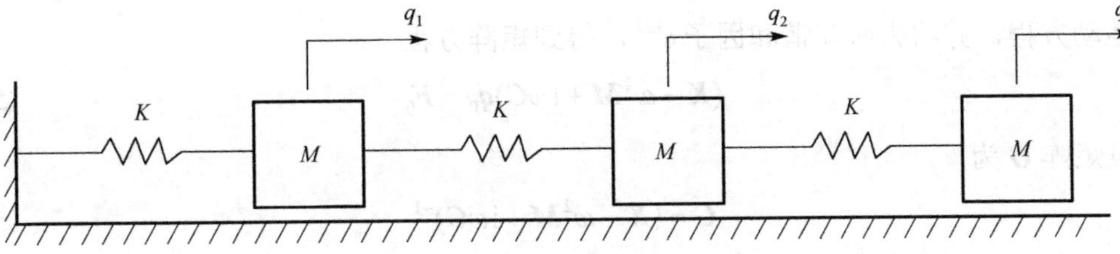

图 5-8 无阻尼三质量-弹簧系统

模态矩阵为

$$\boldsymbol{\rho}=\begin{bmatrix}1 & 1 & 1\\ 1.802 & 0.445 & -1.247\\ 2.247 & -0.802 & 0.555\end{bmatrix} \tag{2}$$

模态质量为

$$M^{(1)}=9.296,\quad M^{(2)}=1.841,\quad M^{(3)}=2.863 \tag{3}$$

(2) 计算广义力。

由于

$$\boldsymbol{F}=[0,\quad 0,\quad p_0]^{\mathrm{T}} \tag{4}$$

则有广义力 $F_r(t)=\boldsymbol{\rho}^{(r)}\boldsymbol{F}(r=1,2,3)$，

$$F_1(t)=2.247p_0F_2(t)=-0.802p_0F_3(t)=0.555p_0 \tag{5}$$

(3) 计算主坐标位移。

$$p_i=\frac{F_i}{M^{(i)}\omega_{ni}^2}(1-\cos\omega_{ni}t)\quad (t>0,i=1,2,3) \tag{6}$$

$$\boldsymbol{p}=\begin{Bmatrix}p_1\\ p_2\\ p_3\end{Bmatrix}=\begin{Bmatrix}1.221(1-\cos\omega_{n1}t)\\ -0.280(1-\cos\omega_{n2}t)\\ 0.060(1-\cos\omega_{n3}t)\end{Bmatrix}\frac{p_0}{K} \tag{7}$$

(4) 采用振型叠加法，得到物理坐标下的系统响应。

$$\boldsymbol{q}=\boldsymbol{\rho}\boldsymbol{p}=\begin{bmatrix}1 & 1 & 1\\ 1.802 & 0.445 & -1.247\\ 2.247 & -0.802 & 0.555\end{bmatrix}\begin{Bmatrix}1.221(1-\cos\omega_{n1}t)\\ -0.280(1-\cos\omega_{n2}t)\\ 0.060(1-\cos\omega_{n3}t)\end{Bmatrix}\frac{p_0}{K} \tag{8}$$

2. 直接解法

当外部激励为简谐激励时，可以直接求解运动微分方程。设简谐激励力为 $\boldsymbol{F}_0\mathrm{e}^{\mathrm{i}\omega t}$，得到运动方程：

$$\boldsymbol{M}\ddot{\boldsymbol{q}}+\boldsymbol{C}\dot{\boldsymbol{q}}+\boldsymbol{K}\boldsymbol{q}=\boldsymbol{F}_0\mathrm{e}^{\mathrm{i}\omega t} \tag{5-90}$$

式中，$\boldsymbol{F}_0=[\boldsymbol{F}_{01},\boldsymbol{F}_{02},\cdots,\boldsymbol{F}_{0n}]^{\mathrm{T}}$ 为激励力的幅值向量。

设稳态响应具有以下形式：

$$\boldsymbol{q}(t)=\boldsymbol{q}_0\mathrm{e}^{\mathrm{i}\omega t} \tag{5-91}$$

代入运动方程，并约去时间谐和因子 $e^{i\omega t}$，得到矩阵方程

$$(\boldsymbol{K}-\omega^2\boldsymbol{M}+i\omega\boldsymbol{C})\boldsymbol{q}_0=\boldsymbol{F}_0 \tag{5-92}$$

设矩阵 $\boldsymbol{G}$ 为

$$\boldsymbol{G}=(\boldsymbol{K}-\omega^2\boldsymbol{M}+i\omega\boldsymbol{C})^{-1} \tag{5-93}$$

则有

$$\boldsymbol{q}_0=\boldsymbol{G}\boldsymbol{F}_0 \tag{5-94}$$

稳态响应为

$$\boldsymbol{q}(t)=\boldsymbol{G}\boldsymbol{F}_0e^{i\omega t} \tag{5-95}$$

$\boldsymbol{G}$ 为传递函数矩阵，表征了系统所受激励(输入)与位移响应(输出)之间的关系。传递函数矩阵的元素是随激励频率变化的复函数，因为其具有柔度的量纲，所以也可称为动柔度矩阵，在有些文献中也称为复数接受率矩阵或导纳矩阵。

传递函数矩阵的物理意义是由单位简谐力所引起的系统响应。其元素 g_{ij} 表示在广义坐标 j 上作用一个圆频率为 ω 的单位简谐力时，在坐标 i 处引起的稳态响应(包括振幅和相位的复响应)。工程中常由实验方法确定 $\boldsymbol{G}$ 中各项，从而确定系统的固有频率。传递函数的测试与分析在工程中有着广泛的应用。

第 6 章　动力响应计算的数值方法

6.1　数值算法中的基本问题

前面介绍了在任意载荷作用下结构动力响应的两种分析方法，即时域分析的 Duhamel 积分法和频域分析的 Fourier 变换方法。当外载荷 $P(t)$ 是具有明确数学表达形式的解析函数时，可以通过上述方法得到结构相应的解析解；而对于载荷做复杂变化的一大类问题，解析解无法得到，这时必须通过数值计算得到动力响应的数值解。此外，Duhamel 积分法和 Fourier 变换方法均基于叠加原理，这就要求体系是线弹性的，但是在外载荷较大的情况下，结构响应可能进入弹塑性，又或者在位移较大的情况下，响应进入几何非线性区域，叠加原理也不再适用。此时应采用时域逐步法求解运动微分方程。目前已发展了一系列动力响应分析的时域直接数值计算方法。

(1) 分段解析法；

(2) 中心差分法；

(3) 平均常加速度法；

(4) 线性加速度法；

(5) Newmark-β 法；

(6) Wilson-θ 法。

在基于叠加原理的时域和频域分析法(如 Duhamel 积分法和 Fourier 变换法)中，假设结构在整个响应过程中都是线性的，即结构的应力-应变或力(弯矩)-位移(转角)关系曲线是一条直线；而时域逐步积分法，仅仅假设结构本构关系在一个微小的时间步距内是线性的，相当于用分段直线来逼近实际曲线。时域逐步积分法是结构动力学中被广泛研究和应用的方法。

时域逐步积分法研究的是离散时间点上的值，如位移 $u_i = u(t_i)$ 、速度 $\dot{u}_i = \dot{u}(t_i)$ $(i = 0,1,2,\cdots)$，而且这种离散化正好符合计算机存储的特点。一般采用等步长离散，$t_i = i\Delta t$，Δt 是时间离散步长。与运动变量的离散化相对应，体系的运动微分方程也并非要求在全部时间上都满足，而仅仅要求在离散时间点上满足。

一种逐步法的优劣，主要由以下四个方面判断。

(1) 收敛性：当离散时间步长 $\Delta t \to 0$ 时，数值解是否收敛于精确解。

(2) 计算精度：截断误差与时间步长 Δt 的关系，若误差 $e \propto O(\Delta t^N)$，那么就称此方法具有 N 阶精度。

(3) 稳定性：随计算时间步数 i 的增大，数值解是否变得无穷大(即远离精确解)。

(4) 计算效率：所花费计算时间的长短。

因此，好的数值分析方法必须是收敛的，有足够的精度(如二阶精度，来满足工程的要求)，具有良好的稳定性和较高的计算效率。在逐步积分法的发展过程中，也发展了一些具有高精度但所需时间较多的方法，进而无法得到应用和推广。

还可以按是否需要联立求解耦联方程组，将逐步积分法分为如下两大类。

(1)隐式方法：逐步积分计算公式是耦联的方程组，需联立求解。隐式方法的计算工作量大，增加的工作量至少与自由度的平方成正比，如 Newmark-β 法、Wilson-θ 法。

(2)显式方法：逐步积分计算公式是解耦的方程组，不需要联立求解。显式方法的计算工作量小，增加的工作量与自由度呈线性关系，如中心差分方法。

本章首先介绍分段解析法，然后再重点介绍两种常用的时域逐步积分法——中心差分法和 Newmark-β 法，同时也介绍 Wilson-θ 法，最后对于非线性响应结构的问题，结合中心差分法和 Newmark-β 法的计算公式，介绍结构非线性响应分析的迭代方法。可以将平均常加速度法作为 Newmark-β 法的一个特例，而且线性加速度法可以包含在 Wilson-θ 法中。

时域逐步积分法同时适用于单自由度体系和多自由度体系的动力响应分析，为了表述简洁，本章主要以单自由度体系为对象，推导不同时域逐步积分法的计算公式和非线性响应分析方法，同时，也给出多自由度体系的相应计算格式。

6.2　分段解析法

在应用分段解析法的过程中，对外载荷 $P(t)$ 进行离散化处理，相当于对连续函数的采样，并对采样点之间的载荷值采用线性内插取值。图 6-1 给出了分段解析法对外载荷的离散化过程，由图 6-1 可知，图中离散时间点的载荷为

$$P_i = P(t_i) \quad (i = 0,1,2,\cdots) \tag{6-1}$$

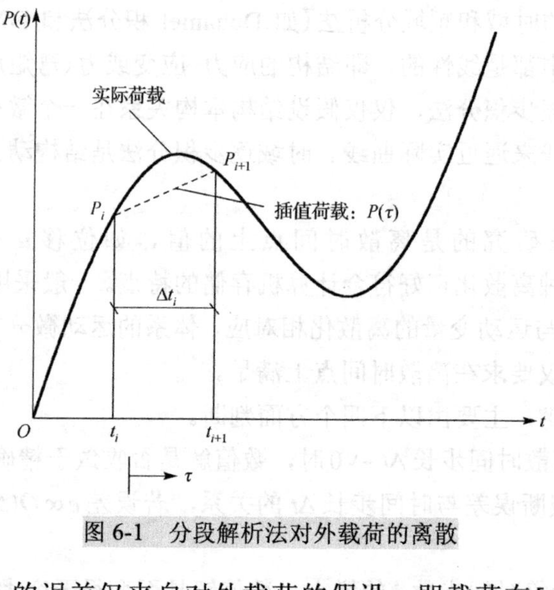

图 6-1　分段解析法对外载荷的离散

分段解析法所引入的误差仅来自对外载荷的假设，即载荷在 $[t_i, t_{i+1}]$ 时段内的取值如式(6-2)、式(6-3)所示。

$$P(\tau)=P_i+\alpha_i\tau \tag{6-2}$$

$$\alpha_i=(P_{i+1}-P_i)/\Delta t_i \tag{6-3}$$

其中，图 6-1 给出了局部时间坐标 τ 。如果外载荷 $P(t)$ 是工程中通过数值采样得到的离散的数值记录，那么上述定义的载荷可以被认为是“精确”的。

在时间段 $[t_i,t_{i+1}]$ 内，假设结构保持线性状态，则单自由度体系的运动方程为

$$m\ddot{u}(\tau)+c\dot{u}(\tau)+ku(\tau)=P(\tau)=P_i+\alpha_i\tau \tag{6-4}$$

初值条件为

$$u(\tau)|_{\tau=0}=u_i\,,\qquad \dot{u}(\tau)|_{\tau=0}=\dot{u}_i \tag{6-5}$$

运用第 4 章的解法可以求出运动方程的特解和通解。方程(6-4)的通解为

$$u_{\mathrm{c}}(\tau)=\mathrm{e}^{-\zeta\omega_n\tau}(A\cos\omega_{\mathrm{D}}\tau+B\sin\omega_{\mathrm{D}}\tau)$$

特解为

$$u_{\mathrm{p}}(\tau)=\frac{1}{k}(P_i+\alpha_i\tau)-\frac{\alpha_i}{k^2}c$$

全解为

$$u(\tau)=u_{\mathrm{p}}(\tau)+u_{\mathrm{c}}(\tau)$$

将全解代入初值条件(6-5)可以确定系数 A、B，最后可得

$$\begin{cases}u(\tau)=A_0+A_1\tau+A_2\mathrm{e}^{-\zeta\omega_n\tau}\cos\omega_{\mathrm{D}}\tau+A_3\mathrm{e}^{-\zeta\omega_n\tau}\sin\omega_{\mathrm{D}}\tau\\ \dot{u}(\tau)=A_1+(\omega_{\mathrm{D}}A_3-\zeta\omega_nA_2)\mathrm{e}^{-\zeta\omega_n\tau}\cos\omega_{\mathrm{D}}\tau-(\omega_{\mathrm{D}}A_2+\zeta\omega_nA_3)\mathrm{e}^{-\zeta\omega_n\tau}\sin\omega_{\mathrm{D}}\tau\end{cases} \tag{6-6}$$

其中，

$$A_0=\frac{P_i}{k}-\frac{2\zeta\alpha_i}{k\omega_n},\qquad A_1=\frac{\alpha_i}{k},\qquad A_2=u_i-A_0,\qquad A_3=\frac{1}{\omega_{\mathrm{D}}}(\dot{u}_i+\zeta\omega_nA_2-A_1)$$

若 $\tau=\Delta t$ ，根据式(6-6)，可得

$$\begin{cases}u_{i+1}=Au_i+B\dot{u}_i+CP_i+DP_{i+1}\\ \dot{u}_{i+1}=A'u_i+B'\dot{u}_i+C'P_i+D'P_{i+1}\end{cases} \tag{6-7}$$

且系数 $A\sim D'$ 分别为

$$A=\mathrm{e}^{-\zeta\omega_n\Delta t}\left(\frac{\zeta}{\sqrt{1-\zeta^2}}\sin\omega_{\mathrm{D}}\Delta t+\cos\omega_{\mathrm{D}}\Delta t\right)$$

$$B=\mathrm{e}^{-\zeta\omega_n\Delta t}\left(\frac{1}{\omega_{\mathrm{D}}}\sin\omega_{\mathrm{D}}\Delta t\right)$$

$$C=\frac{1}{k}\frac{2\zeta}{\omega_n\Delta t}+\mathrm{e}^{-\zeta\omega_n\Delta t}\left[\left(\frac{1-2\zeta^2}{\omega_{\mathrm{D}}\Delta t}-\frac{\zeta}{\sqrt{1-\zeta^2}}\right)\sin\omega_{\mathrm{D}}\Delta \mathrm{t}-\left(1+\frac{2\zeta}{\omega_n\Delta t}\right)\cos\omega_{\mathrm{D}}\Delta t\right]$$

$$D=\frac{1}{k}\left[1-\frac{2\zeta}{\omega_n\Delta t}+\mathrm{e}^{-\zeta\omega_n\Delta t}\left(\frac{2\zeta^2-1}{\omega_{\mathrm{D}}\Delta t}\sin\omega_{\mathrm{D}}\Delta t+\frac{2\zeta}{\omega_n\Delta t}\cos\omega_{\mathrm{D}}\Delta t\right)\right]$$

$$A' = -e^{-\zeta\omega_n\Delta t}\left(\frac{\omega_n}{\sqrt{1-\zeta^2}}\sin\omega_D\Delta t\right)$$

$$B' = e^{-\zeta\omega_n\Delta t}\left(\cos\omega_D\Delta t - \frac{\zeta}{\sqrt{1-\zeta^2}}\sin\omega_D\Delta t\right)$$

$$C' = \frac{1}{k}\left\{-\frac{1}{\Delta t} + e^{-\zeta\omega_n\Delta t}\left[\left(\frac{\omega_n}{\sqrt{1-\zeta^2}} + \frac{\zeta}{\Delta t\sqrt{1-\zeta^2}}\right)\sin\omega_D\Delta t + \frac{1}{\Delta t}\cos\omega_D\Delta t\right]\right\}$$

$$D' = \frac{1}{k\Delta t}\left[1 - e^{-\zeta\omega_n\Delta t}\left(\frac{\zeta}{\sqrt{1-\zeta^2}}\sin\omega_D\Delta t + \cos\omega_D\Delta t\right)\right]$$

式中，$\omega_D = \omega_n\sqrt{1-\zeta^2}$，$\omega_n = \sqrt{k/m}$。可以看出系数 A～D' 是结构刚度 k、质量 m、阻尼比 ζ 和时间步长 $\Delta t_i = \Delta t$ 的函数。式(6-7)给出了根据 t_i 时刻运动及外载荷计算 t_{i+1} 时刻运动的递推公式。如果是线性结构，且时间步长固定，则系数 A～D' 均为常数，分段解析法的计算效率将非常高，且是精确解(在外载荷 $P(t)$ 离散采样的定义下)；但是如果在计算的不同时间段采用了不相等的时间步长，那么，系数 A～D' 对应于不同的时间步长均为变量，计算效率会降低很多。

分段解析法一般适用于单自由度体系的动力响应分析，对于多自由度体系，也可以在满足一定的近似条件下采用等效方法将多自由度体系化为单自由度体系问题进行分析，此时也可以采用分段解析法完成体系的动力响应分析。

分段解析法仅仅对于外载荷进行离散化处理，对运动方程是严格满足的，体系的运动在连续时间轴上均满足运动微分方程。而一般的时域逐步积分法要求更低，不仅对外载荷进行离散化处理，对体系的运动也进行离散化，同时，运动方程不要求在全部的时间轴上满足，而仅仅需要在离散的时间点上满足，如此，相当于对体系的运动放松了约束。

6.3　中心差分法

中心差分法利用有限差分代替位移对时间的求导，即速度和加速度。设时间步长固定，即 $\Delta t_i = \Delta t$，得到速度和加速度的中心差分近似公式，如式(6-8)和式(6-9)所示。

$$\dot{u}_i = \frac{u_{i+1} - u_{i-1}}{2\Delta t} \tag{6-8}$$

$$\ddot{u}_i = \frac{u_{i+1} - 2u_i + u_{i-1}}{\Delta t^2} \tag{6-9}$$

其中离散时间点的运动为

$$u_i = u(t_i),\qquad \dot{u}_i = \dot{u}(t_i),\qquad \ddot{u}_i = \ddot{u}(t_i)\quad (i = 0,1,2,\cdots)$$

运动方程为

$$m\ddot{u}(t) + c\dot{u}(t) + ku(t) = P(t) \tag{6-10}$$

然后，将速度和加速度的差分近似公式式(6-8)和式(6-9)代入由式(6-10)给出的在 t_i 时刻的运动方程，可得

$$m\frac{u_{i+1}-2u_i+u_{i-1}}{\Delta t^2}+c\frac{u_{i+1}-u_{i-1}}{2\Delta t}+ku_i=P_i \tag{6-11}$$

式中，假设 t_i 和 t_i 以前时刻的运动为已知，即 u_i、u_{i-1} 已知，则将已知项移动到方程的右边，得

$$\left(\frac{m}{\Delta t^2}+\frac{c}{2\Delta t}\right)u_{i+1}=P_i-\left(k-\frac{2m}{\Delta t^2}\right)u_i-\left(\frac{m}{\Delta t^2}-\frac{c}{2\Delta t}\right)u_{i-1} \tag{6-12}$$

根据式(6-12)及 t_i 和 t_i 以前时刻的运动，可以求 t_{i+1} 时刻的运动，进一步地，可以通过式(6-8)和式(6-9)求出速度与加速度的值。式(6-12)就是结构动力响应分析的中心差分法逐步计算公式。

对于多自由度体系，中心差分法逐步计算公式为

$$\left(\frac{1}{\Delta t^2}\boldsymbol{M}+\frac{1}{2\Delta t}\boldsymbol{C}\right)\boldsymbol{u}_{i+1}=\boldsymbol{P}_i-\left(\boldsymbol{K}-\frac{2}{\Delta t^2}\boldsymbol{M}\right)\boldsymbol{u}_i-\left(\frac{1}{\Delta t^2}\boldsymbol{M}-\frac{1}{2\Delta t}\boldsymbol{C}\right)\boldsymbol{u}_{i-1} \tag{6-13}$$

式中，$\boldsymbol{M}$ 为体系的质量矩形；$\boldsymbol{C}$ 为阻尼矩阵；$\boldsymbol{K}$ 为刚度矩阵；$\boldsymbol{u}_i$ 为 t_i 时刻的位移向量；$\boldsymbol{P}_i$ 为 t_i 时刻的外载荷向量，$\boldsymbol{u}_i=\boldsymbol{u}(t_i)$，$\boldsymbol{P}_i=\boldsymbol{P}(t_i)$。

时域逐步积分法可以分为单步法和多步法(两步法及两步以上方法)，单步法在计算某一时刻的运动时，仅要求前一时刻的运动为已知，而两步法则需要前两个时刻的运动。观察式(6-12)发现，中心差分法在计算 t_{i+1} 时刻的运动 u_{i+1} 时，需已知 t_i 和 t_{i-1} 两个时刻的运动 u_i 与 u_{i-1}。用两步法进行计算时存在起步问题，因为在 t=0 时仅根据已知的初始位移和速度，无法利用式(6-12)或式(6-13)计算 $t=t_1$ 时刻的运动，要进行逐步递推还需要额外的已知条件。对于一般的零初始条件下的动力问题，可以采用式(6-12)直接进行逐步计算，因为这时总可以假设初始的两个时间点(一般取 $i=0,-1$)的位移等于零(即 $u_0=u_{-1}=0$)。但是，在研究风、浪作用下的海洋工程结构运动时，问题通常具有非零初始条件或在零时刻外载荷较大，需要进行一定的分析，得到两个起步时刻(即 $i=0,-1$)的位移值，这就是逐步积分的起步问题。

下面介绍一种中心差分法逐步计算的起步处理方法。

假设初始条件为

$$\begin{cases}u_0=u(0)\\ \dot{u}_0=\dot{u}(0)\end{cases} \tag{6-14}$$

下面根据初始条件(6-14)确定 u_{-1}。在零时刻速度和加速度的中心差分公式为

$$\begin{cases}\dot{u}_0=\dfrac{u_1-u_{-1}}{2\Delta t}\\ \ddot{u}_0=\dfrac{u_1-2u_0+u_{-1}}{\Delta t^2}\end{cases} \tag{6-15}$$

消去式(6-15)中的 u_1，可得

$$u_{-1}=u_0-\Delta t\dot{u}_0+\frac{\Delta t^2}{2}\ddot{u}_0 \tag{6-16}$$

同时，零时刻的加速度值 $\ddot{u}_0$ 可以用 $t=0$ 时的方程，即 $m\ddot{u}_0+c\dot{u}_0+ku_0=P_0$ 来确定，如式(6-17)所示。

$$\ddot{u}_0=\frac{1}{m}(P_0-c\dot{u}_0-ku_0) \tag{6-17}$$

如此，根据初始条件 u_0、$\dot{u}_0$ 和初始外载荷 P_0，利用式(6-16)和式(6-17)就可以求出 u_{-1} 应取的值。

下面介绍采用中心差分法进行结构动力分析的实施步骤。

(1)准备基本数据，以及初始条件的计算：

$$\ddot{u}_0=\frac{1}{m}(P_0-c\dot{u}_0-ku_0)$$

$$u_{-1}=u_0-\Delta t\dot{u}_0+\frac{\Delta t^2}{2}\ddot{u}_0$$

(2)计算等效刚度和中心差分计算公式(6-12)中的系数：

$$\hat{k}=\frac{m}{\Delta t^2}+\frac{c}{2\Delta t}$$

$$a=k-\frac{2m}{\Delta t^2}$$

$$b=\frac{m}{\Delta t^2}-\frac{c}{2\Delta t}$$

(3)由 t_i 和 t_i 以前时刻的运动，计算出 t_{i+1} 时刻的运动：

$$\hat{P}_i=P_i-au_i-bu_{i-1}$$

$$u_{i+1}=\hat{P}_i/\hat{k}$$

另外，

$$\dot{u}_i=\frac{u_{i+1}-u_{i-1}}{2\Delta t}$$

$$\ddot{u}_i=\frac{u_{i+1}-2u_i+u_{i-1}}{\Delta t^2}$$

下一步计算中用 $i+1$ 代替 i，同时，对于线弹性体系，重复步骤(3)，对于非线性体系，重复步骤(2)和(3)。

以上中心差分法逐步计算公式具有二阶精度，即误差 $\varepsilon\propto O(\Delta t^2)$，且具有条件稳定性，稳定性条件为

$$\Delta t\leqslant\frac{T_n}{\pi} \tag{6-18}$$

式中，T_n 为自振周期，对于多自由度体系为最小自振周期。

下面介绍稳定性的含义：在离散时间步长 Δt 满足稳定性条件的情况下，经过数值计算

求得的运动 u 为有限值；在不满足稳定性条件的情况下，逐步计算给出的运动随着计算时间步数的增加趋向发散，即当 $\Delta t \to \infty$ 时，$u \to \infty$。

图 6-2 给出了数值计算稳定性示意图，图中虚线表示满足稳定性条件的结果，反之，实线表示时间步长不满足稳定性条件的结果。

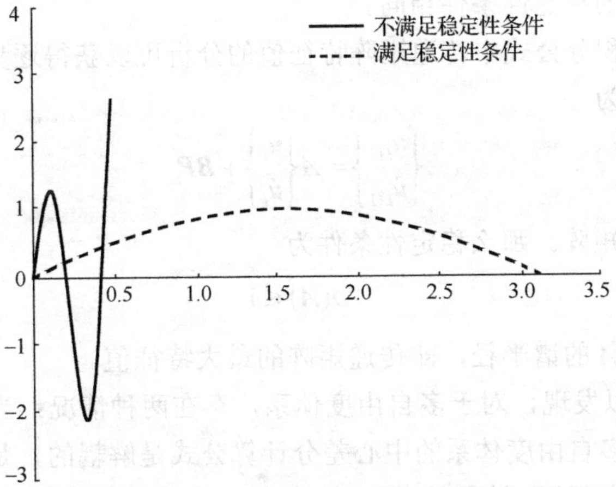

图 6-2　数值计算稳定性示意图

下面介绍中心差分法稳定性条件的推导。方便起见，设体系为无阻尼，即 $c = 0$，同时令外载荷 $P(t) = 0$，因为算法的稳定性与外载荷无关，所以可以将中心差分法的递推公式 (6-12) 写为

$$u_{i+1} = (2 - \Omega^2)u_i - u_{i-1} \tag{6-19}$$

其中，

$$\Omega = \Delta t \omega_n = \Delta t \frac{2\pi}{T_n} \tag{6-20}$$

然后，令离散方程式 (6-19) 的解为

$$u_i = \lambda_u^i \tag{6-21}$$

式中，λ_u 为待定常数。

将式 (6-21) 代入式 (6-19)，可得

$$\lambda^2 + (\Omega^2 - 2)\lambda + 1 = 0 \tag{6-22}$$

对式 (6-22) 求解，可得

$$\lambda = \frac{1}{2}\left[2 - \Omega^2 \pm \sqrt{\Omega^2(\Omega^2 - 4)}\right] \tag{6-23}$$

注意，从式 (6-21) 可知，为了在时域逐步计算过程中保证 $i \to \infty$，即 $t \to \infty$ 时，u_i 有界，需要 $|\lambda| \leqslant 1$。由式 (6-23) 可知，仅当 $\Omega^2 \leqslant 4$ 时，$|\lambda| = 1$，其他情况均有 $|\lambda| > 1$，从而得出稳定性条件要求：

$$\Omega \leqslant 2 \tag{6-24}$$

同时，将式 (6-20) 代入式 (6-24)，可得

$$\Delta t \leqslant \frac{2}{\omega_n} = \frac{T_n}{\pi}$$

即中心差分法逐步计算的稳定性条件式(6-18)。

有阻尼体系逐步计算的稳定性条件可以运用相同的分析步骤得到。对于中心差分法，有阻尼和无阻尼体系的稳定性条件相同。

一般通过对逐步积分公式中传递矩阵特征值的分析可以获得逐步积分法的稳定性。下面将逐步积分格式写为

$$\begin{Bmatrix} u_{i+1} \\ \dot{u}_{i+1} \end{Bmatrix} = \boldsymbol{A} \begin{Bmatrix} u_i \\ \dot{u}_i \end{Bmatrix} + \boldsymbol{B}\boldsymbol{P}_i \tag{6-25}$$

式中，$\boldsymbol{B}$ 为载荷传递矩阵。那么稳定性条件为

$$\rho(\boldsymbol{A}) \leqslant 1 \tag{6-26}$$

式中，ρ 为传递矩阵 $\boldsymbol{A}$ 的谱半径，即传递矩阵的最大特征值。

通过式(6-13)可以发现，对于多自由度体系，存在两种情况：当体系的阻尼矩阵和质量矩阵为对角阵时，多自由度体系的中心差分计算公式是解耦的，是显式方法，在每步计算中不需要求解联立方程组，计算效率较高；如果体系的阻尼矩阵或质量矩阵为非对角阵，则计算方法变为隐式方法。因为显式方法计算效率更高，受到了学者的重视，近年来发展了多种有阻尼体系动力响应分析的显式差分计算格式。但这些显式差分方法的稳定性条件普遍比中心差分法的稳定性条件 $\Delta t \leqslant T_n / \pi$ 更严格。

虽然中心差分法逐步计算是有条件稳定的，但计算效率高，在工程中应用也较为广泛。

6.4　Newmark-β 法

Newmark-β 法同样采用了将时间离散化，只要求运动方程在离散的时间点上满足的思想，假设 t_i 时刻运动 u_i、$\dot{u}_i$、$\ddot{u}_i$ 均为已知，计算 t_{i+1} 时刻的运动。与中心差分法不同的是，它通过引入对 t_i 至 t_{i+1} 时段内加速度变化规律的假设，以 t_i 时刻的运动量为初始值，利用积分方法求得计算 t_{i+1} 时刻运动的公式。

离散时间点 t_i 和 t_{i+1} 时刻的加速度值为 $\ddot{u}_i$ 与 $\ddot{u}_{i+1}$，Newmark-β 法假设在 t_i 和 t_{i+1} 之间的加速度值为介于 $\ddot{u}_i$ 和 $\ddot{u}_{i+1}$ 之间的某一常量，记为 a，在图 6-3 中给出。

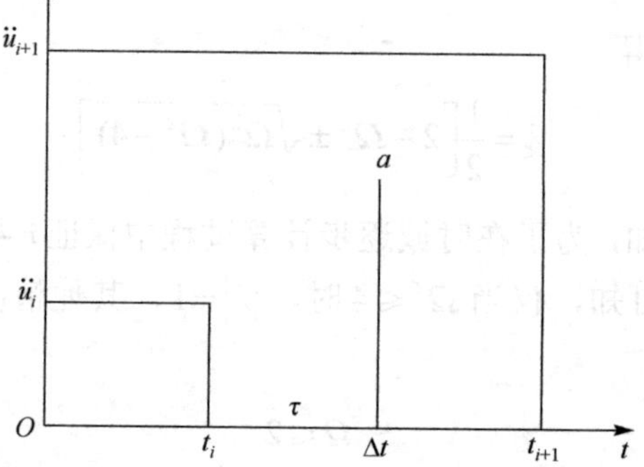

图 6-3　Newmark-β 法离散时间点及加速度假设

由 Newmark-β法的基本假设，有

$$a=(1-\gamma)\ddot{u}_i+\gamma\ddot{u}_{i+1}\quad(0\leqslant\gamma\leqslant1)\tag{6-27}$$

a可以用另一控制参数β表示，从而得到稳定和高精度的算法，即

$$a=(1-2\beta)\ddot{u}_i+2\beta\ddot{u}_{i+1}\quad(0\leqslant\beta\leqslant1/2)\tag{6-28}$$

在t_i至t_{i+1}时间段上对加速度进行积分，得到t_{i+1}时刻的速度和位移，为

$$\dot{u}_{i+1}=\dot{u}_i+\Delta t a\tag{6-29}$$

$$u_{i+1}=u_i+\Delta t\dot{u}_i+\frac{1}{2}\Delta t^2 a\tag{6-30}$$

将式(6-27)代入式(6-29)，将式(6-28)代入式(6-30)，得

$$\begin{cases}\dot{u}_{i+1}=\dot{u}_i+(1-\gamma)\Delta t\ddot{u}_i+\gamma\Delta t\ddot{u}_{i+1}\\ u_{i+1}=u_i+\Delta t\dot{u}_i+\left(\dfrac{1}{2}-\beta\right)\Delta t^2\ddot{u}_i+\beta\Delta t^2\ddot{u}_{i+1}\end{cases}\tag{6-31}$$

式(6-31)为 Newmark-β法的两个基本递推公式，且根据式(6-31)可以解得t_{i+1}时刻的加速度和速度的计算公式，即

$$\begin{cases}\ddot{u}_{i+1}=\dfrac{1}{\beta\Delta t^2}(u_{i+1}-u_i)-\dfrac{1}{\beta\Delta t}\dot{u}_i-\left(\dfrac{1}{2\beta}-1\right)\ddot{u}_i\\ \dot{u}_{i+1}=\dfrac{\gamma}{\beta\Delta t}(u_{i+1}-u_i)+\left(1-\dfrac{\gamma}{\beta}\right)\dot{u}_i+\left(1-\dfrac{\gamma}{2\beta}\right)\ddot{u}_i\Delta t\end{cases}\tag{6-32}$$

式(6-32)给出的运动满足t_{i+1}时刻的运动控制方程：

$$m\ddot{u}_{i+1}+c\dot{u}_{i+1}+ku_{i+1}=P_{i+1}\tag{6-33}$$

将式(6-32)代入式(6-33)，可得t_{i+1}时刻位移u_{i+1}的计算公式为

$$\hat{k}u_{i+1}=\hat{P}_{i+1}\tag{6-34}$$

其中，

$$\hat{k}=k+\frac{1}{\beta\Delta t^2}m+\frac{\gamma}{\beta\Delta t}c$$

$$\hat{P}_{i+1}=P_{i+1}+\left[\frac{1}{\beta\Delta t^2}u_i+\frac{1}{\beta\Delta t}\dot{u}_i+\left(\frac{1}{2\beta}-1\right)\ddot{u}_i\right]m+\left[\frac{\gamma}{\beta\Delta t}u_i+\left(\frac{\gamma}{\beta}-1\right)\dot{u}_i+\frac{\Delta t}{2}\left(\frac{\gamma}{\beta}-2\right)\ddot{u}_i\right]c$$

不难看出$\hat{P}_{i+1}$是由t_i时刻的位移、速度、加速度及t_{i+1}时刻的外载荷决定的，为已知的或预先已求得的，那么先用式(6-34)求出t_{i+1}时刻的位移u_{i+1}，然后利用式(6-32)求出t_{i+1}时刻的速度$\dot{u}_{i+1}$、加速度$\ddot{u}_{i+1}$，重复上述步骤，即可得到所有离散时间点上的位移、速度和加速度。

因此，对于多自由度体系，Newmark-β法的逐步积分公式为

$$\begin{cases}\hat{\boldsymbol{K}}\boldsymbol{u}_{i+1}=\hat{\boldsymbol{P}}_{i+1}\\ \dot{\boldsymbol{u}}_{i+1}=\dfrac{\gamma}{\beta\Delta t}(\boldsymbol{u}_{i+1}-\boldsymbol{u}_i)+\left(1-\dfrac{\gamma}{\beta}\right)\dot{\boldsymbol{u}}_i+\Delta t\left(1-\dfrac{\gamma}{2\beta}\right)\ddot{\boldsymbol{u}}_i\\ \ddot{\boldsymbol{u}}_{i+1}=\dfrac{1}{\beta\Delta t^2}(\boldsymbol{u}_{i+1}-\boldsymbol{u}_i)-\dfrac{1}{\beta\Delta t}\dot{\boldsymbol{u}}_i-\left(\dfrac{1}{2\beta}-1\right)\ddot{\boldsymbol{u}}_i\end{cases}\tag{6-35}$$

而等效刚度矩阵和等效载荷向量分别为

$$[\hat{\boldsymbol{K}}]=[\boldsymbol{K}]+\frac{1}{\beta\Delta t^2}[\boldsymbol{M}]+\frac{\gamma}{\beta\Delta t}[\boldsymbol{C}]$$

$$\hat{\boldsymbol{P}}_{i+1}=\boldsymbol{P}_{i+1}+\boldsymbol{M}\left[\frac{1}{\beta\Delta t^2}\boldsymbol{u}_i+\frac{1}{\beta\Delta t}\dot{\boldsymbol{u}}_i+\left(\frac{1}{2\beta}-1\right)\ddot{\boldsymbol{u}}_i\right]+\boldsymbol{C}\left[\frac{\gamma}{\beta\Delta t}\boldsymbol{u}_i+\left(\frac{\gamma}{\beta}-1\right)\dot{\boldsymbol{u}}_i+\frac{\Delta t}{2}\left(\frac{\gamma}{\beta}-2\right)\ddot{\boldsymbol{u}}_i\right]$$

可以归纳 Newmark-β 法的求解过程如下。

(1)准备基本数据，以及计算初始条件。选择时间步长 Δt、参数 β 和 γ，计算积分常数：

$$a_0=\frac{1}{\beta\Delta t^2},\qquad a_1=\frac{\gamma}{\beta\Delta t},\qquad a_2=\frac{1}{\beta\Delta t},\qquad a_3=\frac{1}{2\beta}-1,\qquad a_4=\frac{\gamma}{\beta}-1$$

$$a_5=\frac{\Delta t}{2}\left(\frac{\gamma}{\beta}-2\right),\qquad a_6=\Delta t(1-\gamma),\qquad a_7=\gamma\Delta t$$

并确定初始值 $\boldsymbol{u}_0$、$\dot{\boldsymbol{u}}_0$ 及 $\ddot{\boldsymbol{u}}_0$。

(2)形成刚度矩阵 $\boldsymbol{K}$、质量矩阵 $\boldsymbol{M}$ 和阻尼矩阵 $\boldsymbol{C}$。

(3)形成等效刚度矩阵 $\hat{\boldsymbol{K}}$，即

$$\hat{\boldsymbol{K}}=\boldsymbol{K}+a_0\boldsymbol{M}+a_1\boldsymbol{C}$$

(4)计算 t_{i+1} 时刻的等效载荷：

$$\hat{\boldsymbol{P}}_{i+1}=\boldsymbol{P}_{i+1}+\boldsymbol{M}(a_0\boldsymbol{u}_i+a_2\dot{\boldsymbol{u}}_i+a_3\ddot{\boldsymbol{u}}_i)+\boldsymbol{C}(a_1\boldsymbol{u}_i+a_4\dot{\boldsymbol{u}}_i+a_5\ddot{\boldsymbol{u}}_i)$$

(5)求 t_{i+1} 时刻的位移，即

$$\hat{\boldsymbol{K}}\boldsymbol{u}_{i+1}=\hat{\boldsymbol{P}}_{i+1}$$

(6)计算 t_{i+1} 时刻的加速度和速度：

$$\ddot{\boldsymbol{u}}_{i+1}=a_0(\boldsymbol{u}_{i+1}-\boldsymbol{u}_i)-a_2\dot{\boldsymbol{u}}_i-a_3\ddot{\boldsymbol{u}}_i$$

$$\dot{\boldsymbol{u}}_{i+1}=\dot{\boldsymbol{u}}_i+a_6\ddot{\boldsymbol{u}}_i+a_7\ddot{\boldsymbol{u}}_{i+1}$$

然后，循环步骤(4)～(6)，得到线弹性体系在任一时刻的动力响应，而对于非线性问题，循环步骤(2)～(6)即可。

应用 Newmark-β 法时算法的精度和稳定性受控制参数 β 与 γ 取值的影响，而只有当 $\gamma=1/2$ 时，此法才有二阶精度，因而一般均取 $\gamma=1/2$，$0\leqslant\beta\leqslant1/4$。

因此，Newmark-β 法的稳定性条件为

$$\Delta t\leqslant\frac{1}{\pi\sqrt{2}}\frac{1}{\sqrt{\gamma-2\beta}}T_n \tag{6-36}$$

且当 $\gamma=1/2$，$\beta=1/4$ 时，稳定性条件为 $\Delta t\leqslant\infty$，此时算法成为无条件稳定的。在实际中，也有取 $\gamma-2\beta=0$ 的参数组合以形成无条件稳定的算法。例如，在 $\beta=1/6$ 时，对加速度的假设等价于线性加速度法，取 $\gamma=1/3$ 以保证其为无条件稳定。

Newmark-β 法是单步法，即每一时刻体系运动的计算仅仅与上一时刻的运动相关，属于自起步方法，不需要再另外处理计算的起步问题。

在对时域逐步积分法的研究中，学者相继发展了一批计算方法，如平均常加速度法、线性加速度法等。在 Newmark-β 法中，控制参数 β 取值不同，得到的计算方法也不相同。表 6-1 给出参数 β 取不同值时 Newmark-β 法所对应的逐步积分法，分别是平均常加速度法、线性加速度法和中心差分法。图 6-4 给出在 t_i 到 t_{i+1} 时间段内平均常加速度法和线性加速度法假设的加速度变化规律。

表 6-1　参数 β 取不同值时 Newmark-β 法所对应的逐步积分法

参数取值	对应的逐步积分法	稳定性条件
$\gamma=\frac{1}{2}$，$\beta=\frac{1}{4}$	平均常加速度法	无条件稳定
$\gamma=\frac{1}{2}$，$\beta=\frac{1}{6}$	线性加速度法	$\Delta t\leqslant\frac{\sqrt{3}}{\pi}T_n=0.551T_n$
$\gamma=\frac{1}{2}$，$\beta=0$	中心差分法	$\Delta t\leqslant\frac{T_n}{\pi}$

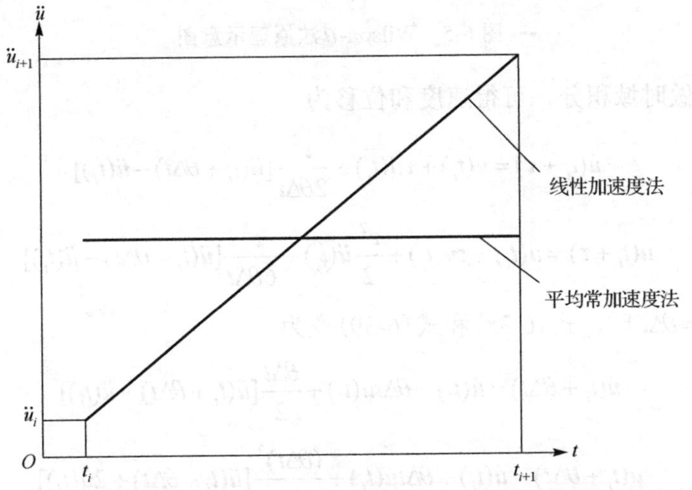

图 6-4　线性加速度法和平均常加速度法假设的加速度变化规律

6.5 Wilson-θ 法

Wilson-θ 法是以线性加速度法为基础发展而来的一种数值积分分析方法。通过图 6-5 可以看出 Wilson-θ 法的基本思路和实现方法，即假设加速度在时间段 $[t_i,t_i+\theta\Delta t]$ 内线性变化，先采用线性加速度法计算体系在 $t_i+\theta\Delta t$ 时刻的运动，其中参数 $\theta_{\mathrm{w}}\geqslant1$，然后采用内插计算公式得到体系在 $t_i+\Delta t$ 时刻的运动。因为内插计算的方法有利于提高算法的稳定性，所以只要 θ 足够大，就可以给出稳定性良好的积分方法，可证当 $\theta>1.37$ 时，Wilson-θ 法是无条件稳定的。

下面推导 Wilson-θ 法的逐步积分公式。

由线性加速度假设，加速度 a 在 $[t_i,t_i+\theta\Delta t]$ 时间段内可以表示为

$$a(\tau)=\ddot{u}(t_i)+\frac{\tau}{\theta\Delta t}[\ddot{u}(t_i+\theta\Delta t)-\ddot{u}(t_i)] \tag{6-37}$$

式中，局部时间坐标 τ 的坐标原点位于 t_i。

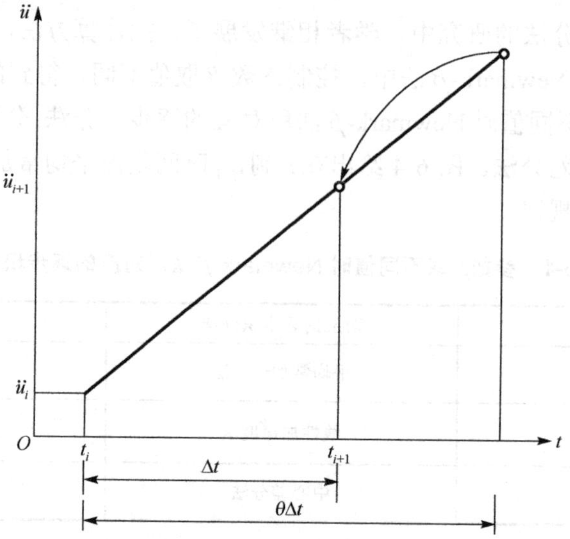

图 6-5　Wilson-θ 法原理示意图

对式(6-37)做时域积分，可得速度和位移为

$$\dot{u}(t_i+\tau)=\dot{u}(t_i)+\tau\ddot{u}(t_i)+\frac{\tau^2}{2\theta\Delta t}[\ddot{u}(t_i+\theta\Delta t)-\ddot{u}(t_i)] \tag{6-38}$$

$$u(t_i+\tau)=u(t_i)+\tau\dot{u}(t_i)+\frac{\tau^2}{2}\ddot{u}(t_i)+\frac{\tau^3}{6\theta\Delta t}[\ddot{u}(t_i+\theta\Delta t)-\ddot{u}(t_i)] \tag{6-39}$$

同时，当 $\tau=\theta\Delta t$ 时，式(6-38)和式(6-39)变为

$$\dot{u}(t_i+\theta\Delta t)=\dot{u}(t_i)+\theta\Delta t\ddot{u}(t_i)+\frac{\theta\Delta t}{2}[\ddot{u}(t_i+\theta\Delta t)-\ddot{u}(t_i)] \tag{6-40}$$

$$u(t_i+\theta\Delta t)=u(t_i)+\theta\Delta t\dot{u}(t_i)+\frac{(\theta\Delta t)^2}{6}[\ddot{u}(t_i+\theta\Delta t)+2\ddot{u}(t_i)] \tag{6-41}$$

根据式(6-40)、式(6-41)可解得用 $u(t_i+\theta\Delta t)$ 表示的 $\ddot{u}(t_i+\theta\Delta t)$ 和 $\dot{u}(t_i+\theta\Delta t)$，即

$$\ddot{u}(t_i+\theta\Delta t)=\frac{6}{(\theta\Delta t)^2}[u(t_i+\theta\Delta t)-u(t_i)]-\frac{6}{\theta\Delta t}\dot{u}(t_i)-2\ddot{u}(t_i) \tag{6-42}$$

$$\dot{u}(t_i+\theta\Delta t)=\frac{3}{\theta\Delta t}[u(t_i+\theta\Delta t)-u(t_i)]-2\dot{u}(t_i)-\frac{\theta\Delta t}{2}\ddot{u}(t_i) \tag{6-43}$$

在 $t_i+\theta\Delta t$ 时刻，体系运动满足以下运动方程：

$$m\ddot{u}(t_i+\theta\Delta t)+c\dot{u}(t_i+\theta\Delta t)+ku(t_i+\theta\Delta t)=P(t_i+\theta\Delta t) \tag{6-44}$$

其中，外载荷 $P(t_i+\theta\Delta t)$ 可以用线性外推得到，即

$$P(t_i+\theta\Delta t)=P(t_i)+\theta\left[P(t_i+\Delta t)-P(t_i)\right] \tag{6-45}$$

将式(6-42)、式(6-43)、式(6-45)代入式(6-44)，可以得到关于 $u(t_i+\theta\Delta t)$ 的方程：

$$\hat{k}u(t_i+\theta\Delta t)=\hat{P}(t_i+\theta\Delta t) \tag{6-46}$$

其中，

$$\hat{k}=k+\frac{6}{(\theta\Delta t)^2}m+\frac{3}{\theta\Delta t}c$$

$$\hat{P}(t_i+\theta\Delta t)=P_i+\theta(P_{i+1}-P_i)+\left[\frac{6}{(\theta\Delta t)^2}u_i+\frac{6}{\theta\Delta t}\dot{u}_i+2\ddot{u}_i\right]m+\left(\frac{3}{\theta\Delta t}u_i+2\dot{u}_i+\frac{\theta\Delta t}{2}\ddot{u}_i\right)c$$

根据式(6-46)得到 $u(t_i+\theta\Delta t)$，将其代入式(6-42)得到 $\ddot{u}(t_i+\theta\Delta t)$，然后将 $\ddot{u}(t_i+\theta\Delta t)$ 代入式(6-37)，且取 $\tau=\Delta t$，可得

$$\ddot{u}(t_i+\Delta t)=\ddot{u}_{i+1}=\frac{6}{\theta^3\Delta t^2}[u(t_i+\theta\Delta t)-u_i]-\frac{6}{\theta^2\Delta t}\dot{u}_i+\left(1-\frac{3}{\theta}\right)\ddot{u}_i \tag{6-47}$$

令式(6-38)和式(6-39)中的 $\theta=1$，取 $\tau=\Delta t$，得到 $t+\Delta t$ 时刻的位移和速度为

$$\dot{u}_{i+1}=\dot{u}_i+\frac{\Delta t}{2}(\ddot{u}_{i+1}+\ddot{u}_i) \tag{6-48}$$

$$u_{i+1}=u_i+\Delta t\dot{u}_i+\frac{\Delta t^2}{6}(\ddot{u}_{i+1}+2\ddot{u}_i) \tag{6-49}$$

式(6-46)～式(6-49)构成了单自由度体系动力响应分析的 Wilson-θ 法计算公式。

同时，对于多自由度体系，Wilson-θ 法的逐步积分公式如式(6-50)所示。

$$\begin{cases}\hat{\boldsymbol{K}}\boldsymbol{u}(t_i+\theta\Delta t)=\hat{\boldsymbol{P}}(t_i+\theta\Delta t)\\ \ddot{\boldsymbol{u}}_{i+1}=\dfrac{6}{\theta^3\Delta t^2}(\boldsymbol{u}(t_i+\theta\Delta t)-\boldsymbol{u}_i)-\dfrac{6}{\theta^2\Delta t}\dot{\boldsymbol{u}}_i+\left(1-\dfrac{3}{\theta}\right)\ddot{\boldsymbol{u}}_i\\ \dot{\boldsymbol{u}}_{i+1}=\dot{\boldsymbol{u}}_i+\dfrac{\Delta t}{2}(\ddot{\boldsymbol{u}}_{i+1}+\ddot{\boldsymbol{u}}_i)\\ \boldsymbol{u}_{i+1}=\boldsymbol{u}_i+\Delta t\dot{\boldsymbol{u}}_i+\dfrac{\Delta t^2}{6}(\ddot{\boldsymbol{u}}_{i+1}+2\ddot{\boldsymbol{u}}_i)\end{cases} \tag{6-50}$$

其中，等效刚度矩阵和等效载荷向量分别为

$$\hat{\boldsymbol{K}}=\boldsymbol{K}+\frac{6}{(\theta\Delta t)^2}\boldsymbol{M}+\frac{3}{\theta\Delta t}\boldsymbol{C}$$

$$\hat{\boldsymbol{P}}(t_i+\theta\Delta t)=\boldsymbol{P}_i+\theta(\boldsymbol{P}_{i+1}-\boldsymbol{P}_i)+\boldsymbol{M}\left[\frac{6}{(\theta\Delta t)^2}\boldsymbol{u}_i+\frac{6}{\theta\Delta t}\dot{\boldsymbol{u}}_i+2\ddot{\boldsymbol{u}}_i\right]+\boldsymbol{C}\left(\frac{3}{\theta\Delta t}\boldsymbol{u}_i+2\dot{\boldsymbol{u}}_i+\frac{\theta\Delta t}{2}\ddot{\boldsymbol{u}}_i\right)$$

不难看出，当 $\theta=1$ 时，Wilson-θ 法退化为线性加速度法。在早期的时域逐步积分法中，Wilson-θ 法曾得到广泛应用，这是由于 Wilson-θ 法在采用了精度更高的线性加速度假设的同时保持了无条件稳定的优点，相较而言，无条件稳定的 Newmark-β 法为平均常加速度法，精度略差。随着对数值算法特性研究的深入，Wilson-θ 法暴露了一系列缺点，在工程中已经较少使用。

目前 Newmark-β 法，特别是 β=1/4 的格式应用广泛。另外，中心差分法虽然稳定性差，但因其简单、高效的特点也得到一系列的应用，对于一些特殊的问题，计算精度的要求有时与稳定性条件的要求相近。

6.6　结构非线性响应计算

当结构处于强载荷的作用下时，可能发生较大的变形，构件将出现弹塑性变形，结构响应进入弹塑性阶段，这时主要表现是结构的弹性恢复力(即抗力)与结构的位移或变形不再是线性关系，即

$$f_s \neq k_0 u$$

而是位移的函数，为

$$f_s = f_s(u)$$

如果采用中心差分法求解结构的非线性响应，仅仅需要把 t_i 时刻的运动方程中的 ku_i 用 $(f_s)_i$ 代替，此时

$$(f_s)_i = f_s(u_i)$$

而 u_i 是已经计算得到的 t_i 时刻的位移，进而 $(f_s)_i$ 已知，采用与 6.3 节相同的计算公式得到 t_{i+1} 时刻的位移 u_{i+1}。

由此可见，当采用中心差分法进行计算时，计算公式的格式和计算软件都无须做较大的修改，仅仅需要对计算抗力 $(f_s)_i$ 的有关项进行修改，此时中心差分计算公式为

$$\left(\frac{m}{\Delta t^2}+\frac{c}{2\Delta t}\right)u_{i+1} = P_i - (f_s)_i + \left(\frac{2m}{\Delta t^2}\right)u_i - \left(\frac{m}{\Delta t^2}-\frac{c}{2\Delta t}\right)u_{i-1} \tag{6-51}$$

在使用中心差分逐步积分法计算时，因为结构一般是软化结构，即结构随变形的增加而变软，刚度 k 降低，但质量 m 不变，那么结构的自振周期 T_n (值为 $2\pi/\sqrt{k/m}$)变长，此时计算的稳定性变好。

如果采用 Newmark-β 法进行结构非线性动力计算，那么采用增量平衡方程比较合适。此时“增量”是相较以前的“全量”来说的，可以分别给出 t_i 时刻的运动方程，即

$$m\ddot{u}_i + c\dot{u}_i + (f_s)_i = P_i$$

以及 t_{i+1} 时刻的运动方程，即

$$m\ddot{u}_{i+1} + c\dot{u}_{i+1} + (f_s)_{i+1} = P_{i+1}$$

如果用 t_{i+1} 时刻的运动方程减去 t_i 时刻的运动方程就可以得到运动的增量平衡方程，即

$$m\Delta\ddot{u}_i + c\Delta\dot{u}_i + (\Delta f_s)_i = \Delta P_i \tag{6-52}$$

式中，$\Delta u_i = u_{i+1} - u_i$，$\Delta\dot{u}_i = \dot{u}_{i+1} - \dot{u}_i$，$\Delta\ddot{u}_i = \ddot{u}_{i+1} - \ddot{u}_i$，$(\Delta f_s)_i = (f_s)_{i+1} - (f_s)_i$，$\Delta P_i = P_{i+1} - P_i$。

当结构响应进入非线性阶段时，只要时间步长 Δt 足够小，就可以认为在 $[t_i, t_{i+1}]$ 区间内结构的本构关系是线性的，那么

$$(\Delta f_s)_i = k_i^s \Delta u_i \tag{6-53}$$

式中，k_i^s 为 i 和 i+1 之间的割线刚度。

但因为 u_{i+1} 未知，所以 k_i^s 不能预先准确估计，此时需要采用 i 点的切线刚度 k_i 代替 k_i^s，即

$$(\Delta f_{\mathrm{s}})_i \approx k_i \Delta u_i \tag{6-54}$$

将式(6-54)代入式(6-52)，可以得到结构的增量平衡方程，即

$$m\Delta\ddot{u}_i + c\Delta\dot{u}_i + k_i\Delta u_i = \Delta P_i \tag{6-55}$$

式(6-55)为一个线性形式的运动方程，系数 m 、 c 、 k_i 及外载荷 ΔP_i 均已知。

此外，在使用 Newmark-β 法求解时，把全量形式的 Newmark-β 法逐步积分公式变为增量的形式即可。因而，将式(6-32)改写成以下增量形式：

$$\begin{cases} \Delta\ddot{u}_i = \dfrac{1}{\beta\Delta t^2}\Delta u_i - \dfrac{1}{\beta\Delta t}\dot{u}_i - \dfrac{1}{2\beta}\ddot{u}_i \\ \Delta\dot{u}_i = \dfrac{\gamma}{\beta\Delta t}\Delta u_i - \dfrac{\gamma}{\beta}\dot{u}_i + \left(1-\dfrac{\gamma}{2\beta}\right)\ddot{u}_i\Delta t \end{cases} \tag{6-56}$$

将式(6-56)代入式(6-55)，得到计算 Δu_i 的方程，为

$$\begin{cases} \hat{k}_i\Delta u_i = \Delta\hat{P}_i \\ \hat{k}_i = k_i + \dfrac{1}{\beta\Delta t^2}m + \dfrac{\gamma}{\beta\Delta t}c \\ \Delta\hat{P}_i = \Delta P_i + \left(\dfrac{1}{\beta\Delta t}\dot{u}_i + \dfrac{1}{2\beta}\ddot{u}_i\right)m + \left[\dfrac{\gamma}{\beta}\dot{u}_i + \dfrac{\Delta t}{2}\left(\dfrac{\gamma}{\beta}-2\right)\ddot{u}_i\right]c \end{cases} \tag{6-57}$$

利用式(6-57)求得 Δu_i 后，得出 t_{i+1} 时刻的总位移为

$$u_{i+1} = u_i + \Delta u_i \tag{6-58}$$

利用 Newmark-β 法中的基本公式(6-32)，得到 t_{i+1} 时刻的加速度和速度：

$$\begin{cases} \ddot{u}_{i+1} = \dfrac{1}{\beta\Delta t^2}\Delta u_i - \dfrac{1}{\beta\Delta t}\dot{u}_i - \left(\dfrac{1}{2\beta}-1\right)\ddot{u}_i \\ \dot{u}_{i+1} = \dfrac{\gamma}{\beta\Delta t}\Delta u_i + \left(1-\dfrac{\gamma}{\beta}\right)\dot{u}_i + \left(1-\dfrac{\gamma}{2\beta}\right)\ddot{u}_i\Delta t \end{cases} \tag{6-59}$$

式(6-59)中，主要误差来自对抗力计算时采用了近似的计算公式 $(\Delta f_{\mathrm{s}})_i = k_i^{\mathrm{s}}\Delta u_i \approx k_i\Delta u_i$，即主要误差是由用切线刚度代替割线刚度引起的，而这是非线性分析的共性。

注意到方程 $\hat{k}_i\Delta u_i = \Delta\hat{P}_i$ 从形式上看与静力问题的方程完全相同，如此可以用静力问题中的非线性分析方法进行迭代求解，如用 Newton-Raphson 法或修正的 Newton-Raphson 法求解。

Newton-Raphson 法采用的是不断变化的切线刚度，在每一迭代步中，刚度是不断变化的，然而修正的 Newton-Raphson 法在不同的迭代步中的刚度不变，因而，常常称 Newton-Raphson 法为变刚度迭代法，而称修正的 Newton-Raphson 法为常刚度迭代法。变刚度迭代法的优点为迭代的收敛速度比常刚度迭代法快，缺点为在迭代过程中需要反复修正刚度矩阵；同样，常刚度迭代法的优点是在每一时间步的迭代过程中，不需要对刚度矩阵反复修正，而缺点是收敛速度比变刚度迭代法慢，但是在一定程度上它可以避免由刚度退化过度而出现的刚度阵的病态问题。

在用以上迭代法时，求得 $\Delta u_i^{(1)}$， $\Delta u_i^{(2)}$，…后，叠加可得

$$\Delta u_i = \Delta u_i^{(1)} + \Delta u_i^{(2)} + \cdots \tag{6-60}$$

当进行了 l 次迭代计算后，可令

$$\Delta u = \sum_{j=1}^{l} \Delta u_i^{(j)} \tag{6-61}$$

将误差容限 ε 取为一个给定的小量，如 0.001，经过有限次的迭代计算后，如果 $\Delta u_i^{(l)}$ 和 Δu 满足式(6-62)的关系，就认为迭代收敛，精度达到了要求，即可完成收敛，停止迭代计算。

$$\frac{\Delta u_i^{(l)}}{\Delta u} < \varepsilon \tag{6-62}$$

第 7 章　结构的随机振动

7.1　随机过程及其时域特征

7.1.1　随机过程的概念

对随机变量的概念进行拓展，就是随机过程。在日常生活之中，随机过程的例子非常多。例如，分析飞机在飞行时机翼的振动，观察者对于机翼上的某点进行观察，然后记录观察结果。通过每次不同的实验结果，观察者可以获得加速度与时间之间的一个函数，这个函数不可能是提前知道的，必须要通过精准测量得到。若所有的观察条件均不发生变化，再进行一次测量，得到的函数关系也是不一样的。实际上，结构振动具有随机性，尽管测量条件是相同的，但是结果却不一样。不同的实验结果便形成了一族函数，如图 7-1 所示。此时，结构振动过程的测量可以看成一个随机实验，有一点要注意的是，每次实验都必须在某个规定的范围内进行，相对应的实验结果是一个时间 t 的函数。

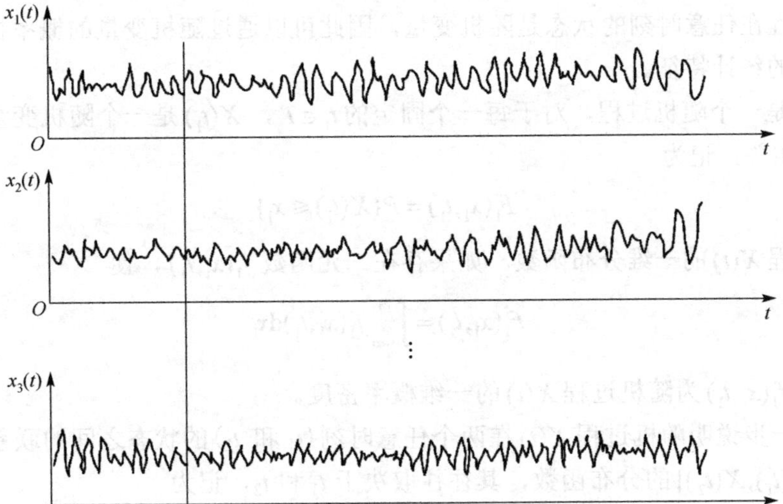

图 7-1　随机过程的样本函数

随机实验能够通过所有可能的实验结果所构成的样本空间进行说明。同理，观察者获得的加速度与时间的函数能够用来说明飞机机翼的振动，通过前面这个例子，对随机过程的概念进行详细说明。

假设 E 是随机实验，$S=|e|$ 是其样本空间，若对每一个 $e\in S$，总是可以根据某种规则来说明时间函数，即

$$X(e,t) \quad (t \in T) \tag{7-1}$$

与其相对应地(T 是时间 t 的变化范围)，对于所有的 $e \in S$ 而言，可以获取一族关于时间 t 的函数。此族函数称为随机过程。在这个族中，每一个函数成为随机过程的一个样本函数。由此可见，飞机在飞行的过程中，机翼发生振动属于一个随机过程，观察者所获取的结果值，即加速度-时间函数就是这个随机过程的一个样本函数。

随机过程可以通过族中的典型样本函数 $X(e,t)$ 来表示，对于特定的 $e_i \in S$，也可以对于一个特定的实验结果，$X(e_i,t)$ 是一个确定的样本函数，可以把其理解成为随机过程的一次物理实现。随机过程既然是样本函数的集合，就能够从其他的角度开展分析。对于特定的时刻 $t_i \in T$，$X(e,t_i)$ 是一个定义在 S 上的随机变量，如图 7-1 所示。在工程建筑方面，把 $X(e,t_i)$ 称为随机过程 $X(e,t)$ 在 $t=t_i$ 时的状态。通过这层含义，对于随机过程的描述可以给出新的定义：若对于每一个固定的 $t_i \in T$，$X(e,t_i)$ 都是随机变量，则 $X(e,t)$ 是一个随机过程。换句话说，随机过程 $X(e,t)$ 是依赖于时间 t 的一族随机变量。

这两种对于随机过程的定义在本质上并没有明显的差别，只是换了一种语言进行描述。理论分析的过程中，一般会采取第二种描述方法，但是在实际测量的过程中往往会选取第一种方法，这两种方法在使用的过程中相互补充。为了使计算时更加方便，省略式(7-1)中的 e，只是用记号 $X(t)$ 表示随机过程，其样本函数用 $x_i(t)$ 来表示。

7.1.2　随机过程的统计描述

随机过程在任意时刻的状态是随机变量，因此可以通过随机变量的概率描述方法来说明随机过程的统计特征。

设 $X(t)$ 是一个随机过程，对于每一个固定的 $t_1 \in T$，$X(t_1)$ 是一个随机变量，其分布函数往往与 t_1 相关，记为

$$F_1(x_1,t_1) = P\{X(t_1) \leqslant x_1\}$$

称为随机过程 $X(t)$ 的一维分布函数。如果存在二元函数 $f_1(x_1,t_1)$，使

$$F_1(x_1,t_1) = \int_{-\infty}^{x_1} f_1(x_1,t_1)\mathrm{d}x_1$$

成立，则称 $f_1(x_1,t_1)$ 为随机过程 $X(t)$ 的一维概率密度。

为了进一步说明随机过程 $X(t)$ 在两个任意时刻(t_1 和 t_2)的状态之间的联系，引入二维随机变量 $[X(t_1),X(t_2)]$ 的分布函数，其往往取决于 t_1 和 t_2，记为

$$F_2(x_1,x_2;t_1,t_2) = P[X(t_1) \leqslant x_1, X(t_2) \leqslant x_2]$$

称为随机过程 $X(t)$ 的二维分布函数。如果存在 $f_2(x_1,x_2;t_1,t_2)$，使

$$F_2(x_1,x_2;t_1,t_2) = \int_{-\infty}^{x_1}\int_{-\infty}^{x_2} f_2(x_1,x_2;t_1,t_2)\mathrm{d}x_2\mathrm{d}x_1$$

成立，则称 $f_2(x_1,x_2;t_1,t_2)$ 为随机过程 $X(t)$ 的二维概率密度。

一般而言，当时间 t 取任意 n 个数值 $t_1,t_2,\cdots,t_n$ 时，n 维随机变量 $[X(t_1),X(t_2),\cdots,X(t_n)]$ 的分布函数记为

$$F_n(x_1,x_2,\cdots,x_n;t_1,t_2,\cdots,t_n)=P\{X(t_1)\leqslant x_1,X(t_2)\leqslant x_2,\cdots,X(t_n)\leqslant x_n\}$$

称为随机过程 $X(t)$ 的 n 维分布函数。如果存在函数 $f_n(x_1,x_2,\cdots,x_n;t_1,t_2,\cdots,t_n)$，使

$$F_n(x_1,x_2,\cdots,x_n;t_1,t_2,\cdots,t_n)=\int_{-\infty}^{x_1}\int_{-\infty}^{x_2}\cdots\int_{-\infty}^{x_n}f_n(x_1,x_2,\cdots,x_n;t_1,t_2,\cdots,t_n)\mathrm{d}x_n\cdots\mathrm{d}x_2\mathrm{d}x_1$$

成立，则称 $f_n(x_1,x_2,\cdots,x_n;t_1,t_2,\cdots,t_n)$ 为随机过程 $X(t)$ 的 n 维概率密度。

n 维分布函数(或 n 维概率密度)可以近似地说明随机过程 $X(t)$ 的统计特性，显而易见的是，n 的数值越大，分布函数描述随机过程的特征越完善。一般情况下，分布族函数 $|F_1,F_2,\cdots|$ 或者概率密度 $|f_1,f_2,\cdots|$ 可以确定随机过程的所有统计特性。

在研究工程振动问题的时候，需要分析的随机过程往往会有很多个，因此必须要考察至少两个随机过程的统计信息。假设有两个随机过程 $X(t)$ 和 $Y(t)$，$t_1,t_2,\cdots,t_n;s_1,s_2,\cdots,s_m$ 是任意两组实数，则 $n+m$ 维随机变量

$$[X(t_1),X(t_2),\cdots,X(t_n);Y(s_1),Y(s_2),\cdots,Y(s_m)]$$

的分布函数

$$F_{n,m}(x_1,x_2,\cdots,x_n;t_1,t_2,\cdots,t_n;y_1,y_2,\cdots,y_m;s_1,s_2,\cdots,s_m)$$

称为随机过程和的 $n+m$ 维联合分布函数，相对应的 $n+m$ 维联合概率密度记为

$$f_{n,m}(x_1,x_2,\cdots,x_n;t_1,t_2,\cdots,t_n;y_1,y_2,\cdots,y_m;s_1,s_2,\cdots,s_m)$$

如果对于任意的整数 n 和 m 及数组 $t_1,t_2,\cdots,t_n;s_1,s_2,\cdots,s_m$，联合分布函数满足关系式

$$\begin{aligned}&F_{n,m}(x_1,x_2,\cdots,x_n;t_1,t_2,\cdots,t_n;y_1,y_2,\cdots,y_m;s_1,s_2,\cdots,s_m)\\&=F_n(x_1,x_2,\cdots,x_n;t_1,t_2,\cdots,t_n)F_m(y_1,y_2,\cdots,y_m;s_1,s_2,\cdots,s_m)\end{aligned}$$

则称随机过程 $X(t)$ 和 $Y(t)$ 是相互独立的。

7.1.3　随机过程的数字特征

在实际应用的过程中，计算出精确的随机过程的分布函数族相对而言比较困难，在很多情况下是无法获取的。鉴于这种情况，往往采取数字特征来描述随机过程的统计特性，这些数字特征一方面可以描述随机过程的重要性，另一方面能够进行简单的运算和测量。接下来，将会分析、讨论随机过程的一些基本的数字特征。

假设 $X(t)$ 是一般随机过程，取固定时刻 t_1，则 $X(t_1)$ 是一个随机变量，它的数学期望往往和 t_1 相关，记为

$$\mu_X(t_1)=E[X(t_1)]=\int_{-\infty}^{\infty}x_1f_1(x_1,t_1)\mathrm{d}x_1 \tag{7-2}$$

在式(7-2)中，$f_1(x_1,t_1)$ 是 $X(t)$ 的一维概率密度；$\mu_X(t)$ 称为 $X(t)$ 的均值。

把随机变量 $X(t)$ 的二阶原点矩记为 $\psi_X^2(t)$，即

$$\psi_X^2(t)=E[X^2(t)] \tag{7-3}$$

它称为随机过程 $X(t)$ 的均方值；而二阶中心矩记为 $\sigma_X^2(t)$，即

$$\sigma_X^2(t)=E[(X(t)-\mu_X(t))^2] \tag{7-4}$$

它称为随机过程 $X(t)$ 的方差。方差的平方根 $\sigma_X(t)$ 称为随机过程 $X(t)$ 的均方差。

均值函数 $\mu_X(t)$ 可以表示随机过程 $X(t)$ 在任意时刻的摆动中心，但是方差(均方差)能够说明随机过程 $X(t)$ 在时间 t 对于均值 $\mu_X(t)$ 的偏离程度，如图 7-2 所示。

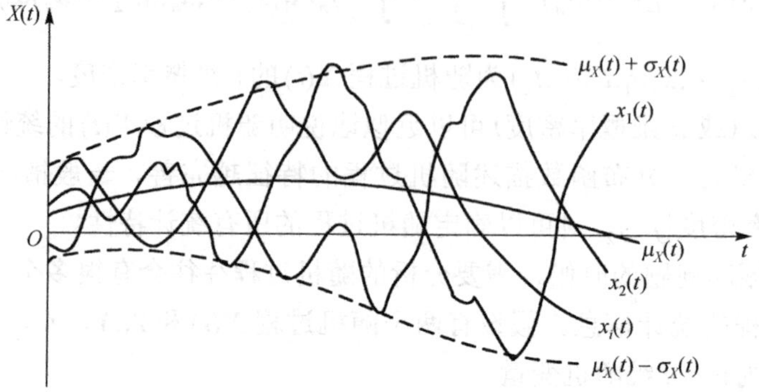

图 7-2　均值和方差的意义

均值和方差是用来说明随机过程在每一个时间内统计特性的重要数字特征。为了更好地描述随机过程，需要通过二维概率密度引进新的数字特征。

假设 $X(t_1)$ 和 $X(t_2)$ 是随机过程 $X(t)$ 在两个任意时刻 t_1 和 t_2 的状态，$f_2(x_1,x_2;t_1,t_2)$ 是相应的二维概率密度，则二阶原点混合矩

$$R_X(t_1,t_2)=E[X(t_1)X(t_2)]=\int_{-\infty}^{\infty}\int_{-\infty}^{\infty}x_1x_2f_2(x_1,x_2;t_1,t_2)\mathrm{d}x_1\mathrm{d}x_2 \tag{7-5}$$

为随机过程 $X(t)$ 的自相关函数，也简称为相关函数。

同理，称二阶中心混合矩

$$C_X(t_1,t_2)=E\{[X(t_1)-\mu_X(t_1)][X(t_2)-\mu_X(t_2)]\} \tag{7-6}$$

为随机过程 $X(t)$ 的自协方差函数，简称协方差函数。

随机过程诸多数字特征之间的关系为

$$\psi_X^2(t)=E[X^2(t)]=R_X(t,t) \tag{7-7}$$

$$C_X(t_1,t_2)=R_X(t_1,t_2)-\mu_X(t_1)\mu_X(t_2) \tag{7-8}$$

$$\sigma_X^2(t)=C_X(t,t)=R_X(t,t)-\mu_X^2(t) \tag{7-9}$$

在诸多数字特征之中，最为重要的是均值和自相关函数。从理论方面而言，只分析均值和自相关函数是远远不够的，其不可能代表对于整个随机过程的研究。但它们确实表明了随机过程的主要统计特征，并且远较有穷维分布函数更易于计算和测量，有很大的应用价值。在随机过程理论之中，以研究均值和自相关函数为主要内容的分支称作相关理论。

由 $X(t)$ 和 $Y(t)$ 的二维联合概率密度所确定的二阶原点混合矩

$$R_{XY}(t_1,t_2)=E[X(t_1)Y(t_2)]=\int_{-\infty}^{\infty}\int_{-\infty}^{\infty}xyf_{1,1}(x,t_1;y,t_2)\mathrm{d}x\mathrm{d}y$$

称为随机过程 $X(t)$ 和 $Y(t)$ 的互相关函数。

两个随机过程的互协方差函数定义为

$$C_{XY}(t_1,t_2)=E\{[X(t_1)-\mu_X(t_1)][Y(t_2)-\mu_Y(t_2)]\}$$

如果两个随机过程 $X(t)$ 和 $Y(t)$ 对于任意的 t_1 与 t_2 都有

$$C_{XY}(t_1,t_2)=0$$

则称随机过程 $X(t)$ 和 $Y(t)$ 是不相关的。此时，

$$R_{XY}(t_1,t_2)=\mu_X(t_1)\mu_Y(t_2)$$

在这种情况之下，相互独立的两个随机过程一定是不相关的；相反，根据不相关不能够推断出两个随机过程是否彼此独立。

若存在由两个随机过程之和组成的一个随机过程，即 $Z(t)=X(t)+Y(t)$，根据上述定义可知：

$$\mu_Z(t)=\mu_X(t)+\mu_Y(t)$$

$$R_Z(t_1,t_2)=R_X(t_1,t_2)+R_{XY}(t_1,t_2)+R_{YX}(t_1,t_2)+R_Y(t_1,t_2)$$

若随机过程 $X(t)$ 和 $Y(t)$ 是不相关的，则 $Z(t)$ 的自相关函数可以简单地等于每个随机过程的自相关函数之和，即

$$R_Z(t_1,t_2)=R_X(t_1,t_2)+R_Y(t_1,t_2)$$

值得注意的是，当 $t_1=t_2=t$ 时，有

$$\sigma_Z^2(t)=\psi_Z^2(t)=\psi_X^2(t)+\psi_Y^2(t)$$

7.1.4 平稳随机过程

平稳随机过程是工程中最为重要的一类随机过程。其特点是，随机过程的统计特性不随时间的推移而发生变化。平稳随机过程的 n 维分布函数对于任意的实数满足关系式：

$$F_n(x_1,x_2,\cdots,x_n;t_1,t_2,\cdots,t_n)=F_n(x_1,x_2,\cdots,x_n;t_1+\varepsilon,t_2+\varepsilon,\cdots,t_n+\varepsilon)\quad(n=1,2,\cdots)$$

另外，如果概率密度是存在的，则上述平稳条件等价于

$$f_n(x_1,x_2,\cdots,x_n;t_1,t_2,\cdots,t_n)=f_n(x_1,x_2,\cdots,x_n;t_1+\varepsilon,t_2+\varepsilon,\cdots,t_n+\varepsilon)\quad(n=1,2,\cdots)\tag{7-10}$$

设 $X(t)$ 是一个平稳随机过程，将式(7-10)应用于它的一维概率密度，则有

$$f_1(x_1,t_1)=f_1(x_1,t_1+\varepsilon)=f_1(x_1,0)$$

由此可见，平稳随机过程的一维概率密度不受时间影响，将其记为 $f_1(x_1)$，于是 $X(t)$ 的均值应该是一个常数 μ_X，即

$$E[X(t)]=\int_{-\infty}^{+\infty}x_1f_1(x_1)\mathrm{d}x_1=\mu_X\tag{7-11}$$

令 $\varepsilon=-t_1$，则有平稳随机过程的二维概率密度：

$$f_2(x_1,x_2;t_1,t_2)=f_2(x_1,x_2;t_1+\varepsilon,t_2+\varepsilon)=f_2(x_1,x_2;0,\ t_2-t_1)$$

上述公式说明，二维概率密度只依赖于时间间距 $\tau=t_2-t_1$，而与单个时间 t_1 和 t_2 没有任何关系，可以记作 $f_2(x_1,x_2;\tau)$。因此，自相关函数也只是单变量 τ 的函数，即

$$R_X(\tau)=E[X(t)X(t+\tau)]=\int_{-\infty}^{+\infty}\int_{-\infty}^{+\infty}x_1x_2f_2(x_1,x_2;\tau)\mathrm{d}x_1\mathrm{d}x_2\tag{7-12}$$

自协方差函数为

$$C_X(\tau)=E\{[X(t)-\mu_X][X(t+\tau)-\mu_X]\}=R_X(\tau)-\mu_X^2 \tag{7-13}$$

值得注意的是，令$\tau=0$，有

$$\sigma_X^2=C_X(0)=R_X(0)-\mu_X^2 \tag{7-14}$$

由此可见，平稳随机过程的均值是一个常数，自相关函数是单变量τ的函数。根据式(7-10)判断一个随机过程是不是平稳随机过程还是比较困难的，很多时候是不可能做到的。鉴于这种情况，在工程上只是在相关理论范围内考虑平稳随机过程。这一类平稳随机过程也称为广义平稳随机过程，它满足条件：

$$E[X(t)]=\text{常数}$$

并且

$$E[X^2(t)]<+\infty,\quad E[X(t)X(t+\tau)]=R_X(\tau)$$

而根据式(7-10)定义的平稳随机过程称为严格平稳随机过程或者狭义平稳随机过程。

7.1.5 导数过程的相关函数

在工程振动中往往需要分析导数的问题，如根据已知位移计算速度，或者根据已知速度计算加速度。在对振动过程的研究中，该问题主要表现为平稳随机过程的导数运算。这一部分内容包含了随机过程的均方微积分方面的知识，在本节之中不展开详细说明，感兴趣的同学可以自行阅读相关的文献资料。

设$X(t)$是一平稳随机过程，$\dot{X}(t)$是它的导数过程。考虑到平稳随机过程$X(t)$的均值是常数，所以$\dot{X}(t)$的均值为

$$E[\dot{X}(t)]=\frac{\mathrm{d}}{\mathrm{d}t}E[X(t)]=0 \tag{7-15}$$

在式(7-15)中，期望运算和微分运算都是线性算子，因此可以交换运算的次序。

平稳随机过程$X(t)$的自相关函数的导数为

$$\frac{\mathrm{d}}{\mathrm{d}\tau}R_X(\tau)=\frac{\mathrm{d}}{\mathrm{d}\tau}E[X(t)X(t+\tau)]$$

对导数运算和期望运算的次序进行交换，可以得

$$\frac{\mathrm{d}}{\mathrm{d}\tau}R_X(\tau)=E\left[X(t)\frac{\mathrm{d}}{\mathrm{d}\tau}X(t+\tau)\right]=E[X(t)\dot{X}(t+\tau)]$$

所以

$$\frac{\mathrm{d}}{\mathrm{d}\tau}R_X(\tau)=R_{X\dot{X}}(\tau) \tag{7-16}$$

同理，可以得

$$\frac{\mathrm{d}^2}{\mathrm{d}\tau^2}R_X(\tau)=R_{X\ddot{X}}(\tau) \tag{7-17}$$

即平稳随机过程的自相关函数的二阶导数等于两者的互相关函数。由于

$$R_{X\dot{X}}(\tau)=E[X(t)\dot{X}(t+\tau)]=E[X(t-\tau)\dot{X}(t)]$$

则

$$\frac{\mathrm{d}^2}{\mathrm{d}\tau^2}R_X(\tau)=E\left[\frac{\mathrm{d}}{\mathrm{d}\tau}X(t-\tau)\dot{X}(t)\right]=-R_{\dot{X}}(\tau) \tag{7-18}$$

即 $X(t)$ 的自相关函数的二阶导数的另一种表达式，其等于负的导数过程 $\dot{X}(t)$ 的自相关函数。根据一般的推导过程，平稳随机过程的更高阶导数的计算也是比较容易的。

值得注意的是，$R_X(\tau)$ 是一个偶函数，其关于纵坐标轴对称并在原点处能够得到最大值，因此在原点处的导数值是零，即

$$\left.\frac{\mathrm{d}}{\mathrm{d}\tau}R_X(\tau)\right|_{\tau=0}=0$$

根据式(7-16)，能够得到

$$R_{X\dot{X}}(0)=0 \tag{7-19}$$

式(7-19)可以说明，平稳随机过程 $X(t)$ 及它的导数过程 $\dot{X}(t)$ 是正交的。

7.2 随机过程的频域特征

7.2.1 平稳随机过程的功率谱密度

相关函数描述了随机过程在时域中的特定属性，但是想要全面了解结构振动过程的特征，一定要分析随机过程的频率结构，简而言之，就是要分析随机过程中一共包含了多少种频率成分，以及每一种频率成分的幅值或者能量有多大。对于这个问题的研究是通过Fourier 变换这一强有力的数学工具来完成的。

首先建立一个平稳随机过程，$-\infty<t<\infty$ 的一个截断函数是

$$X_T(t)=\begin{cases}X(t) & (|t|\leqslant T)\\ 0 & (|t|>T)\end{cases} \tag{7-20}$$

它的 Fourier 变换为

$$\hat{X}(\omega,T)=\int_{-\infty}^{+\infty}X_T(t)\mathrm{e}^{-\mathrm{j}\omega t}\mathrm{d}t=\int_{-T}^{T}X_T(t)\mathrm{e}^{-\mathrm{j}\omega t}\mathrm{d}t \tag{7-21}$$

利用 Parseval 等式，有

$$\int_{-\infty}^{+\infty}X_T^2(t)\mathrm{d}t=\frac{1}{2\pi}\int_{-\infty}^{+\infty}\left|\hat{X}(\omega,T)\right|^2\mathrm{d}\omega$$

将上述公式的两边同时除以 $2T$，并考虑式(7-20)可以得到

$$\frac{1}{2T}\int_{-T}^{T}X^2(t)\mathrm{d}t=\frac{1}{4\pi T}\int_{-\infty}^{+\infty}\left|\hat{X}(\omega,T)\right|^2\mathrm{d}\omega \tag{7-22}$$

显而易见的是，式(7-21)和式(7-22)中的积分都是随机的。将式(7-22)的左端取均

值极限：

$$\lim_{T\to+\infty} E\left[\frac{1}{2T}\int_{-T}^{T} X^2(t)\mathrm{d}t\right] \tag{7-23}$$

定义为平稳随机过程 $X(t)$ 的平均概率。

交换式(7-23)中积分与均值的运算顺序，得

$$\lim_{T\to+\infty} E\left[\frac{1}{2T}\int_{-T}^{T} X^2(t)\mathrm{d}t\right] = \lim_{T\to+\infty}\frac{1}{2T}\int_{-T}^{T} E[X^2(t)]\mathrm{d}t = \psi_X^2 \tag{7-24}$$

由此可见，平稳随机过程的平均概率就等于该过程的均方值。

将式(7-22)代入式(7-24)得

$$\psi_X^2 = \frac{1}{2\pi}\int_{-\infty}^{+\infty}\lim_{T\to+\infty}\frac{1}{2T}E\left[\left|\hat{X}(\omega,T)\right|^2\right]\mathrm{d}\omega \tag{7-25}$$

式(7-25)中的被积函数称为平稳随机过程的功率谱密度，记作 $S_X(\omega)$，即

$$S_X(\omega) = \lim_{T\to+\infty}\frac{1}{2T}E\left[\left|\hat{X}(\omega,T)\right|^2\right] \tag{7-26}$$

则式(7-25)可以写为

$$\psi_X^2 = \frac{1}{2\pi}\int_{-\infty}^{+\infty} S_X(\omega)\mathrm{d}\omega \tag{7-27}$$

对于零均值的平稳随机过程，式(7-27)可以变为

$$\sigma_X^2 = \frac{1}{2\pi}\int_{-\infty}^{+\infty} S_X(\omega)\mathrm{d}\omega \tag{7-28}$$

功率谱密度 $S_X(\omega)$ 一般也称为自然谱密度或者谱密度，其是从频率角度说明 $X(t)$ 的统计规律的最为关键的数字统计特征，在物理意义方面，其代表了 $X(t)$ 的平均功率关于频率的分布。

7.2.2　谱密度的性质

谱密度具有下面几种性质。

(1) 非负性。根据式(7-26)可以看出，$S_X(\omega)$ 是圆频率 ω 的非负函数。

(2) $S_X(\omega)$ 是实的偶函数。在式(7-28)中，必然有

$$\left|\hat{X}(\omega,T)\right|^2 = \hat{X}(\omega,T)\hat{X}(-\omega,T)$$

它是 ω 的实的偶函数，因此它的均值的极限必然是实的偶函数。

上述谱密度定义式中的定义域包含了 ω 的正值和负值，也称为“双边谱密度”。在一般情况之下，负频率在物理方面的解释并不确切，在实际中为了测量简便，通常根据 $S_X(\omega)$ 的偶函数性质把负频率范围内的谱密度折算到正频率范围内，进一步定义“单边谱密度”，如式(7-29)所示。

$$G_X(\omega) = \begin{cases} 2\lim\limits_{T\to+\infty}\dfrac{1}{2T}E\left(\left|\hat{X}(\omega,T)\right|^2\right) & (\omega \geqslant 0) \\ 0 & (\omega < 0) \end{cases} \tag{7-29}$$

显而易见的是，单边谱密度和双边谱密度存在以下关系：

$$G_X(\omega)=\begin{cases}2S_X(\omega) & (\omega\geqslant 0)\\ 0 & (\omega<0)\end{cases}$$

(3) $S_X(\omega)$ 和 $R_X(\tau)$ 是一组傅里叶变换对，即

$$S_X(\omega)=\int_{-\infty}^{+\infty}R_X(\tau)\mathrm{e}^{\mathrm{i}\omega\tau}\mathrm{d}\tau \tag{7-30}$$

$$R_X(\tau)=\frac{1}{2\pi}\int_{-\infty}^{+\infty}S_X(\omega)\mathrm{e}^{\mathrm{i}\omega\tau}\mathrm{d}\omega \tag{7-31}$$

这些统统称作维纳-辛钦(Wiener-Khintchine)公式，受篇幅的限制，这里不对该公式做出详细的介绍，感兴趣的同学可以自行参考相关文献。

7.2.3　导数过程的谱密度

设 $X(t)$ 是一个均值为零的平稳随机过程，并且其导数是存在的，根据上述公式，有

$$R_{\dot{X}}(\tau)=\frac{1}{2\pi}\int_{-\infty}^{+\infty}S_{\dot{X}}(\omega)\mathrm{e}^{\mathrm{i}\omega\tau}\mathrm{d}\omega \tag{7-32}$$

$$R_{\ddot{X}}(\tau)=\frac{1}{2\pi}\int_{-\infty}^{+\infty}S_{\ddot{X}}(\omega)\mathrm{e}^{\mathrm{i}\omega\tau}\mathrm{d}\omega \tag{7-33}$$

将式(7-31)代入式(7-19)，可以得

$$R_{\dot{X}}(\tau)=-\frac{\mathrm{d}^2}{\mathrm{d}\tau^2}R_X(\tau)=\frac{1}{2\pi}\int_{-\infty}^{+\infty}\omega^2S_X(\omega)\mathrm{e}^{\mathrm{i}\omega\tau}\mathrm{d}\omega \tag{7-34}$$

$$R_{\ddot{X}}(\tau)=\frac{\mathrm{d}^4}{\mathrm{d}\tau^4}R_X(\tau)=\frac{1}{2\pi}\int_{-\infty}^{+\infty}\omega^4S_X(\omega)\mathrm{e}^{\mathrm{i}\omega\tau}\mathrm{d}\omega \tag{7-35}$$

结合式(7-32)～式(7-35)便能够得

$$S_{\dot{X}}(\omega)=\omega^2S_X(\omega) \tag{7-36}$$

$$S_{\ddot{X}}(\omega)=\omega^2S_{\dot{X}}(\omega)=\omega^4S_X(\omega) \tag{7-37}$$

同理，类比式(7-27)，可以获得一、二阶导数过程的均方值分别如式(7-38)、式(7-39)所示。

$$\sigma_{\dot{X}}^2=E[\dot{X}^2(t)]=\frac{1}{2\pi}\int_{-\infty}^{+\infty}S_{\dot{X}}(\omega)\mathrm{d}\omega=\frac{1}{2\pi}\int_{-\infty}^{+\infty}\omega^2S_X(\omega)\mathrm{d}\omega \tag{7-38}$$

$$\sigma_{\ddot{X}}^2=E[\ddot{X}^2(t)]=\frac{1}{2\pi}\int_{-\infty}^{+\infty}S_{\ddot{X}}(\omega)\mathrm{d}\omega=\frac{1}{2\pi}\int_{-\infty}^{+\infty}\omega^4S_X(\omega)\mathrm{d}\omega \tag{7-39}$$

7.2.4　窄带与宽带随机过程

在一般情况下，平稳随机过程的谱密度是在整个频率域内分布的，但是在工程之中，人们通常会关注实际信号中强度比较大的那部分频谱分量主要在哪些频段聚集。信号频谱的主要成分所处的频率范围一般用带宽来表示，带宽以外的频谱分量的强度往往比较小，在实际应用中可以不予以考虑。此时，根据带宽的宽度，能够把平稳随机过程划分成为窄

带平稳随机过程和宽带平稳随机过程。窄带平稳随机过程的功率密度具有尖峰特点，并且在该尖峰附近的一个狭窄的频带以外的强度都小到可以忽略。带宽平稳随机过程的功率谱在相当宽的频带上取有意义的量级。典型的窄带平稳随机过程和宽带平稳随机过程的谱密度与样本函数分别如图 7-3 和图 7-4 所示。

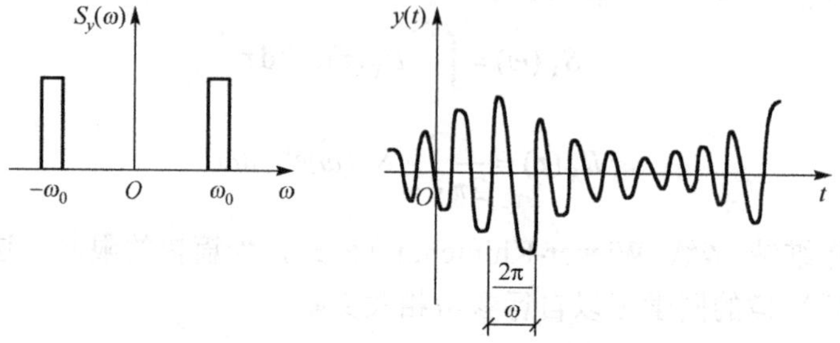

(a) 谱密度　　(b) 样本函数

图 7-3　窄带平稳随机过程的谱密度与样本函数

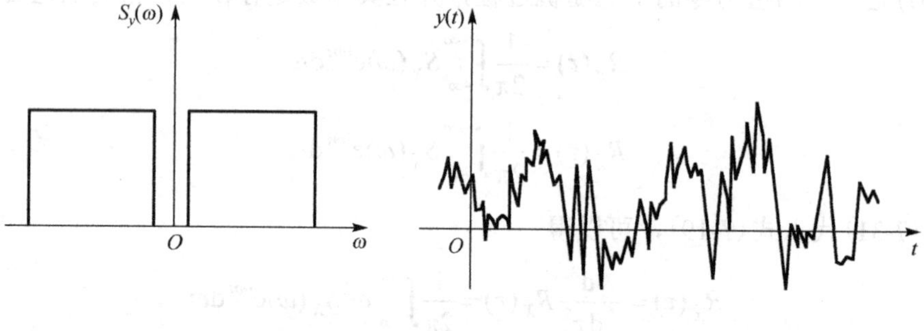

(a) 谱密度　　(b) 样本函数

图 7-4　宽带平稳随机过程的谱密度与样本函数

将平稳随机过程划分成为窄带平稳随机过程和宽带平稳随机过程具有重要的工程意义。窄带平稳随机过程的能量主要集中在非常有限的频率范围之内，一旦引起结构振动的激励源所发出的信号为窄带平稳随机过程，在结构设计时，结构的自振频率尽量远离这个频率范围就可能使结构避免产生剧烈的振动反应。而宽带平稳随机过程的能量分布于比较宽的频率范围之内，其所影响的结构种类比窄带平稳随机过程要宽广很多。

7.2.5　互谱密度及其性质

设 $X(t)$ 和 $Y(t)$ 为两个平稳随机过程，定义

$$S_{XY}(\omega)=\lim_{T\to+\infty}\frac{1}{2T}E[\hat{X}(-\omega,T)\hat{Y}(\omega,T)] \tag{7-40}$$

为平稳随机过程 $X(t)$ 和 $Y(t)$ 的互谱密度，式中 $\hat{X}$，$\hat{Y}$ 由式(7-21)确定。

由式(7-40)可以知道，互谱密度不再是正的、实的偶函数，但是其自身具备以下特点。

(1) $S_{XY}(\omega)$ 和 $S_{YX}(\omega)$ 互为共轭函数；

(2) 在互相关函数 $R_{XY}(\tau)$ 绝对可积的情况之下有

$$S_{XY}(\omega)=\int_{-\infty}^{+\infty}R_{XY}(\tau)\mathrm{e}^{-\mathrm{i}\omega\tau}\mathrm{d}\tau$$

$$R_{XY}(\tau)=\frac{1}{2\pi}\int_{-\infty}^{+\infty}S_{XY}(\omega)\mathrm{e}^{\mathrm{i}\omega\tau}\mathrm{d}\omega$$

(3) $S_{XY}(\omega)$ 和 $S_{YX}(\omega)$ 的实数部分为 ω 的偶函数，虚数部分为 ω 的奇函数；

(4) 互谱密度与自谱密度满足不等式

$$|S_{XY}(\omega)|\leqslant S_X(\omega)S_Y(\omega)$$

(5) 若随机过程 $Z(t)=X(t)+Y(t)$，则它的自谱密度为

$$S_Z(\omega)=S_X(\omega)+S_{XY}(\omega)+S_{YX}(\omega)+S_Y(\omega)$$

7.3 海浪的统计描述

在第 3 章，研究了规则波的特性和载荷。本节考虑海洋波浪的随机性，利用统计理论研究非规则波浪。

7.3.1 波浪谱的描述

在工程中，将图中波高记录以等时间间隔的有序数据点来表示，并用光滑曲线连接这些有序点，即可再现波高记录的详细特征。为了获取随机波浪的统计信息，首先应选取适当的采样间隔，再对海面波形进行记录。

通常而言，最佳采样时间间隔 Δt 为波高曲线跨越静水面 $\eta=0$ 的最短时间间隔。也可以遵循奈奎斯特(Nyquist)方法，确定需要的采样频率，即 $f_0=0.5/\Delta t$。具体来说，第一步检查记录是否具有最高频率，也就是最短的跨越时间，第二步用同样的时间间隔划分记录，依次标记相应记录为 $\eta_1,\eta_2,\cdots,\eta_N$。举例说明，样本的最短跨越时间间隔是 2s，则要再次出现一个 60min 的海浪记录，需要等间隔地进行 1800 次采样，最终得到的傅里叶级数由含有正弦和余弦之和的 1800 项组成。其可以准确地显示 1800 个记录点，并且能够近似地表达其他各点的傅里叶级数：

$$\eta(t)=2\sum_{n=1}^{N/2}a_n\cos\frac{2\pi nt}{T_0}+2\sum_{n=1}^{N/2}b_n\sin\frac{2\pi nt}{T_0} \tag{7-41}$$

式中，T_0 为记录波浪的时间；$2\pi/T_0$ 为记录时间长度对应的圆频率。

式(7-41)中的系数能够按照时间 T_0 的记录由下列关系得到：

$$a_n=\frac{1}{T_0}\int_0^{T_0}\eta(t)\cos\frac{2\pi nt}{T_0}\mathrm{d}t\quad(n=1,2,\cdots) \tag{7-42a}$$

$$b_n=\frac{1}{T_0}\int_0^{T_0}\eta(t)\sin\frac{2\pi nt}{T_0}\mathrm{d}t\quad(n=1,2,\cdots) \tag{7-42b}$$

如果式(7-41)可以代表关于时间 t 的任意周期性函数，且均值为零，则

$$\frac{1}{T_0}\int_0^{T_0}[\eta(t)]^2\mathrm{d}t=2\sum_{n=1}^{N/2}(a_n^2+b_n^2)=\sigma_\eta^2 \tag{7-43}$$

式中，σ_η 为随机波面的均方根值。

如果把波浪谱密度定义为

$$\int_0^\infty S_\eta(\omega)\mathrm{d}\omega = \sigma_\eta^2 \tag{7-44}$$

那么谱函数(7-45)就是把 $\eta(t)$ 的方差转化成为其组成频率的分量，换言之，$S_\eta(\omega)$ 在每个离散频率 ω_n 处的值都可以用傅里叶系数的和来近似表示。

$$S_\eta(\omega_n) \cong \frac{2}{\Delta\omega}(a_n^2 + b_n^2) \tag{7-45}$$

其中，

$$\omega_n = \frac{2n\pi}{T_0} = n\cdot\Delta\omega \leqslant \frac{\pi}{\Delta\omega}, \qquad \Delta\omega = \frac{2\pi}{T_0}$$

在实际情况中，通常对式(7-45)给出的离散值进行“光滑”拟合，从而得到连续的能量谱函数。此外，还应确保采样间隔足够小，以避免发生失真，导致式(7-45)不适用。

显而易见的是，$S_\eta(\omega)$ 函数的性质与表面波的波高记录 $\eta(t)$ 有关。例如，对于单向涌浪而言，$S_\eta(\omega)$ 就是一个集中在主涌浪频率附近的窄带函数，而波浪一般是用一个宽带函数来表示的。

以上描述的波浪谱建立在叠加原理的基础之上，因此只适用于线性海况。

用于描述海洋表面的数学模型应当尽可能地与实际的海浪保持一致，要完成这样的目标有两种路径：第一，使用完全确定的方法，也就是通过足够多数量的傅里叶级数的展开式来实现；第二，可以用一个谱来说明一些同样的波浪记录。

7.3.2　有效波

有效波概念的首次提出是在 20 世纪 50 年代。如今，人们已经可以把有效波作为一种方法，来对不规则的海面进行详细的描述。

有效波是一种人为定义的波形，其波高 H_S 的定义是，在一次记录之中最高的 1/3 大波波高的算术平均值，与其相应的有效周期 T_S 定义为 1/3 大波的平均周期，一般情况下，也会用 $H_{1/3}$ 和 $T_{1/3}$ 分别代表 H_S 与 T_S。接下来的自然推广是，定义 $1/n$ 大波的波高为 $H_{1/n}$。

有效波的计量一般和实际测量的波高基本上能够保持一致。波高的统计分布、多数的能量分析也与有效波高数据具有相关性。绝大多数的波浪谱能量主要集中在有效波高的周围。不规则的海浪对大量的固定或浮式物体、各种沿海作业结构物的影响，都与有效波的联系非常紧密。因此，通过引入有效波高和有效周期两个参数，能够以一种简单的形式对非规则波进行描述。但在海洋工程系统设计中，有时还需要获取最大波高或最大波面高度等有关海浪的统计特性。

1．波高分布

Rayleigh 在 1880 年就提出了如图 7-5 所示的正斜型概率分布(也就是现在人们熟悉的 Rayleigh 分布)。在图 7-5 中，横坐标是波高，纵坐标是对应于横坐标 H 的波浪记录所出现的概率。在这条曲线下方的面积表示相应测量所记录的波的总数。把通过总面积中心的横坐标定义为平均波高 H_0。

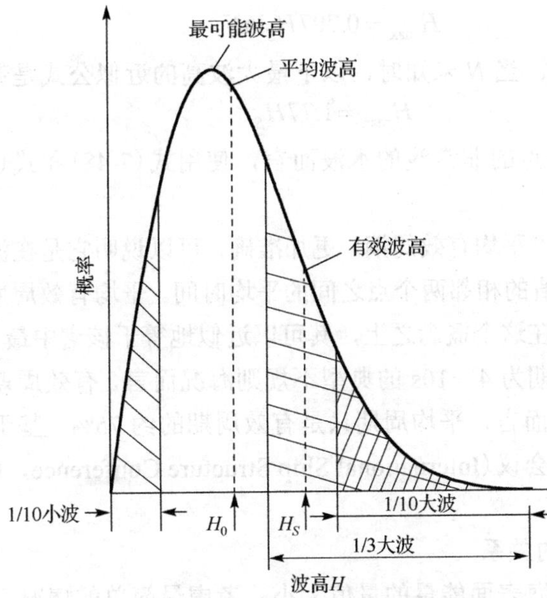

图 7-5　波高的 Rayleigh 分布

根据 Rayleigh 分布，平均波高、有效波高和 1/10 大波高 $H_{1/10}$ 可以近似地表示为

$$\begin{cases} H_0 = 0.89\sqrt{H^2} \\ H_S = 1.41\sqrt{H^2} \\ H_{1/10} = 1.80\sqrt{H^2} \end{cases} \tag{7-46}$$

注意到方差 σ_0^2 等于

$$E[(H - H_0)^2] = E(H^2) - H_0^2$$

进一步可以得到

$$\begin{cases} H_0 = 0.625 H_S \\ H_{1/10} = 1.27 H_S \end{cases} \tag{7-47}$$

对于海洋工程结构物的设计来说，最大波高 $H_{\max}$ 是一个非常重要的参数，表 7-1 给出了与波高相关的一些统计学结果。根据这些资料，最大波高为 1.5～1.9 倍有效波高，除此之外，最可能的最大波高 $H_{\max}$ 与风暴的持续时间或者波浪的记录长度有关，一般情况下，可通过式(7-48)描述最大波高。

表 7-1　波高统计资料汇总

作者	年份	资料来源	H_S/H_0	$H_{1/10}/H_S$	$H_{\max}/H_S$
Munk	1944	现场数据	1.53	—	—
Sciwell	1949	现场数据	1.53	—	—
Wiegel	1949	现场数据	—	1.29	1.87
Barber	1950	理论推导	1.61	—	1.60
Longuet-Higgins	1952	理论推导	1.60	1.27	1.77
Putz	1952	理论推导	1.57	1.29	1.80

$$H_{max} = 0.707 H_S \ln N \tag{7-48}$$

式中，N 为记录波浪的个数。当 N 未知时，以下最大波高的近似公式是最合理的：

$$H_{max} = 1.77 H_S \tag{7-49}$$

对强风暴或者接近破碎点的非常浅的水波而言，使用式(7-48)和式(7-49)时，需要根据实际情况做出合理分析。

平均波浪周期有时候用“平均有效周期”更加准确，可以说明它是在波面高度时间历程之中，跨越波面纵坐标平均值的相邻两个点之间的平均时间。平均有效周期对应于谱面积的形心作用线穿过的横坐标。在这个概念之上，其可以近似地等于该谱中最大的能量周期。

研究表明，对于平均周期为 4～10s 的典型不规则海况而言，有效周期与平均周期大体一致。对于更长的平均周期而言，平均周期只是有效周期的约 75%。基于对很多区域海况的综合分析，国际船舶结构会议(International Ship Structure Conference，ISSC)规定，平均周期可以取有效周期的 90%。

2．波高与波浪谱之间的关系

能量谱按照频率来分配海表面能量的量值大小。考虑最简单的情况，小振幅正弦波如式(7-50)所示。

$$\eta(x,t) = A\cos(kx - \omega t) \tag{7-50}$$

则每单位表面积的平均总波能为

$$E = \frac{1}{2}\rho g A^2 = \frac{1}{8}\rho g H^2 \tag{7-51}$$

式中，H 为波高。

谱方法的基本前提之一是，不规则波是无限个具有连续频率分布的小振幅简单正弦波叠加的结果。这样的随机过程可以用有限个具有离散频率的小振幅正弦波近似地表示。于是，每单位表面积的平均总波能由式(7-52)给出。

$$E = \frac{\rho g}{8}(H_1^2 + H_3^2 + H_3^2 + \cdots + H_n^2 + \cdots) \tag{7-52}$$

式中，H_n 为与某一个给定频率相关的波高。

能量是根据每一个组成波的频率分布的。波浪记录可以由有限个离散波形叠加获得。通过叠加获得的振幅谱在多数情况下可以满足工程的需求。

波浪能量谱的一般解析表达式可以写为

$$S_\eta(\omega) = A_0 \omega^{-m} \mathrm{e}^{-B\omega^{-n}} \tag{7-53}$$

在式(7-53)中，系数 A_0、B、m 和 n 定义了海浪谱。在多数情况下，取 $m=5$，$n=4$。系数 A_0 和有效波高的平方 H_S^2 正相关，与有效周期或者平均周期的四次方 T_S^4 呈现负相关关系。系数 B 与有效波浪周期的四次方呈现负相关关系。该谱所包含的能量就是该谱曲线下方的面积。

7.3.3　波浪能量谱的描述

1．几种定义

可以采用 $\omega = 2\pi / T$ 代表波浪频率，当然也能够把周期 T 或者周频 $f = 1/T$ 当作能量谱的横坐标。

一般而言，波浪谱的纵坐标代表谱密度，波浪系统的平均能量与组成波高或者振幅的平方和(能量谱曲线下方的区域面积)联系密切，简而言之，平均能量与一个不规则的海浪记录中所有组成波高的平方 H^2 或者波幅的平方 A^2 的平均值密切相关。

1) 振幅谱

振幅谱的谱密度是波浪振幅平方的函数，有效波高与谱曲线下方的面积(此时为两倍方差)有关，即

$$H_S = 2.83\sqrt{2(方差)} = 2.83\sqrt{(面积)_1} \tag{7-54}$$

2) 半振幅谱

在研究中，为了可以直接使用方差，而非两倍方差，学者往往会选择半振幅谱。谱密度便与半波浪振幅的平方相关，有效波高与谱曲线下方的面积(此时为方差)相关，即

$$H_S = 2.83\sqrt{2(方差)} = 4\sqrt{(方差)} = 4\sqrt{(面积)_2} \tag{7-55}$$

对比式(7-54)和式(7-55)有，$(面积)_1 = 2(方差), (面积)_2 = (方差)$。

3) 波高谱

在实际应用波高谱的时候，谱曲线下方的面积是采用振幅谱时面积的四倍，这是因为波高是振幅的两倍，即 $(波高)^2 = 4(振幅)^2$。由此可见，谱密度是波高平方的函数，而有效波高与谱曲线下方的面积的关系式为

$$H_S = 2.83\sqrt{2(方差)} = 2.83\sqrt{(面积)_1}$$

$$H_S = 1.414\sqrt{4(面积)_1} = 1.414\sqrt{(面积)_3} \tag{7-56}$$

4) 二倍波高谱

研究表明，使用两倍的 $(波高)^2$ 而不是使用两倍的 $(振幅)^2$ 时，有效波高与谱密度曲线下方面积的平方根之间的常数因子等于 1，也就是说有效波高等于这个面积的平方和。显而易见，这个面积是使用振幅时面积的 8 倍，因此有效波高的关系式为

$$H_S = 2.83\sqrt{(面积)_1} = \sqrt{8(面积)_1} = \sqrt{(面积)_4} \tag{7-57}$$

由此可知，在实际运用能量谱的时候，还要注意的事情如下：第一，必须明确谱密度单位；第二，必须明确横坐标的频率单位，简而言之，是使用 Hz 还是使用 rad/s；第三，明确适用的纵坐标计算公式。

2．经验公式

波浪的特征如波高、波周期等的统计分布与波浪谱密切相连，因此，怎样明确波浪谱是一个非常关键的问题。合适的海上波浪谱资料都是按照很多实际测量的资料，从经验及理论中获取的，主要形式是

$$S_\eta(\omega) = \frac{A}{\omega^p}\exp\left(-\frac{B}{\omega^q}\right) \quad (\mathrm{m^2 \cdot s}) \tag{7-58}$$

在式(7-58)中有四个可以调整的系数，一般取 $p = 4 \sim 6,\ q = 2 \sim 4$，$A$ 与 B 的取值和风、波的要素相关。但是波浪谱和特征波的特征量为

$$m_n = \int_0^\infty \omega^n S_\eta(\omega)\mathrm{d}\omega = AB^{\frac{n-p+1}{q}} \frac{1}{q}\Gamma\left(\frac{p-n-1}{q}\right)$$

谱峰频率为 $\omega_m = \left(\dfrac{Bq}{p}\right)^{1/q}$。

接下来说明应用广泛的部分波浪谱。

1) Neumann 谱

$$S_\eta(\omega) = \frac{2.40}{\omega^6}\exp\left(-\frac{145.8}{\omega^2 (H_{1/3})^{4/5}}\right) \quad (\mathrm{m}^2 \cdot \mathrm{s}) \tag{7-59}$$

谱峰频率为 $\omega_m = 6.97/(H_{1/3})^{\frac{2}{3}}$，式(7-59)中 $H_{1/3}$ 的单位是 cm。

2) Pierson-Moskowitz 谱

与 Neumann 谱相比较，Pierson-Moskowitz 谱(P-M 谱)的提出依靠更广泛的观测资料，并且分析方法也比较有特点，因此自 20 世纪 60 年代被提出以来，得到了广泛应用。P-M 谱在 1966 年 11 届国际船模拖曳水池会议(International Towing Tank Conference，ITTC)中规定为标准海浪谱，即

$$S_\eta(\omega) = \frac{0.78}{\omega^5}\exp\left(-\frac{3.11}{\omega^4 H_{1/3}^2}\right) = \frac{0.78}{\omega^5}\exp\left[-1.25\left(\frac{\omega_m}{\omega}\right)^4\right] \quad (\mathrm{m}^2 \cdot \mathrm{s}) \tag{7-60}$$

根据 $\dfrac{\partial S_\eta(\omega)}{\partial \omega} = 0$，得到谱峰频率 $\omega_m = 1.257/\sqrt{H_{1/3}}$。

3) ISSC 谱

ISSC 谱是 ISSC 建议的一族波谱，其基本形式如下：

$$S_\eta(\omega) = \frac{173 H_{1/3}^2}{\omega^5 T^{*4}}\exp\left(-\frac{691}{\omega^4 T^{*4}}\right) \quad (\mathrm{m}^2 \cdot \mathrm{s}) \tag{7-61}$$

并且

$$\omega_m = \frac{(0.8\times 691)^{1/4}}{T^*} = \frac{4.85}{T^*}, \qquad T^* = 2\pi \frac{m_0}{m_1}$$

1978 年，第 8 届 ITTC 将式(7-61)修正为

$$S_\eta(\omega) = A\omega^{-5}\exp(-B\omega^{-4}) \tag{7-62}$$

其中，

$$A = 173 H_{1/3}^2 T_{0.1}^{-4}, \quad B = 691 T_{0.1}^{-4}, \quad T_{0.1} = 2\pi/\bar{\omega}$$

式中，$\bar{\omega}$ 为平均频率。

4) JONSWAP 谱

JONSWAP 谱是按照联合北海波浪研究计划(Joint North Sea Wave Project)，1968～1969 年，由英国、荷兰、美国及德国等共同实施，利用观测数据并且参照 P-M 谱得到的。其主要形式如式(7-63)所示。

$$S_\eta(\omega)=\frac{\alpha g^2}{\omega^5}\exp\left[-\frac{5}{4}\left(\frac{\omega_m}{\omega}\right)^4\right]\gamma^\alpha \quad (\mathrm{m^2\cdot s}) \tag{7-63}$$

其中，

$$\alpha=\exp\left[-\frac{(\omega-\omega_m)}{2\sigma^2\omega_m^2}\right]\gamma=\frac{S_\eta(\omega_m)}{S_\eta(\omega_m)_{\text{P-M}}}$$

它考虑了风区的影响，适用于欧洲北海地区，α_e 是能量尺度参量，γ_H 是谱峰升高因子，$S_\eta(\omega_m)$、$S_\eta(\omega_m)_{\text{P-M}}$ 分别是 JONSWAP 谱与 P-M 谱的谱峰值。

5) Bretschneider 谱

Bretschneider 谱在 1959 年被首次提出，是适用于有限风区的风浪谱。

$$S_\eta(\omega)=400\left(\frac{H_{1/3}}{T_{1/3}^2}\right)^2\omega^{-5}\exp\left[-\frac{1605}{(T_{1/3}\omega)^4}\right] \quad (\mathrm{m^2\cdot s}) \tag{7-64}$$

$$\omega_m=5.98/T_{1/3}$$

6) 我国的海浪谱——规范谱

我国国家科学技术委员会海洋组于 1966 年第一次提出中国的海浪谱——规范谱，其对深水域和浅水域都适用，随后，其被《港口工程技术规范(1987)》采用。又被称为会战谱，它的形式为

$$S_\eta(\omega)=\frac{0.74}{\omega^5}\exp\left(-\frac{2.46}{\omega^2 H_{1/3}}\right) \quad (\mathrm{m^2\cdot s}) \tag{7-65}$$

谱峰频率为 $\omega_m=6.993/H_{1/3}$。

7.3.4 海洋工程结构上的随机波浪力

1. 特征波法

特征波法在统计基础上从随机波浪系列中选用某一个特征波(如有效波或者最大波)作为单一的规则波，近似分析随机波浪对于海洋工程结构物的作用。

设计波浪的要素的选择，一般会参考结构物的重要程度、形式和设计内容等，明确设计波浪的标准。其主要包含两个方面的内容：明确波浪的重现期和选取特征波。

波浪要素指的是在某一个确定的重现期内，某一特征波所对应的波高和波周期。设计波周期采用平均周期。

中国船级社《海上移动平台入级规范 2020》规定波浪设计重现周期不得低于设计寿命的 2 倍，且最低不低于 20 年规定，设计特征波的波高采用最大波高的众值，对应的周期应采用促使结构物产生最大应力时的周期，主要范围根据式(7-66)确定。

$$\sqrt{6.5(H_{\max})_m}<T<20 \tag{7-66}$$

其单位是 s，左端对应的是接近破碎时的周期。

假设特征波高(最大波高或者是有效波高)的年最大值不超过 H_R 的概率是 $P\{H\leqslant H_R\}$，那么在任何一年内超过 H_R 的危险概率(累积概率)为 $1-P\{H\leqslant H_R\}$，则以年计的重现期为

$$T_R = \frac{1}{1 - P\{H \leqslant H_R\}} \tag{7-67}$$

H_R 称为 T_R 年一遇的特征波高值。

2. 谱分析法

谱分析法是根据已知的海浪谱来推求作用在结构物上的波浪力谱，进而确定不同累积概率波浪力的方法。

对于随机海浪，波面高度可以用一平稳随机函数进行描述：

$$\eta(t) = \sum_{n=1}^{\infty} \eta_n(t) = \sum_{n=1}^{\infty} a_n \mathrm{e}^{-\mathrm{i}(\omega_n t + \varepsilon_n)}$$

将平稳随机函数 $\eta(t)$ 作为输入施加给结构物这一个平稳系统，输出为另一个随机函数 $Y(t)$。输入的随机函数称为作用，相应的输出随机函数则为反应。

根据平稳线性系统的定义，系统的特征不会随时间的推移而变化，输入和输出都具备可加性，因此可以方便地利用谱密度对随机函数进行讨论。

设输入随机函数为 $\eta(t)$，在单个组成波的作用之下，系统的反应具有下列形式：

$$Y_n(t) = a_n T(\omega_n) \mathrm{e}^{-\mathrm{i}(\omega_n t + \varepsilon_n)}$$

由于系统具备可加性，在随机组合波 $\eta(t)$ 的作用之下，反应的随机函数如式(7-68)所示。

$$Y(t) = \sum_{n=1}^{\infty} Y_n(t) = \sum_{n=1}^{\infty} a_n T(\omega_n) \mathrm{e}^{-\mathrm{i}(\omega_n t + \varepsilon_n)} = \sum_{n=1}^{\infty} T(\omega_n) \eta_n(t) \tag{7-68}$$

式中，$T(\omega_n)$ 为波浪力传递函数，单个 $\eta_n(t)$ 中包含随机相位 ε_n，其大小均匀分布在区间 $[0,2\pi]$ 内。因此，$\eta_n(t)$ 与 $Y_n(t)$ 均为数学期望为零的随机变量。随机变量 $Y_n(t)$ 的方差，等于其模平方的数学期望，因此有

$$D(Y_n(T)) = E\left(\left|T(\omega_n) \cdot \eta_n(t)\right|^2\right) = E\left(\left|T(\omega_n)\right|^2 \cdot \eta_n^2(t)\right)$$
$$= \left|T(\omega_n)\right|^2 \cdot E[\eta_n^2(t)] = \left|T(\omega_n)\right|^2 \cdot D[\eta_n(t)]$$

由于

$$D[Y(t)] = \sum_{n=1}^{\infty} D[Y_n(t)] = \sum_{n=1}^{\infty} \left|T(\omega_n)\right|^2 \cdot D[\eta_n(t)] \tag{7-69}$$

按照方差和谱的关系式 $m_0 = \int_0^{\infty} S_\eta(\omega)\mathrm{d}\omega = \sigma_\eta^2$，对组成波可以写出

$$D(\eta_n(t)) = S_\eta(\omega)\mathrm{d}\omega$$

对于力反应，

$$D[Y(t)] = \int_0^{\infty} S_Y(\omega)\mathrm{d}\omega$$

于是，根据式(7-69)可知

$$\int_0^{\infty} S_Y(\omega)\mathrm{d}\omega = \int_0^{\infty} \left|T(\omega)\right|^2 S_\eta(\omega)\mathrm{d}\omega$$

或者

$$S_Y(\omega)=\left|T(\omega)\right|^2 S_\eta(\omega) \tag{7-70}$$

式中，$S_\eta(\omega)$ 为系统输入谱密度（海浪谱）；$S_Y(\omega)$ 为系统的输出谱密度（反应谱）；$\left|T(\omega)\right|^2$ 为系统的传递函数，表征两个谱之间的传递关系。

3．作用在小直径圆柱上的波浪力谱

将 Morison 公式写为

$$f(t)=C_1 u(t)\left|u(t)\right|+C_2 a(t) \tag{7-71}$$

其中，

$$C_1=\frac{1}{2}C_{\mathrm{D}}\rho D, \qquad C_2=C_{\mathrm{M}}\rho\frac{\pi D^2}{4}$$

式中，C_{D}、C_{M} 为前面已经给出的黏性阻尼系数和惯性力系数。对于微幅波，

$$u(t)=\left(\omega\frac{\cosh kz}{\sinh kh}\right)\eta(t)=T_u(\omega)\eta(t)$$

$$a(t)=\left(\omega^2\frac{\cosh kz}{\sinh kh}\right)\eta(t)=T_a(\omega)\eta(t)$$

则在高度 z 处的水平速度和水平加速度谱密度分别是

$$S_u(\omega)=\left|T_u(\omega)\right|^2 S_\eta(\omega)$$

$$S_a(\omega)=\left|T_a(\omega)\right|^2 S_\eta(\omega)$$

其中，

$$\left|T_u(\omega)\right|^2=\left(\omega\frac{\cosh kz}{\sinh kh}\right)^2, \qquad \left|T_a(\omega)\right|^2=\left(\omega^2\frac{\cosh kz}{\sinh kh}\right)^2$$

分别为波动水质点水平速度及加速度的传递函数。

将式(7-71)改写成为

$$f(t)=f_{\mathrm{I}}(t)+f_{\mathrm{D}}(t) \tag{7-72}$$

其中，

$$f_{\mathrm{I}}(t)=C_2 a(t), \qquad f_{\mathrm{D}}(t)=C_1 u(t)\left|u(t)\right|$$

下面计算惯性波浪力 $f_{\mathrm{I}}(t)$ 及拖曳波浪力 $f_{\mathrm{D}}(t)$ 的自相关函数与速度和加速度自相关函数之间的关系，根据上面 f_{I} 的表达式有

$$f_{\mathrm{I}}(t)\cdot f_{\mathrm{I}}(t+\tau)=C_2^2 a(t)\cdot a(t+\tau)$$

即

$$R_{f_{\mathrm{I}}}(\tau)=C_2^2 R_a(\tau)$$

根据自相关函数和谱密度之间的 Fourier 变换关系，由上面的公式可以得到惯性波浪力谱 $S_{f_{\mathrm{I}}}(\omega)$ 和加速度谱 $S_a(\omega)$ 之间的关系为

$$S_{f_1}(\omega)=C_2^2S_a(\omega) \tag{7-73}$$

则高度 z 处的惯性波浪力谱为

$$S_{f_1}(\omega)=C_2^2\left|T_a(\omega)\right|^2S_\eta(\omega) \tag{7-74}$$

其中，

$$\left|T_a(\omega)\right|^2=\left[C_{\mathrm{M}}\rho\frac{\pi D^2}{4}\omega^2\frac{\cosh kz}{\sinh kh}\right]^2$$

是惯性波浪力的传递函数。

从 $z=0$ 到 $z=h$ 积分，得到整个圆柱上的惯性波浪力谱，为

$$S_{F_1}(\omega)=\left[C_{\mathrm{M}}\rho\frac{\pi D^2}{4}\frac{\omega^2}{k}\right]^2S_\eta(\omega) \tag{7-75}$$

对应的传递函数为

$$\left|T_{F_1}(\omega)\right|^2=\left[C_{\mathrm{M}}\rho\frac{\pi D^2}{4}\frac{\omega^2}{k}\right]^2 \tag{7-76}$$

由于拖曳力不是线性的，式(7-70)的转换关系在此处不成立，必须对其进行线性化处理。

利用 $C\Delta u$ (C 为常数)替代 $u|u|$，按照 $(u|u|-C\Delta u)^2$ 为一小量的条件求出 C。由于水平速度 u 可以视为平稳的随机过程，遵循正态分布，即有概率密度函数：

$$p(u)=\frac{1}{\sqrt{2\pi\sigma_u}}\exp\left(-\frac{u^2}{2\sigma_u^2}\right)$$

式中，σ_u^2 为水质点水平速度的方差，其与水平速度谱密度存在关系

$$\sigma_u^2=\int_0^\infty S_u(\omega)\mathrm{d}\omega$$

为了使 $(u|u|\cdot C\cdot u)^2$ 取得最小值，常数 C 的值由定义量

$$Q=\int_{-\infty}^{\infty}(u|u|-C\cdot u)^2p(u)\mathrm{d}u$$

的极值条件

$$\frac{\mathrm{d}Q}{\mathrm{d}C}=0$$

得到，为

$$C=\frac{\int_{-\infty}^{\infty}u^2|u|p(u)\mathrm{d}u}{\int_{-\infty}^{\infty}u^2p(u)\mathrm{d}u}=\frac{\sqrt{\dfrac{2}{\pi}}\sigma_u^3}{\dfrac{1}{2}\sigma_u^2}=\sqrt{\frac{8}{\pi}}\sigma_u \tag{7-77}$$

于是得到

$$u|u|=\sigma_u\sqrt{\frac{8}{\pi}}\cdot u$$

将在高度 z 处的圆柱拖曳力线性化，得

$$f_{\mathrm{D}}(t)=C_1\left[\sigma_u\sqrt{\frac{8}{\pi}}u(t)\right] \tag{7-78}$$

拖曳力自相关函数和速度自相关函数之间的关系式为

$$R_{f_{\mathrm{D}}}(\tau)=C_1^2\sigma_u^2\frac{8}{\pi}R_u(\tau)$$

因此有

$$S_{f_{\mathrm{D}}}(\omega)=C_1^2\sigma_u^2\frac{8}{\pi}S_u(\omega) \tag{7-79}$$

圆柱单位长度拖曳力谱为

$$S_{f_{\mathrm{D}}}(\omega)=\left(C_1\sigma_u\sqrt{\frac{8}{\pi}}\omega\frac{\cosh kz}{\sinh kh}\right)^2 S_\eta(\omega)=\left|T_{f_{\mathrm{D}}}(\omega)\right|S_\eta(\omega) \tag{7-80}$$

其中，

$$\left|T_{f_{\mathrm{D}}}(\omega)\right|=\left(\frac{1}{2}C_{\mathrm{D}}\rho D\sigma_u\sqrt{\frac{8}{\pi}}\omega\frac{\cosh kz}{\sinh kh}\right)^2 \tag{7-81}$$

为拖曳力传递函数；

$$\sigma_u^2=\int_0^{\infty}\left(\omega\frac{\cosh kz}{\sinh kh}\right)^2 S_\eta(\omega)\mathrm{d}\omega$$

整个圆柱上的拖曳力谱为式(7-80)的积分：

$$S_{F_{\mathrm{D}}}=\left(\frac{1}{2}C_{\mathrm{D}}\rho D\sqrt{\frac{8}{\pi}}\frac{\omega}{\sinh kh}\int_0^h\sigma_u\cosh kz\mathrm{d}z\right)^2 S_\eta(\omega) \tag{7-82}$$

对应的传递函数为

$$\left|T_{F_{\mathrm{D}}}(\omega)\right|=\left(\frac{1}{2}C_{\mathrm{D}}\rho D\sqrt{\frac{8}{\pi}}\frac{\omega}{\sinh kh}\int_0^h\sigma_u\cosh kz\mathrm{d}z\right)^2 \tag{7-83}$$

水平波浪力的自相关函数与水质点水平速度和水平加速度的自相关函数之间的关系式为

$$R_f(\tau)=\left(C_1\sigma_u\sqrt{\frac{8}{\pi}}\right)^2 R_u(\tau)+C_2^2R_a(\tau) \tag{7-84}$$

任一高度 z 处的波浪力谱为

$$S_f(\omega)=\left(C_1\sigma_u\sqrt{\frac{8}{\pi}}\omega\frac{\cosh kz}{\sinh kh}\right)^2 S_\eta(\omega)+\left(C_2\omega^2\frac{\cosh kz}{\sinh kh}\right)^2 S_\eta(\omega)$$

整个圆柱上总波浪力谱为

$$S_F(\omega)=\left(C_1\sigma_u\sqrt{\frac{8}{\pi}}\omega\frac{\omega}{\sinh kh}\int_0^h\sigma_u\cosh kz\mathrm{d}z\right)^2S_\eta(\omega)+\left(C_2\frac{\omega^2}{k}\right)^2S_\eta(\omega) \tag{7-85}$$

4．作用在大直径圆柱上的波浪力谱

把作用在大直径圆柱上的波浪力(唐友刚《海洋工程结构动力学》的结果)写成 Morison 公式的形式：

$$f(t)=-\frac{1}{2}C_{\mathrm{M}}\rho g\frac{\pi D^2}{4}kH\frac{\cosh kz}{\cosh kh}\sin\omega t \tag{7-86}$$

此时只存在惯性项，其中

$$C_{\mathrm{M}}=\frac{4\lambda^2}{\pi^3D^2\sqrt{\left(J_1'\frac{\pi D}{\lambda}\right)^2+\left(Y_1'\frac{\pi D}{\lambda}\right)^2}}$$

式中，J_1 为一阶 Bessel 函数；Y_1 为一阶 Neumann 函数。

当然，也可以把式(7-86)写为

$$f(t)=\left(C_{\mathrm{M}}\rho g\frac{\pi D^2}{4}k\frac{\cosh kz}{\cosh kh}\right)\eta(t) \tag{7-87}$$

由式(7-70)可知

$$S_f(\omega)=\left|T_f\right|^2S_\eta(\omega) \tag{7-88}$$

其中，

$$\left|T_f\right|^2=\left(C_{\mathrm{M}}\rho g\frac{\pi D^2}{4}k\frac{\cosh kz}{\cosh kh}\right)^2 \tag{7-89}$$

是大直径圆柱上的波浪力谱的传递函数。通过积分，可以获得作用在大圆柱上的总波浪力的传递函数。

5．波浪力的特征值

波浪力谱函数以非随机函数的形式描述了随机波浪力相对于频率的分布情况。但在工程设计中，有时还必须了解某些波浪力的特征值。

惯性波浪力与加速度、波面高度成正比，波面高度服从正态分布，波面高度极大值符合瑞利)(Rayleigh)分布，因此惯性波浪力的分布为正态分布，惯性波浪力极大值遵从瑞利分布。拖曳波浪力在经过线性化处理之后，其分布和惯性力相同，因此能够按照瑞利分布计算出不同的累积概率下的最大波浪力值。

最大总波浪力 F_{m} 的分布遵从瑞利分布，其概率密度为

$$p(F_{\mathrm{m}})=\frac{F_{\mathrm{m}}}{\sigma_F^2}\exp\left(-\frac{F_{\mathrm{m}}}{2\sigma_F^2}\right) \tag{7-90}$$

对应的累积概率为

$$F(F_{\mathrm{m}})=P\{F_{\mathrm{m}}\geqslant(F_{\mathrm{m}})_{F(\%)}\}=p(F_{\mathrm{m}})\mathrm{d}F_{\mathrm{m}}=\exp\left[-\frac{1}{2}\left(\frac{(F_{\mathrm{m}})_{F(\%)}}{\sigma_F}\right)^2\right] \tag{7-91}$$

则累积概率 $F(\%)$ 的最大总波浪力为

$$(F_{\mathrm{m}})_{F(\%)}=\left[2\ln\frac{1}{F(\%)}\right]^{1/2}\sigma_F=k_0\sigma_F \tag{7-92}$$

式中，σ_F 为总波浪力 F 的均方差，其计算公式为

$$\sigma_F=\sqrt{m_0}=\sqrt{\int_0^{\infty}S_F(\omega)\mathrm{d}\omega}=\sqrt{\int_0^{\infty}\left[S_{F_{\mathrm{D}}}(\omega)+S_{F_{\mathrm{I}}}(\omega)\right]\mathrm{d}\omega}$$

同样，可以计算出累积概率 $F(\%)$ 的最大总拖曳波浪力和最大总惯性波浪力，它们分别为

$$(F_{\mathrm{D,m}})_{F(\%)}=k_0\sigma_{F_{\mathrm{D}}}=k\sigma\sqrt{\int_0^{\infty}S_{F_{\mathrm{D}}}(\omega)\mathrm{d}\omega}$$

$$(F_{\mathrm{I,m}})_{F(\%)}=k_0\sigma_{F_{\mathrm{I}}}=k\sigma\sqrt{\int_0^{\infty}S_{F_{\mathrm{I}}}(\omega)\mathrm{d}\omega} \tag{7-93}$$

7.4　结构响应的统计分析

给定线性结构模型：

$$m\ddot{y}+c_1\dot{y}+k_1y=p_1(t) \tag{7-94}$$

在上述方程之中，载荷谱密度为已知，计算响应谱密度 $S_y(\omega)$ 和方差 σ_y^2。要应用式(7-94)，还必须计算出两个特定的响应函数，即频率响应函数和脉冲响应函数，其表达式分别为

$$H(\omega)=k_1(-m\omega^2+\mathrm{i}c_1\omega+k_1)^{-1} \tag{7-95}$$

$$h(t)=\frac{1}{m\omega_{\mathrm{d}}}\mathrm{e}^{-\xi\omega t}\sin\omega_{\mathrm{d}}t \tag{7-96}$$

式中，ω_{d} 为阻尼结构的共振频率。

7.4.1　傅里叶变换

经过傅里叶变换，可以获取频域响应函数和脉冲响应函数之间的关系，参考杜哈密(Duhamel)积分，将式(7-96)的稳态解写作卷积分的形式如下：

$$y(t)=\int_{-\infty}^{t}R_1(\tau)h(t-\tau)\mathrm{d}\tau \tag{7-97}$$

因为当 $\tau<0$ 时，$p_1(t)$ 等于零，所以可以利用 $\tau=-\infty$ 替代下限，$h(t-\tau)$ 是在 $t-\tau=0$ 时对单位脉冲的响应，当 $t-\tau<0$ 时，响应 y 为零，因为单位脉冲尚且不存在；当 $\tau>t$ 时，$h(t-\tau)=0$，因此可以把上限 $t=\tau$ 扩大到 $t=\infty$，这并不会改变这个积分值的大小，即

$$y=\int_{-\infty}^{\infty}p_1(\tau)h(t-\tau)\mathrm{d}\tau \tag{7-98}$$

现在定义一个变量变化，令 $t-\tau=\theta$，有 $\mathrm{d}\tau=\mathrm{d}\theta$。相应地，下限 $\tau=-\infty$ 变成 $\theta=\infty$。

因此，得到

$$y=\int_{\infty}^{-\infty} p_1(t-\theta)h(\theta)(-\mathrm{d}\theta) \tag{7-99}$$

或

$$y=\int_{-\infty}^{\infty} p_1(t-\theta)h(\theta)\mathrm{d}\theta \tag{7-100}$$

重新命名积分变量，令$\tau=\theta$，有

$$y=\int_{-\infty}^{\infty} p_1(t-\tau)h(\tau)\mathrm{d}\tau \tag{7-101}$$

为了表示$h(t)$和$H(\omega)$之间的关系，现在通过$H(\omega)$来表达解y，令

$$p_1(t)=p_0\mathrm{e}^{\mathrm{i}\omega t} \tag{7-102}$$

或

$$p_1(t-\tau)=p_0\mathrm{e}^{\mathrm{i}\omega t}\mathrm{e}^{-\mathrm{i}\omega t} \tag{7-103}$$

通过式(7-103)，式(7-101)可以写成

$$y=p_0\mathrm{e}^{\mathrm{i}\omega t}\int_{-\infty}^{\infty} h(\tau)\mathrm{e}^{-\mathrm{i}\omega t}\mathrm{d}\tau \tag{7-104}$$

由于式(7-94)的解还可以写成$y(t)=\dfrac{p_0}{k_1}H(\omega)\mathrm{e}^{\mathrm{i}\omega t}$，并且和式(7-95)及式(7-102)相协调，即

$$y=\frac{p_0}{k_1}H(\omega)\mathrm{e}^{\mathrm{i}\omega t} \tag{7-105}$$

令式(7-104)和式(7-105)相等，并且将变量τ写成t，接下来$H(\omega)$可以和$h(t)$建立起关系，即

$$\frac{1}{k_1}H(\omega)=\int_{-\infty}^{\infty} h(t)\mathrm{e}^{-\mathrm{i}\omega t}\mathrm{d}t \tag{7-106}$$

函数$H(\omega)$就是$h(t)$傅里叶变换。傅里叶变换由式(7-107)表示。

$$h(t)=\frac{1}{2\pi}\int_{-\infty}^{\infty}\frac{1}{k_1}H(\omega)\mathrm{e}^{\mathrm{i}\omega t}\mathrm{d}\omega \tag{7-107}$$

7.4.2　自相关函数

根据式(7-97)和自相关的定义可知，

$$\begin{aligned}R_y(\tau)&=E[y(t)y(t+\tau)]\\&=E\left[\int_{-\infty}^{\infty} h(\theta_1)p_1(t-\theta_1)\mathrm{d}\theta_1\int_{-\infty}^{\infty} h(\theta_2)p_1(t+\tau-\theta_2)\mathrm{d}\theta_2\right]\end{aligned} \tag{7-108}$$

在式(7-108)之中，为了避免混淆，用θ_1和θ_2替代τ，首先假设$y(t)$是平稳的，式(7-108)中的积分是收敛的，将$R_y(\tau)$项写成重积分并交换求均值及求积分之间的顺序，得

$$R_y(\tau)=E\left[\int_{-\infty}^{\infty}\int_{-\infty}^{\infty}h(\theta_1)h(\theta_2)p_1(t-\theta_1)p_1(t+\tau-\theta_2)\mathrm{d}\theta_1\mathrm{d}\theta_2\right]$$
$$=\int_{-\infty}^{\infty}\int_{-\infty}^{\infty}h(\theta_1)h(\theta_2)E[p_1(t-\theta_1)p_1(t+\tau-\theta_2)]\mathrm{d}\theta_1\mathrm{d}\theta_2 \tag{7-109}$$

再次假设 $p_1(t)$ 是平稳和各态历经的，则载荷的自相关函数与时间 t 无关。式(7-109)的被积函数中包含 $p_1(t)$ 的部分可以写为

$$E[p_1(t-\theta_1)p_1(t+\tau-\theta_2)]=R_{p_1}(\tau-\theta_2+\theta_1) \tag{7-110}$$

式(7-110)即具有时间滞后 $-\theta_2+\theta_1$ 的 $p_1(t)$ 的自相关函数，于是可以得到相应的自相关函数：

$$R_y(\tau)=\int_{-\infty}^{\infty}\int_{-\infty}^{\infty}h(\theta_1)h(\theta_2)R_{p_1}(\tau-\theta_2+\theta_1)\mathrm{d}\theta_1\mathrm{d}\theta_2 \tag{7-111}$$

7.4.3 响应的统计量

将响应的谱密度定义为自相关函数 $R_y(\tau)$ 的傅里叶变换，即

$$S_y(\omega)=\frac{1}{2\pi}\int_{-\infty}^{\infty}R_y(\tau)\mathrm{e}^{-\mathrm{i}\omega t}\mathrm{d}\tau \tag{7-112}$$

将式(7-111)代入式(7-112)，得

$$S_y(\omega)=\frac{1}{2\pi}\int_{-\infty}^{\infty}\mathrm{e}^{-\mathrm{i}\omega t}\mathrm{d}\tau\int_{-\infty}^{\infty}\int_{-\infty}^{\infty}h(\theta_1)h(\theta_2)R_{p_1}(\tau-\theta_2+\theta_1)\mathrm{d}\theta_1\mathrm{d}\theta_2 \tag{7-113}$$

变换式(7-113)中的积分顺序，并且注意到

$$\mathrm{e}^{\mathrm{i}\omega\theta_1}\mathrm{e}^{-\mathrm{i}\omega\theta_2}\mathrm{e}^{-\mathrm{i}\omega(\theta_1-\theta_2)}=1 \tag{7-114}$$

得

$$S_y(\omega)=\int_{-\infty}^{\infty}h(\theta_1)\mathrm{e}^{\mathrm{i}\omega\theta_1}\mathrm{d}\theta_1\cdot\int_{-\infty}^{\infty}h(\theta_2)\mathrm{e}^{-\mathrm{i}\omega\theta_2}\mathrm{d}\theta_2\cdot\frac{1}{2\pi}\int_{-\infty}^{\infty}R_{p_1}(\tau-\theta_2+\theta_1)\mathrm{e}^{-\mathrm{i}\omega(\tau-\theta_2+\theta_1)}\mathrm{d}\tau \tag{7-115}$$

分析式(7-106)，将(7-115)右端的两个积分分别写成 $H(-\omega)/k_1$ 和 $H(\omega)/k_1$，根据谱密度和自相关函数的傅里叶变换关系，可以将(7-115)的最后一项看作时间推移为 $-\theta_2+\theta_1$ 时，$p_1(t)$ 的功率谱密度 $S_{p_1}(\omega)$。前面两个积分的乘积是

$$\frac{1}{k_1^2}H(-\omega)H(\omega)=\frac{1}{k_1^2}|H(\omega)|^2 \tag{7-116}$$

式(7-115)变成

$$S_y(\omega)=\frac{1}{k_1^2}|H(\omega)|^2S_{p_1}(\omega) \tag{7-117}$$

根据传递函数 $G(\omega)$ 和波浪谱，就能够推导出式(7-94)表示的线性结构响应谱密度：

$$S_y(\omega)=\frac{|G(\omega)|^2S_\eta(\omega)}{(k_1-m\omega^2)^2+C_1^2\omega^2} \tag{7-118}$$

响应的方差为

$$\sigma_y^2=\int_{-\infty}^{\infty}\frac{\left|G(\omega)\right|^2 S_\eta(\omega)}{(k_1-m\omega^2)^2+C_1^2\omega^2}\mathrm{d}\omega \tag{7-119a}$$

$$\sigma_y^2=2\int_{0}^{\infty}\frac{\left|G(\omega)\right|^2 S_\eta(\omega)}{(k_1-m\omega^2)^2+C_1^2\omega^2}\mathrm{d}\omega \tag{7-119b}$$

对于线性结构，如果$\eta(t)$和$p(t)$都符合高斯(Gauss)分布，则响应$y(t)$也符合高斯分布。首先假设激励是高斯分布，那么$y(t)$超越极限值$\pm 3\sigma_y$的概率仅有0.26%，因此，如果静位移$y=\pm 3\sigma_y$所引起的最大应力在允许的范围之内，从结构力学的观点来看，这一个结构是符合实际情况的。但是，结构仍然存在由疲劳所导致的材料失效的可能性。

在式(7-104)中，取$\tau=0$，有

$$E(y^2)=R_y(0)=\int_{-\infty}^{\infty}\int_{-\infty}^{\infty}h_1(\theta_1)h_1(\theta_2)R_x(0-\theta_2+\theta_1)\mathrm{d}\theta_1\mathrm{d}\theta_2 \tag{7-120}$$

式中，$E(y^2)$为响应的均方值。如果已知输入和输出的谱密度分别是$S_x(\omega)$与$S_y(\omega)$，则输出的均方响应为

$$E(y^2)=R_y(0)=\int_{-\infty}^{\infty}S_y(\omega)\mathrm{d}\omega \tag{7-121}$$

根据$S_y(\omega)=\int_{-\infty}^{\infty}\left|H(\omega)\right|^2 S_x(\omega)\mathrm{d}\omega$有

$$E(y^2)=\int_{-\infty}^{\infty}\left|H(\omega)\right|^2 S_x(\omega)\mathrm{d}\omega \tag{7-122}$$

当输入为n个激励时，均方响应如式(7-123)所示。

$$E(y^2)=R_y(0)=\int_{-\infty}^{\infty}\sum_{i=1}^{n}\sum_{j=1}^{n}\overline{H_i}(\omega)H_j(\omega)S_{x_ix_j}(\omega)\mathrm{d}\omega \tag{7-123}$$

如果n个激励彼此独立，根据式(7-122)有

$$E(y^2)=\int_{-\infty}^{\infty}\sum_{i=1}^{n}\left|H_i(\omega)\right|^2 S_{x_i}(\omega)\mathrm{d}\omega=\sum_{i=1}^{n}\left[\int_{-\infty}^{\infty}\left|H_i(\omega)\right|^2 S_{x_i}(\omega)\mathrm{d}\omega\right] \tag{7-124}$$

式(7-124)说明，对于n个彼此独立的平稳激励，其均方响应就是每个随机激励均方响应的叠加。

【例7.1】 如图7-6所示的一个自升降钻井平台，假设3条柱腿的端部是完全固定的，即固定在沉垫上或者泥线之上，在甲板位置的桩腿是固定不动的。考虑小阻尼结构，并且其受到单方向平稳线性波的作用，有效波高$H_S=15\,\mathrm{m}$，波浪分布是P-M谱。海水的重量是ρg=1.010×10^4N/m，柱腿直径D=3.658m，惯性力系数$C_{\mathrm{M}}=2.0$，柱腿长度$l=80.77\mathrm{m}$，结构的无阻尼固有振动频率$\omega_0=1.36\mathrm{rad/s}$，等效质量$m$=6.459×$10^6$kg，等效刚度$k_1=1.19\times10^7\,\mathrm{N/m}$，阻尼系数$c_1=8.77\times10^5\,\mathrm{N\cdot m/s}$，根据单自由度模型来计算甲板水平位移的方差$\sigma_y^2$。假定波服从Gauss分布，根据$\pm 3\sigma_y$，计算并且解释下面的物理量：甲板水平位移、每条柱腿的水平剪力和倾覆力矩。

解　令y为甲板的绝对水平位移，列出结构的单自由度运动方程：

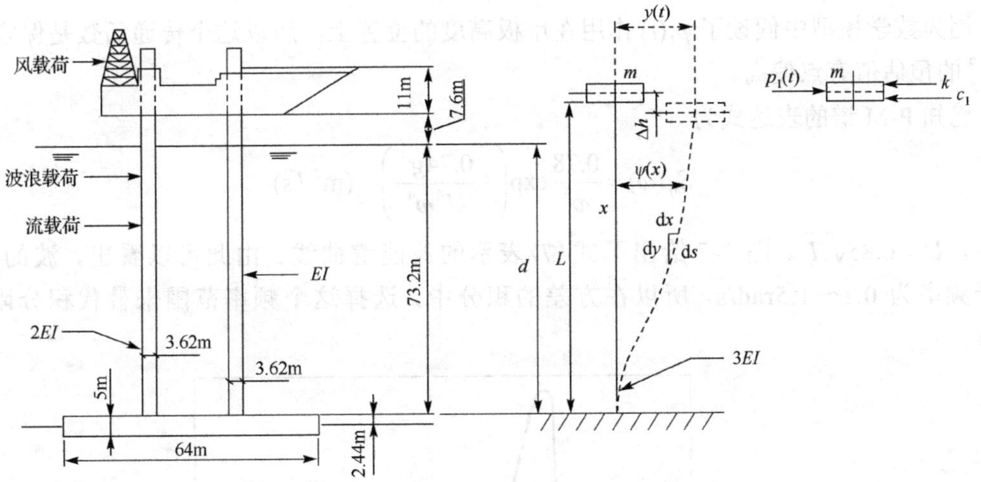

(a) 平台结构示意图 (b) 平台位移图 (c) 平台模块受力图

图 7-6 自升降钻井平台单自由度力学模型

$$m\ddot{y}+c_1\dot{y}+k_1y=p_1(t) \tag{1}$$

利用式(7-119a)可以明确甲板水平方向位移的方差。

下面确定方程(1)的各个参数，以及各个柱腿上波浪载荷的传递函数$G(\omega)$。假设惯性载荷是主要的，设定$C_D=0$，并且$z=-d$到$z=0$，对 Morsion 方程进行积分，即可以求得作用在 3 条柱腿上总的水平载荷$p_1(t)$，即

$$p_1(t)=3C_M\frac{\pi}{4}\rho D^2\int_{-d}^{0}\dot{u}\mathrm{d}z \tag{2}$$

式中，C_M为惯性力系数；D为柱腿直径；ρ为海水密度；u为海水的水平速度。假设作用在各个柱腿上的波浪力从统计的观点来看是彼此无关的，那么 3 条柱腿上波浪的水平加速度$\dot{u}$在实际上是相同的，令$X=0$是每条柱腿上水平质点的位置，根据线性小振幅波理论，得到单个波浪的水平加速度$\dot{u}$：

$$\dot{u}=-\frac{H}{2}\omega^2\frac{\cosh k(z+d)}{\sinh kd}\sin\omega t \tag{3}$$

式中，ω为波浪的圆频率，$\omega=2\pi/T$，T为波浪周期；$H/2=A$为波幅。将式(3)代入式(2)中，结果如下：

$$\frac{1}{H}p_1(t)=-\frac{3\pi}{8}\frac{\omega^2}{k}\rho D^2C_M\sin\omega t \tag{4}$$

如果考虑到深水波，波数与频率之间的关系可以简化成$\dfrac{\omega^2}{k}=g$，并且将其代入式(4)的右端，然后用复数符号表示这个结果，就可以得到所需的载荷传递函数，即

$$G(\omega)=\mathrm{i}\frac{3\pi}{8}\rho gD^2C_M\mathrm{e}^{\mathrm{i}\omega t} \tag{5}$$

因此，

$$|G(\omega)|^2=\left(\frac{3\pi}{8}\rho gD^2C_M\right)^2 \tag{6}$$

因为数学模型中假设了 $p_1(t)$ 作用在甲板高度的位置上，所以这个传递函数是保守的，即 σ_y^2 的预估值有点偏高。

已知 P-M 谱的表达式为

$$S_\eta(\omega)=\frac{0.78}{\omega^5}\exp\left(-\frac{0.74g^4}{U^4\omega^4}\right)\quad(\mathrm{m^2/s})\tag{7}$$

式中，$U=6.85\sqrt{H}$。图 7-7 给出了式(7)表示的波能谱曲线。由此可以看出，波的能量限于频率为 0.1～1.5rad/s，所以在方差的积分中，选择这个频率范围来替代积分限 $-\infty$ 和 ∞。

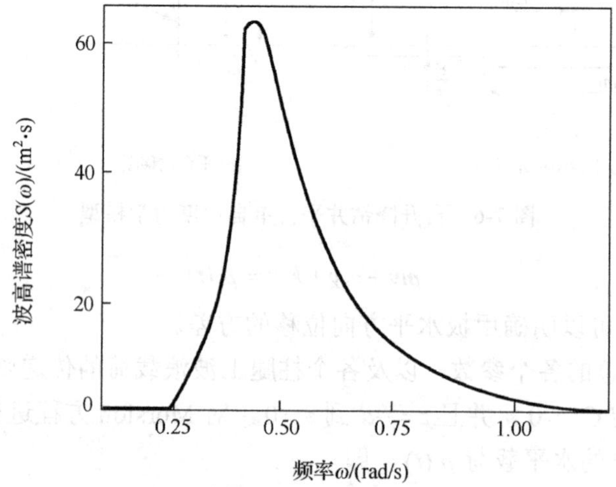

图 7-7 $H_S=15\mathrm{m}$ 时的 P-M 谱

将已知的参数代入式(7-119a)之中，得

$$\sigma_y^2=\int_{0.1}^{0.5}\frac{0.78}{\omega^5}\times\frac{\left(\dfrac{3}{8}\pi\times1.010\times10^4\times3.658^2\times2.0\right)^2\exp\left(-\dfrac{0.74\times9.81^4}{(6.85\times\sqrt{15})^4\omega^4}\right)}{(1.90\times10^7-6.459\times10^6\omega^2)^2+(8.77\times10^5)^2\omega^2}\mathrm{d}\omega=0.026\mathrm{m}^2$$

标准偏差或甲板水平位移的均方根为

$$\sigma_y=\sqrt{\sigma_y^2}=\sqrt{0.026}=0.160(\mathrm{m})$$

甲板允许的最大位移为

$$y_{\max}=3\sigma_y=0.160\times3=0.480(\mathrm{m})$$

对于每一个高斯过程而言，甲板的水平位移超过 $\pm3\sigma_y$ 范围的概率是 0.26%。

每条柱腿的最大水平剪力为

$$f_{\max}=\frac{k_1y_{\max}}{3}=\frac{1.190\times10^7\times0.480}{3}=1.904\times10^6(\mathrm{N})$$

每条柱腿的最大倾覆力矩为

$$M_{\max}=l\cdot f_{\max}=80.77\times1.904\times10^6=1.54\times10^8(\mathrm{N\cdot m})$$

第8章 有限元法

8.1 概述

要确定工程结构中任意一点的瞬时位置，就必须有无数个坐标，因此实际工程结构都具有无限多的自由度。质点、刚体等概念均为抽象化的力学模型，是以对工程结构的简化为基础的。将具有无限多自由度的工程结构简化为有限自由度的离散模型，这一过程称为对连续体动力模型的离散化。

在实际工程中，人们已提出了多种连续体动力学模型离散化的方法，其共同目的都是将无限自由度体系变为有限自由度体系，将偏微分方程化为近似的常微分方程，以便在计算机上进行数值求解。

有限元法(有限单元法)是目前应用最为广泛的一种数值离散化方法，本质是将连续体分为有限个小的单位元，且规定每个单位元共同遵守的一组变形形式为单元位移模式或插值函数，将每单元节点的位移记作描述整体结构变形的广义坐标，由此来描述连续体结构的位移曲线。结合变分直接法或伽辽金(Galerkin)法可以列出以节点位移为广义坐标的离散体结构的有限元运动方程。确定各节点的位移后，单元内部的位移值可以通过单元位移模式求出，进而求得应变和应力。由此，可将有限单元法的本质归结为，有限单元法是变分直接法或加权残值法中的一种特殊形式。有限单元法具备以下几个优点。

(1)计算程序简单：同类单元位移模式是相同的。

(2)因计算机进行数值求解：每个节点位移仅影响其邻近的单元，所以这个方法所得的方程大部分是非耦合的，最终形成稀疏的结构矩阵。

(3)不同于一般广义坐标法，该体系中广义坐标具有明确的物理意义，直接给出了节点的位移或力。

(4)增加有限单元的数目可以提高解的精度。

(5)分片多项式插值试函数的收敛性有保证。

上面从数学角度阐述了有限单元法的实质。实际上，有限单元法最初源于物理近似，在杆系结构的静力分析中，可以十分自然地把一个杆件看作离散后的一个单元。连续体力学有限单元法与杆系结构力学有限单元法具有相同的思路：将原结构从空间上分割为有限个单元结构，将原来的结构近似地看作这些单元的集合，其物理特性也近似地看作各单元的物理特性。因此，有限单元法的关键是对单元力学特性的分析。一旦单元的力学特性确定，由各单元在节点处的变形连续和受力平衡条件，即可以列出结构的近以运动方程。利用变分直接法或伽辽法推导有限元公式仅是一种数学解释。下面将以杆系结构为例来具体阐述有限单元法。

8.2 基本分析过程

对于一个结构，采用有限单元法建立体系运动方程的基本步骤可以总结如下。

(1) 将结构离散化，即将连续结构理想化为有限单元的集合。在有限元模型中，不同单元之间的连接点称为节点，连接不同的单元。而节点的位移(可以包括转角)定义为体系的自由度。

(2) 对于每个单元，可以建立单元的刚度矩阵 $\bar{\boldsymbol{K}}_e$、质量矩阵 $\bar{\boldsymbol{M}}_e$ 和单元的外力向量 $\bar{\boldsymbol{P}}(t)_e$ (相应于单元自由度的外力向量)，其中"¯"代表它们是在单元局部坐标系下的刚度矩阵、质量矩阵和外力向量。

(3) 将局部坐标系中的 $\bar{\boldsymbol{K}}_e$、$\bar{\boldsymbol{M}}_e$ 和 $\bar{\boldsymbol{P}}(t)_e$ 通过单元局部坐标和体系整体坐标之间的坐标转换矩阵 $\boldsymbol{T}_e$，转换成整体坐标系下的单元刚度矩阵 $\boldsymbol{K}_e$、质量矩阵 $\boldsymbol{M}_e$ 和外力向量 $\boldsymbol{P}(t)_e$，这一过程为

$$\begin{cases}\boldsymbol{K}_e=\boldsymbol{T}_e^{\mathrm{T}}\bar{\boldsymbol{K}}_e\boldsymbol{T}_e\\ \boldsymbol{M}_e=\boldsymbol{T}_e^{\mathrm{T}}\bar{\boldsymbol{M}}_e\boldsymbol{T}_e\\ \boldsymbol{P}(t)_e=\boldsymbol{T}_e^{\mathrm{T}}\bar{\boldsymbol{P}}(t)_e\boldsymbol{T}_e\end{cases}\tag{8-1}$$

(4) 将总体坐标下的单元刚度矩阵、质量矩阵和外力向量进行总装，集成结构体系的总体刚度矩阵 $\boldsymbol{K}$、质量矩阵 $\boldsymbol{M}$ 和外力向量 $\boldsymbol{P}(t)$，即

$$\begin{cases}\boldsymbol{K}=\sum\limits_{e=1}^{N_e}\boldsymbol{A}_e\boldsymbol{K}_e\\ \boldsymbol{M}=\sum\limits_{e=1}^{N_e}\boldsymbol{A}_e\boldsymbol{M}_e\\ \boldsymbol{P}(t)=\sum\limits_{e=1}^{N_e}\boldsymbol{A}_e\boldsymbol{P}(t)_e\end{cases}\tag{8-2}$$

式中，N_e 为单元总数；$\boldsymbol{A}_e$ 为单元矩阵向总体矩阵总装的集成关系矩阵。

(5) 形成总体结构有限元模型的运动方程：

$$\boldsymbol{M}\ddot{\boldsymbol{u}}+\boldsymbol{C}\dot{\boldsymbol{u}}+\boldsymbol{K}\boldsymbol{u}=\boldsymbol{P}(t)\tag{8-3}$$

式中，$\boldsymbol{u}$ 为单元节点系位移向量；$\boldsymbol{C}$ 为阻尼矩阵，可以按 Rayleigh 阻尼假设形成。

有限元模型的节点系运动方程与前面讲到的框架结构的运动方程在形式上完全相同，只是这两者的单元刚度矩阵和质量矩阵的表示形式不同。因此，前面介绍的结构动力方程的解法，如振型叠加法、时域逐步积分法等均适用于此类问题。

在以下各节中，将以一维梁为例说明采用有限单元法分析时的各主要环节，并给出简单的算例，通过算例说明有限元模型用于结构动力响应分析时的精度。

8.3 有限元法单元位移模式及插值函数的构造

在有限元法中，一般将多项式作为单元的位移模式或称位移函数的近似函数。这主要

是因为多项式运算简便，并且随着项数的增多，可以以任意精度逼近任何一段光滑的函数曲线。当然，多项式的选取应由低阶次到高阶次。

考虑长为 L、截面抗弯刚度为 $EI(x)$、抗拉刚度为 $EA(x)$、质量线密度为 $m(x)$ 的一个有限元梁单元，单元的两个节点位于两端，仅考虑平面内变形，忽略轴向变形，则由结构力学知识可知，此单元每一个节点有两个自由度，即横向位移和转角，如图 8-1 所示。如果还要考虑梁的轴向变形，还需在单元的两个端点各增加一个沿梁轴向位移的自由度。

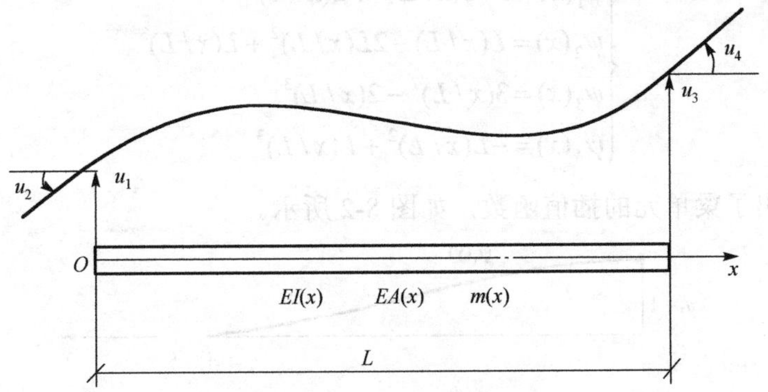

图 8-1　梁单元的节点自由度

梁单元的挠曲线可以表示为

$$u(x,t)=\sum_{i=1}^{4}\psi_i(x)u_i(t)=[\psi_1(x),\psi_2(x),\psi_3(x),\psi_4(x)]\begin{Bmatrix}u_1(t)\\u_2(t)\\u_3(t)\\u_4(t)\end{Bmatrix}=\boldsymbol{N}\boldsymbol{u}_e \tag{8-4}$$

式中，$u_i(t)(i=1,2,3,4)$ 为两节点的横向位移和转角，即广义坐标；$\psi_i(x)$ 为相应于 $u_i(t)$ 的形函数或称插值函数；$\boldsymbol{N}=\left[\psi_1(x),\psi_2(x),\psi_3(x),\psi_4(x)\right]$ 为形函数矩阵；$\boldsymbol{u}_e=[u_1(t),u_2(t),u_3(t),u_4(t)]^{\mathrm{T}}$ 为单元节点位移向量。

所定义的 $\psi_i(x)$ 应满足如下边界条件：

$$\begin{cases}\psi_1(0)=1,\psi_1'(0)=\psi_1(L)=\psi_1'(L)=0\\\psi_2'(0)=1,\psi_2(0)=\psi_2(L)=\psi_2'(L)=0\\\psi_3(L)=1,\psi_3(0)=\psi_3'(0)=\psi_3'(L)=0\\\psi_4'(L)=1,\psi_4(0)=\psi_4'(0)=\psi_4(L)=0\end{cases} \tag{8-5}$$

插值函数 $\psi_i(x)(i=1,2,3,4)$ 可以是满足式(8-5)的任意函数。一种选择是用满足以上边界条件的精确解，如对于 $\psi_1(x)$，应用给出的相应的四个边界条件，就可以完全确定其(静力)解析解。当梁单元的刚度沿梁长变化时，很难精确求解，但如果梁的刚度（EI）是均匀的，则容易求得分别满足不同边界条件的精确解并作为插值函数。将得到的精确解并作为插值函数，可以提高有限元解的精度，但是有时求解此精确解本身就很难。下面介绍推导单元插值函数的一般方法。

一个插值函数有四个边界条件，可以用来确定四个未知系数，把插值函数设为多项式，如果选用三次多项式，则未知系数的个数正好为四个，因此可以选

$$\psi_i(x)=a_i+b_i\left(\frac{x}{L}\right)+c_i\left(\frac{x}{L}\right)^2+d_i\left(\frac{x}{L}\right)^3 \quad (i=1,2,3,4) \tag{8-6}$$

式中，a_i、b_i、c_i、d_i 分别为待定的未知系数。为方便起见，将以上多项式写成无量纲形式。将式(8-6)给出的各插值函数分别代入式(8-5)给出的相应边界条件，可求得各插值函数的待定系数，最后得到满足式(8-5)的插值函数为

$$\begin{cases}\psi_1(x)=1-3(x/L)^2+2(x/L)^3\\ \psi_2(x)=L(x/L)-2L(x/L)^2+L(x/L)^3\\ \psi_3(x)=3(x/L)^2-2(x/L)^3\\ \psi_4(x)=-L(x/L)^2+L(x/L)^3\end{cases} \tag{8-7}$$

式(8-7)给出了梁单元的插值函数，如图 8-2 所示。

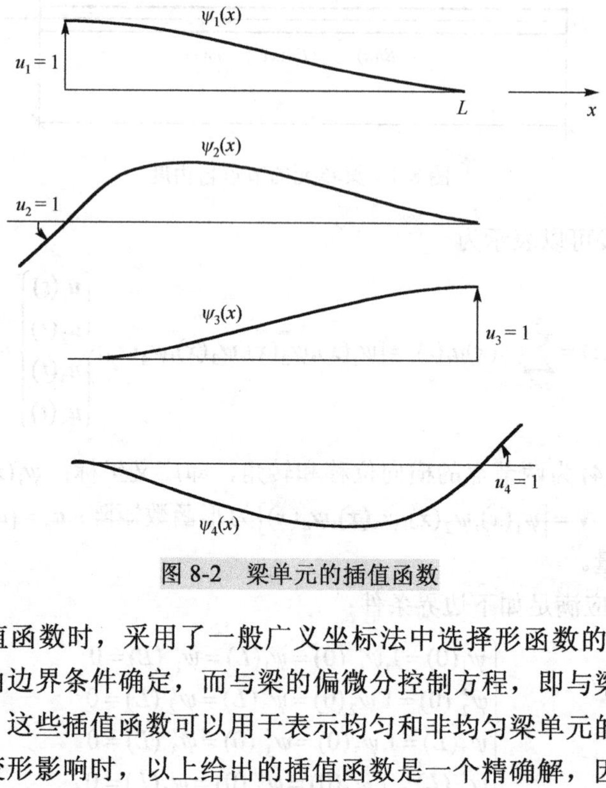

图 8-2　梁单元的插值函数

在确定以上插值函数时，采用了一般广义坐标法中选择形函数的条件，即由式(8-7)给出的插值函数仅由边界条件确定，而与梁的偏微分控制方程，即与梁的力学性质及其横向载荷无关。因此，这些插值函数可以用于表示均匀和非均匀梁单元的位移。对于均匀梁单元，不考虑剪切变形影响时，以上给出的插值函数是一个精确解，因为此时梁单元的控制微分方程(无横向载荷)为

$$EI\frac{\mathrm{d}^4u}{\mathrm{d}x^4}=0$$

而式(8-7)给出的插值函数为三次多项式，满足运动控制方程和给定的边界条件，因此与结构力学中弯曲梁理论解相比是精确解。对于非均匀梁，控制方程为

$$(EI(x)u'')''=EI''(x)u''+EI(x)u''''=0$$

则三次多项式不一定总能满足控制方程，因此对于非均匀梁，式(8-7)给出的插值函数是近似的。

对于二维和三维问题，构造的插值函数一般很难满足单元边界线(二维)或边界面(三维)上的位移和应力边界条件，因此以上方法用于二维或三维问题时，即使结构是均匀的，得到的插值函数也可能不是精确解。但是，这种构造插值函数的方法能够简化问题，得到相应的近似解。

8.4 有限元分析中的基本要素

在进行结构体系的有限元分析之前需要建立体系有限元模型的运动方程。该过程涉及体系的刚度矩阵、质量矩阵和外载荷引起的节点力向量，一旦这些构成运动方程的基本要素确定了，就建立了体系的运动方程。下面将介绍梁单元的刚度矩阵、质量矩阵和等效节点载荷向量的基本概念和计算方法。

8.4.1 单元刚度矩阵

设 $\boldsymbol{f}_e=[f_1,f_2,f_3,f_4]^{\mathrm{T}}$ 为梁单元广义坐标 $\boldsymbol{u}_e=[u_1,u_2,u_3,u_4]^{\mathrm{T}}$ 对应的节点力向量，则单元刚度矩阵为

$$\begin{Bmatrix} f_1 \\ f_2 \\ f_3 \\ f_4 \end{Bmatrix}=\begin{bmatrix} k_{11}^e & k_{12}^e & k_{13}^e & k_{14}^e \\ k_{21}^e & k_{22}^e & k_{23}^e & k_{24}^e \\ k_{31}^e & k_{32}^e & k_{33}^e & k_{34}^e \\ k_{41}^e & k_{42}^e & k_{43}^e & k_{44}^e \end{bmatrix}\begin{Bmatrix} u_1 \\ u_2 \\ u_3 \\ u_4 \end{Bmatrix} \tag{8-8}$$

刚度影响系数 $k_{i,j}^e$ 利用虚功原理可以容易地计算出来。

当单元节点产生一虚位移 δu 时，梁的内力虚功可以表示为

$$W_{\mathrm{I}}=\int_0^l \delta\left(\frac{\partial^2 u}{\partial x^2}\right)EI(x)\frac{\partial^2 u}{\partial x^2}\mathrm{d}x \tag{8-9}$$

曲率 $\dfrac{\partial^2 u}{\partial x^2}$ 可以表示为

$$\frac{\partial^2 u}{\partial x^2}=[\psi_1''(x),\psi_2''(x),\psi_3''(x),\psi_4''(x)]\boldsymbol{u}_e=\boldsymbol{B}\boldsymbol{u}_e \tag{8-10}$$

式中，$\boldsymbol{B}=[\psi_1''(x),\psi_2''(x),\psi_3''(x),\psi_4''(x)]$。

将式(8-10)代入式(8-9)有

$$W_{\mathrm{I}}=\{\delta\boldsymbol{u}_e^{\mathrm{T}}\}\left(\int_0^l \boldsymbol{B}^{\mathrm{T}}EI(x)\boldsymbol{B}\mathrm{d}x\right)\boldsymbol{u}_e \tag{8-11}$$

梁单元点的外力虚功可以表示为

$$W_{\mathrm{E}}=\delta\boldsymbol{u}_e^{\mathrm{T}}\boldsymbol{f}_e \tag{8-12}$$

由虚功原理可知

$$W_{\mathrm{I}}=W_{\mathrm{E}} \tag{8-13}$$

将式(8-11)和式(8-12)代入式(8-13)可得单元节点力和节点位移的关系式，即

$$\boldsymbol{f}_e = \left(\int_0^l \boldsymbol{B}^{\mathrm{T}} EI(x) \boldsymbol{B} \mathrm{d}x\right) \boldsymbol{u}_e = \boldsymbol{K}_e \boldsymbol{u}_e \tag{8-14}$$

式中，刚度矩阵 $\boldsymbol{K}_e$ 中的元素为

$$k_{ij}^e = \int_0^l EI(x) \psi_i''(x) \psi_j''(x) \mathrm{d}x \tag{8-15}$$

当梁是等截面直梁时，由式(8-7)可导得弯曲梁单元的刚度矩阵为

$$\boldsymbol{K}_e = \frac{2EI}{L^3} \begin{bmatrix} 6 & -6 & 3l & 3l \\ -6 & 6 & -3l & -3l \\ 3l & -3l & 2l^2 & l^2 \\ 3l & -3l & l^2 & 2l^2 \end{bmatrix} \tag{8-16}$$

上述结果与用初等梁理论给出的解析解是完全相同的，即对于均匀弯曲梁，采用插值函数得到的梁的刚度矩阵是精确的，也就说明对于均匀梁，前面定义的插值函数是精确的。

式(8-16)给出的刚度矩阵 $\boldsymbol{K}_e$ 是在局部坐标系下的 4×4 阶单元刚度矩阵，仅反映梁单元横向线位移和转角自由度的影响，未考虑轴向变形的影响。如果把两个梁端与轴向相应的刚度考虑在内，局部坐标系下的单元刚度矩阵成为 6×6 阶的矩阵，相应于两个端点的轴向位移自由度的刚度为

$$\boldsymbol{K}_{Ne} = \begin{bmatrix} \dfrac{EA}{L} & -\dfrac{EA}{L} \\ -\dfrac{EA}{L} & \dfrac{EA}{L} \end{bmatrix} \tag{8-17}$$

在得到扩展的局部坐标系下的单元刚度矩阵后，可通过坐标转换矩阵 $\boldsymbol{T}_e$ 将局部坐标系下的单元刚度矩阵转换成整体坐标下的单元刚度矩阵，而 $\boldsymbol{T}_e$ 仅与梁单元的方向角 θ_e 有关(图 8-3)，即

$$\boldsymbol{T}_e = \begin{bmatrix} \cos\theta_e & \sin\theta_e & 0 & 0 & 0 & 0 \\ -\sin\theta_e & \cos\theta_e & 0 & 0 & 0 & 0 \\ 0 & 0 & 1 & 0 & 0 & 0 \\ 0 & 0 & 0 & \cos\theta_e & \sin\theta_e & 0 \\ 0 & 0 & 0 & -\sin\theta_e & \cos\theta_e & 0 \\ 0 & 0 & 0 & 0 & 0 & 1 \end{bmatrix} \tag{8-18}$$

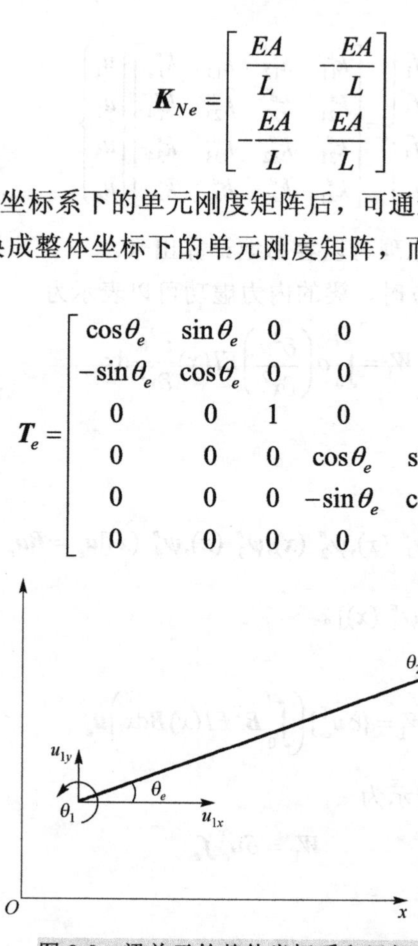

图 8-3　梁单元的整体坐标系和局部坐标系

在整体坐标系中，单元自由度的顺序为$[u_{1x},u_{1y},\theta_1,u_{2x},u_{2y},\theta_2]$，下标中 1 和 2 代表梁单元的两个节点。

8.4.2　单元质量矩阵

1. 一致质量矩阵

质量影响系数 m_{ij} 是在体系处于平衡位置时，单位加速度 $(\ddot{u}_j=1)$ 引起的惯性力在 u_i 方向上产生的约束反力。可用类似于分析单元刚度矩阵的方法来计算 m_{ij}。

如图 8-4 所示，单位加速度 $\ddot{u}_3=1$ 引起的惯性力为

$$f_1(x)=-m(x)\ddot{u}(x,t)=-m(x)\psi_3(x)\ddot{u}_3=m(x)\psi_3(x) \tag{8-19}$$

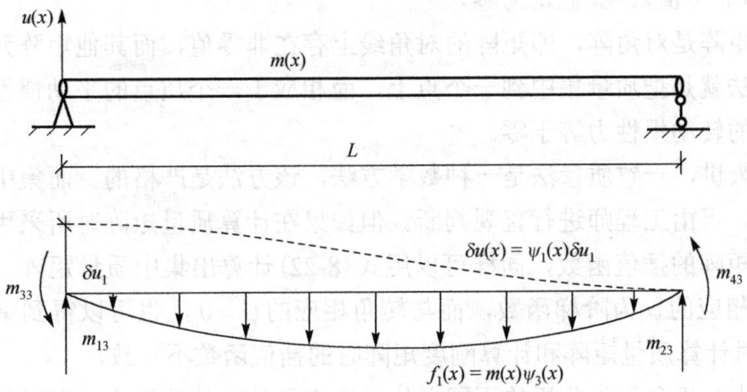

图 8-4　一致质量矩阵求解示意图

引入一个竖向虚位移 δu_i，对应的杆内虚位移和节点约束反力分别为 $\delta u(x)=\psi_1(x)\delta u_1$ 和 m_{13}。由于杆处于平衡位置，同时不考虑自重引起的弹性力，则杆的弹性内力 $M=0$。由虚功原理得

$$m_{13}\delta u_1-\int_0^L f_1(x)\delta u(x)\mathrm{d}x=0 \tag{8-20}$$

于是可导出

$$m_{13}=\int_0^L m(x)\psi_3(x)\psi_1(x)\mathrm{d}x \tag{8-21}$$

同理，可得一般公式为

$$m_{ij}=\int_0^L m(x)\psi_i(x)\psi_j(x)\mathrm{d}x \tag{8-22}$$

对于均布质量 $m(x)=m$，单元质量矩阵为

$$\bar{\boldsymbol{M}}_e^C=\frac{mL}{420}\begin{bmatrix}156 & 22L & 54 & -13L\\ 22L & 4L^2 & 13L & -3L^2\\ 54 & 13L & 156 & -22L\\ -13L & -3L^2 & -22L & 4L^2\end{bmatrix} \tag{8-23}$$

当单元质量矩阵按计算单元刚度矩阵的插值函数进行计算时，所得到的质量矩阵称为“一致质量矩阵”，式(8-23)中的上标“C”代表一致质量。

2．集中质量矩阵

单元集中质量矩阵指的是将单元分布的质量集中成质量块放在梁单元的两个端点上。规定质量块的体积等于零，质量之和等于梁单元的总质量 mL，此时根据质量矩阵元素 m_{ij} 的定义，可得到梁单元的集中质量矩阵为

$$\bar{\boldsymbol{M}}_e^L = mL\begin{bmatrix} 0.5 & 0 & 0 & 0 \\ 0 & 0 & 0 & 0 \\ 0 & 0 & 0.5 & 0 \\ 0 & 0 & 0 & 0 \end{bmatrix} \tag{8-24}$$

式(8-24)中上标“L”代表集中质量。对于集中质量模型，仅相应于两端点的线位移自由度上有质量(非零值)，其他均为零。

集中质量矩阵是对角阵，即矩阵的对角线上存在非零值，而其他矩阵元素值均为零。因为集中质量法就是把质量集中到一个点上，而相应于一个质点的平动惯性力就作用在质点本身，质点的转动惯性力等于零。

从数学上来讲，一致质量法是一种数学方法，该方法是严格的。而集中质量法是一种工程处理方法，可由工程师进行直观判断。但如果在计算质量矩阵时所采用的插值函数不同于计算刚度矩阵的插值函数，同样可以用式(8-22)计算出集中质量矩阵。例如，假定与线位移自由度相应的 ψ 为阶梯函数，而与转角相应的 $\psi = 0$，也可以得到集中质量矩阵式(8-24)，但此时计算质量矩阵和计算刚度矩阵时的插值函数不一致。

结构的动力分析和静力分析的不同之处是考虑了体系的惯性力，即质量，因为在动力问题中，质量矩阵的形成及性质是一个有较大影响的因素，所以下面进一步对比讨论集中质量和一致质量的特点及优缺点。

在结构动力响应分析中，与一致质量法相比，集中质量法的最主要的优点是节省计算量和计算时间，主要有以下两个原因。

(1)集中质量矩阵是对角的，而一致质量矩阵是非对角的，因此无论是质量矩阵的形成还是求解，前者均省时省力。

(2)集中质量法中与转动自由度相应的转动惯量等于零，因此在动力分析中，转动自由度可以通过静力凝聚法消去，使结构体系的动力自由度降低一半。而一致质量法中所有的转动自由度都属于动力自由度。

一致质量法也有其优点，主要有以下两点。

(1)在采用同样的单元数目时，一致质量法的计算精度高；增大单元数目(即结构被细分时)，一致质量法能够更快地收敛于精确解。但在实际问题中，对于很多工程结构，节点扭转惯性力的影响一般是不显著的，因此该改进常常是有限的。

(2)在一致质量法中，势能和动能值的计算采用了一致的方法，这样就可以知道计算的自振频率与相应的精确自振频率的关系。

在实际问题中，一致质量法为提高精度往往会造成额外过多的工作量，因此集中质量法得到了广泛的应用。

对于结构模态分析，一致质量模型的自振频率高于实际结构，而集中质量模型的自振频率则低于实际结构，因此也会采用混合质量法进行相应分析。

3. 混合质量矩阵

混合质量有限元模型中质量矩阵为集中质量矩阵和一致质量矩阵的加权叠加，即

$$\bar{\boldsymbol{M}}_e^H = (1-\beta)\bar{\boldsymbol{M}}_e^L + \beta\bar{\boldsymbol{M}}_e^C \tag{8-25}$$

式中，β为加权系数，在[0,1]取值，当$\beta=0$时，为集中质量矩阵；当$\beta=1$时，为一致质量矩阵。

从不同的角度出发，研究β的取值对有限元动力模拟精度的影响，结果发现，一般情况下，取$\beta=0.5$时，混合质量模型具有较理想的模拟精度，因此通常取

$$\bar{\boldsymbol{M}}_e^H = 0.5\bar{\boldsymbol{M}}_e^L + 0.5\bar{\boldsymbol{M}}_e^C \tag{8-26}$$

处理质量矩阵时可采用类似于处理刚度矩阵的方法，即将单元4×4阶质量矩阵扩展成6×6阶质量矩阵，再通过坐标转换矩阵$\boldsymbol{T}_e$把相应于局部坐标系下的单元质量矩阵转换成总体坐标系下的单元质量矩阵，为

$$\boldsymbol{M}_e = \boldsymbol{T}_e^{\mathrm{T}}\bar{\boldsymbol{M}}_e\boldsymbol{T}_e$$

8.4.3 等效节点载荷

如果外载荷$P_i(t)$（$i=1,2,3,4$）直接施加在单元两个节点的四个自由度之上，则可以直接写出单元外载荷向量：

$$\boldsymbol{P}(t)_e = \begin{Bmatrix} P_1(t) \\ P_2(t) \\ P_3(t) \\ P_4(t) \end{Bmatrix} \tag{8-27}$$

式中，$P_2(t)$和$P_4(t)$为作用于转动自由度上的弯矩。

如果外载荷是作用于梁中的分布载荷$P(x,t)$和集中载荷$P_j'(t)$（作用在x_j点上），则由之产生的作用于第i个自由度的节点载荷为

$$P_i(t) = \int_0^L P(x,t)\psi_i(x)\mathrm{d}x + \sum_j P_j'(t)\psi_i(x_j) \tag{8-28}$$

如果式(8-28)中插值函数的选取与推导刚度矩阵时的插值函数相同，则得到的节点载荷称为一致节点载荷(力)。此外，也可以采用精度稍低但相对简单的插值函数——线性插值函数，即

$$\psi_1(x) = 1-\frac{x}{L}, \qquad \psi_3(x) = \frac{x}{L}$$

来形成节点载荷，这样给出的节点力是与梁单元两端节点的线位移自由度相对应的，而节点弯矩等于零。将4×1的单元节点力向量扩展为6×1的单元节点力向量，最后通过坐标转换矩阵，形成整体坐标系下的单元节点力向量。

上述工作完成后，通过总装，可形成体系的总体刚度矩阵、质量矩阵、外载荷向量，再采用阻尼理论假设得到体系的总体阻尼矩阵，可得到体系的运动方程式。

第 9 章　连续结构体系振动

对于很长的梁、海底管线及系泊缆索等这类外形细长的线形结构，为准确描述其振动(运动)形式，应采用连续系统模型。该系统中，位移是几何坐标与时间坐标的连续函数，需要用无限个自由度描述其在任意时刻、任意位置的振动，在数学上，一般会采用偏微分方程解决此类问题。本章主要讨论两种典型的连续线性结构——梁式结构与系泊缆索结构，并且建立相应的数学模型辅以相关实例，求解其自由振动频率、振型及强迫振动响应。

9.1　梁和缆索振动方程与固有振动分析

9.1.1　振动方程的建立

图 9-1 为梁或者缆索类结构的模型简图。该结构单位长度有效质量是 $\overline{m}$，长度为 l，结构的纵向轴 x 相交于端部固定点。离开它的平衡位置 $y=0$ 的横向动力位移为 $y=y(x,t)$，并假定这个位移足够小，以便保证斜率 $\theta=\partial y/\partial x<<l$ 始终成立。假设梁在垂直平面内振动，符合经典梁理论。从距离左端 x 位置取长度为 $\mathrm{d}x$ 的隔离体，并施加相邻结构的作用力和力矩，包括弯矩 M_{B}、横向剪力 Q 和拉伸载荷 P，单位长度的横向激励力 $\overline{q}=\overline{q}(x,t)$，以及单位长度的线性阻尼力 $\overline{c}\dot{y}$，微元上的分布载荷 $\overline{q}\mathrm{d}x$ 和阻尼力 $\overline{c}\dot{y}\mathrm{d}x$ 作用在微元的中心。当结构的变形斜率很小时，θ、M、Q 和 P 产生一阶变化，即

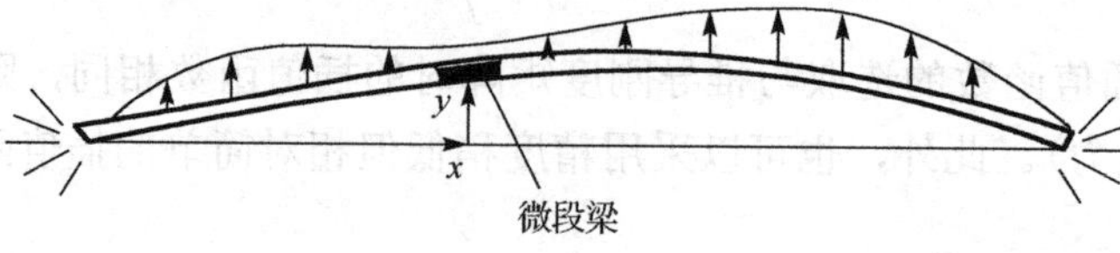

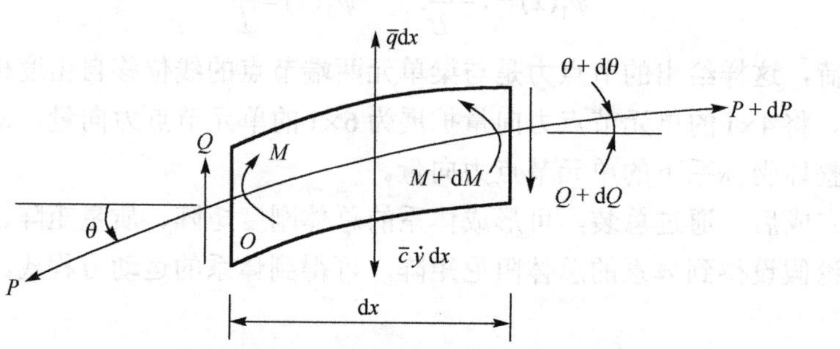

图 9-1　梁或者缆绳类结构的模型简图

$$\begin{cases} \theta + \mathrm{d}\theta \approx \dfrac{\partial y}{\partial x} + \dfrac{\partial^2 y}{\partial x^2}\mathrm{d}x \\ M + \mathrm{d}M \approx M + \dfrac{\partial M}{\partial x}\mathrm{d}x \\ Q + \mathrm{d}Q \approx Q + \dfrac{\partial Q}{\partial x}\mathrm{d}x \\ P + \mathrm{d}P \approx P + \dfrac{\partial P}{\partial x}\mathrm{d}x \end{cases} \tag{9-1}$$

对图 9-1 所示的微元利用牛顿第二定律建立竖向力的平衡方程，得

$$\sum F_y = \overline{m}\mathrm{d}x \frac{\partial^2 y}{\partial t^2} \tag{9-2}$$

因此，

$$-P\theta + (P + \mathrm{d}P)(\theta + \mathrm{d}\theta) + Q - (Q + \mathrm{d}Q) + \overline{q}\mathrm{d}x - \overline{c}\frac{\partial y}{\partial t}\mathrm{d}x = \overline{m}\mathrm{d}x\frac{\partial^2 y}{\partial t^2}$$

综合式(9-1)和式(9-2)并展开，略去 $\mathrm{d}x$ 的高阶小量 $(\mathrm{d}x)^2$、$(\mathrm{d}x)^3$ 等，得

$$-\frac{\partial Q}{\partial x} + \frac{\partial}{\partial x}\left(P - \frac{\partial y}{\partial x}\right) + \overline{q} - \overline{c}\frac{\partial y}{\partial t} = \overline{m}\frac{\partial^2 y}{\partial t^2} \tag{9-3}$$

忽略转动惯量的影响，对图 9-1 所示微元的左下角点 O 求力矩和，并令其等于零。由于海洋结构物的梁和缆绳的频率较低(低于 100Hz)，转动的能量远小于横向运动的能量。由微段力矩平衡方程，得

$$M - (M + \mathrm{d}M) - \overline{q}\mathrm{d}x\left(\frac{\mathrm{d}x}{2}\right) + \overline{c}\dot{y}\mathrm{d}x\left(\frac{\mathrm{d}x}{2}\right) + (y + \mathrm{d}y)\mathrm{d}x = 0 \tag{9-4}$$

应注意到，P 和 $P + \mathrm{d}P$ 可以产生绕点 O 的力矩，式中含有 $(\mathrm{d}x)^2$ 项。忽略所有这样的高阶项，由式(9-4)可以得到剪力，为

$$Q = \frac{\partial M}{\partial x} \tag{9-5}$$

对弹性构件而言，由材料力学中的梁理论得

$$M = EI\frac{\partial^2 y}{\partial x^2} \tag{9-6}$$

式中，EI 为抗弯刚度。对式(9-5)、式(9-6)求导，综合结果可得

$$\frac{\partial Q}{\partial x} = \frac{\partial^2 M}{\partial x^2} = \frac{\partial^2}{\partial x^2}\left(EI\frac{\partial^2 y}{\partial x^2}\right) \tag{9-7}$$

综合式(9-7)和式(9-3)，得出方程

$$\frac{\partial^2}{\partial x^2}\left(EI\frac{\partial^2 y}{\partial x^2}\right) - \frac{\partial}{\partial x}\left(P\frac{\partial y}{\partial x}\right) + \overline{c}\frac{\partial y}{\partial t} + \overline{m}\frac{\partial^2 y}{\partial t^2} = \overline{q}(x,\ t) \tag{9-8}$$

式(9-8)即 Bernoulli-Euler 线性动力梁-缆绳方程的一般形式。式(9-8)中 EI、P 和 $\overline{m}$ 是

x 的任意函数，激励载荷 $\overline{q}(x,t)$ 是 x 和 t 的任意函数。对于水下的梁或缆绳，一种合理的阻尼力形式为

$$F_{\mathrm{D}}=c'\frac{\partial y}{\partial t}\cdot\left|\frac{\partial y}{\partial t}\right| \tag{9-9}$$

式中，c'为实验常数，通常取决于结构的振动频率。在“速度平方”阻尼中，绝对值符号保证了阻尼力始终与运动方向相反。为求封闭形式的解，本章假定阻尼力是线性的。

为了得到式(9-8)的唯一解，必须首先确定初始条件和边界条件。对于缆绳（$EI=0$）和梁（$EI>0$），必须提供下列两个初始条件：

$$\begin{cases} y(x,t)\big|_{t=0}=y(x,0) \quad (0\leqslant x\leqslant l) \\ \left.\dfrac{\partial y(x,t)}{\partial x}\right|_{t=0}=\dfrac{\partial y(x,0)}{\partial x} \quad (0\leqslant x\leqslant l) \end{cases} \tag{9-10}$$

此外，缆绳的解要求确定两端位移 $y(0,t)$ 和 $y(l,t)$；而梁的解要求确定 4 个边界条件(在 $x=0$ 端和 $x=l$ 端各有两个边界条件)，下面讨论这些条件。

式(9-8)的两个特殊情况在海洋结构体系中是相当重要的。

(1)对于承受与 x 无关的拉伸载荷 P 的无阻尼柔性锚缆（$EI=0$）来说，式(9-8)变为

$$-P\frac{\partial^2 y}{\partial x^2}+\overline{m}\frac{\partial^2 y}{\partial t^2}=\overline{q}(x,t) \tag{9-11}$$

$\overline{m}$ 可随纵向位置而变化，但是，对于大多数情况它是常数。

(2)对于一个具有均匀抗弯刚度 EI、常质量 $\overline{m}$ 和与 x 无关的拉伸载荷 P 的无阻尼梁，式(9-8)变为

$$EI\frac{\partial^4 y}{\partial x^4}-P\frac{\partial^2 y}{\partial x^2}+\overline{m}\frac{\partial^2 y}{\partial t^2}=\overline{q}(x,t) \tag{9-12}$$

式中，P 为拉力时为正，P 为压力时为负。

9.1.2　锚缆频率和振型

令式(9-11)中 $\overline{q}=0$，表示柔性锚缆在不变拉力 $P=P_0$ 和常质量 $\overline{m}$ 下的无阻尼自由振动，即

$$P_0\frac{\partial^2 y}{\partial x^2}-\overline{m}\frac{\partial^2 y}{\partial t^2}=0 \tag{9-13}$$

令 $\phi=\phi(x)$ 是振型的正则振型函数，假设锚缆按照频率 ω 做简谐运动，即

$$y=\phi e^{j\omega t} \tag{9-14}$$

将式(9-14)与式(9-13)组合，就得到

$$\phi''+\gamma^2\phi=0 \tag{9-15}$$

式中，($''$)为算符 $\mathrm{d}^2/\mathrm{d}x^2$。频率参数为

$$\omega=\gamma\sqrt{\frac{P_0}{\overline{m}}} \tag{9-16}$$

这里必须计算常数γ。锚缆两端固定的边界条件可以表示为

$$\begin{cases} y(0,t)=0, & \phi(0)=0 \\ y(l,t)=0, & \phi(l)=0 \end{cases} \tag{9-17}$$

利用式(9-14)，由y的端部条件确定出正则振型函数$\phi(x)$的端部条件。

引入两个任意常数D_1和D_2，得到式(9-15)的通解：

$$\phi(x)=D_1\sin\gamma x+D_2\cos\gamma x \tag{9-18}$$

将式(9-17)的端部条件应用于式(9-18)，得到下面两个方程：

$$D_1\sin 0+D_2\cos 0=0 \tag{9-19}$$

$$D_1\sin\gamma l+D_2\cos\gamma l=0 \tag{9-20}$$

由式(9-19)得到$D_2=0$。在这种情况下，式(9-20)一种可能是给出$D_1=0$，这是一个平凡解，缆绳处于静止状态，人们不关心这种形式的解；另外一种可能是$D_1\neq 0$，于是$\sin\gamma l=0$，由此得

$$\gamma=\frac{n\pi}{l}\quad (n=1,2,\cdots) \tag{9-21}$$

根据式(9-16)，由式(9-21)得到锚缆固有频率为

$$\omega_n=\frac{n\pi}{l}\sqrt{\frac{P_0}{\bar{m}}}\quad (n=1,2,\cdots) \tag{9-22}$$

式中，ω_n的下标表明有多个频率。对于每一个γ(或特征值)来说，对应有一个由式(9-16)和式(9-21)确定的ω_n与相应的正则振型函数$\phi=\phi_n$(或特征函数)，式中$D_1=C_n$，$D_2=0$，即

$$\phi_n=C_n\sin\frac{n\pi x}{l}\quad (n=1,2,\cdots) \tag{9-23}$$

与多自由度体系类似，系数C_n是任意的，因此，特征函数之间运动幅值的比较便无意义。在图 9-2 中给出了前三阶特征值和振型。由图 9-2 可知，基本频率ω_1、振型ϕ_1相应于半正弦波，第二阶频率ω_2、振型ϕ_2相应于全正弦波，第三阶频率ω_3、振型ϕ_3则相应于一个半正弦波。

$\phi_1(x)=\sin\frac{\pi x}{l}$

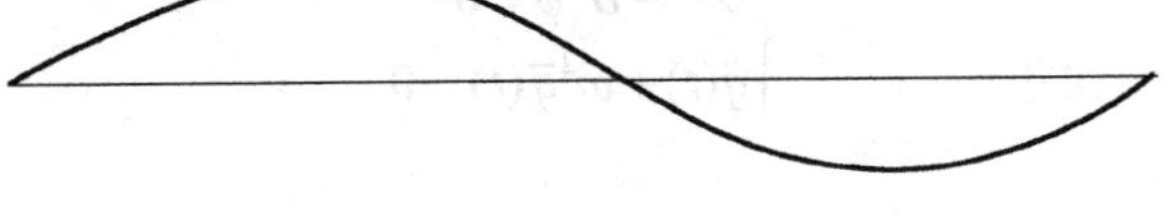

$\phi_2(x)=\sin\frac{2\pi x}{l}$

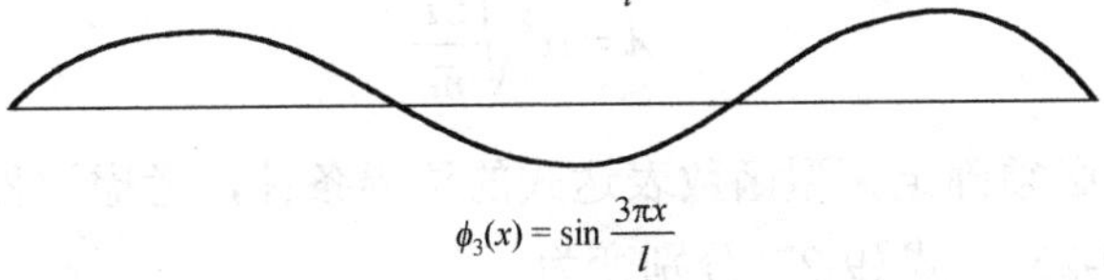

$\phi_3(x)=\sin\frac{3\pi x}{l}$

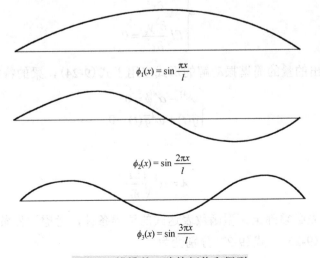

图 9-2 锚缆前三阶特征值和振型

该模型说明，频率随着 n 的增大而升高。这主要是因为在数学模型中，忽略了阻尼和交叉耦合的效应，所以较高阶的频率和与之相应的模型变得不太重要。为了分析和设计海上锚缆及其他连续体构件，往往仅需取前 20 个振型(即 $n=1,2,\cdots,20$)作为现实的振型，分析缆的振动是否可靠。

9.1.3 梁的频率与振型

忽略轴向拉力，均匀梁无阻尼自由振动用式(9-12)及 $P_0=\overline{q}=0$ 来描述,即

$$\overline{m}\frac{\partial^2 y}{\partial t^2}+EI\frac{\partial^4 y}{\partial x^4}=0 \tag{9-24}$$

特征频率和振型取决于梁左端 x=0 和右端 x=l 处的边界条件。每一端具有下列三组边界条件中的任何一组。令 y_e 表示在端部 x=0 或 x=l 位置的挠度，即 $y_e=y(0,t)$ 或者 $y_e=y(l,t)$。

(1) 简单支承(铰支承或滚动支承)。

位移与力矩等于零，即

$$\begin{cases} y_e=0 \\ EI\dfrac{\partial^2 y_e}{\partial x^2}=0 \end{cases} \tag{9-25}$$

(2) 固定支承(完全约束)。

位移与斜率等于零，即

$$\begin{cases} y_e=0 \\ \dfrac{\partial y_e}{\partial x}=0 \end{cases} \tag{9-26}$$

(3) 自由端(无任何约束)。

力矩和剪力等于零，即

$$\begin{cases} EI\dfrac{\partial^2 y_e}{\partial x^2}=0 \\ EI\dfrac{\partial^3 y_e}{\partial x^3}=0 \end{cases} \tag{9-27}$$

将式(9-14)给出的量的简谐振动解的形式应用于式(9-24)，梁的特征方程变为

$$\begin{cases} \phi^{(4)}-\alpha^4\phi=0 \\ \ddot{q}(t)+\omega^2\overline{q}(t)=0 \end{cases} \tag{9-28}$$

式中，频率参数为

$$\lambda=\alpha^2\sqrt{\frac{EI}{\overline{m}}} \tag{9-29}$$

要确定 α，首先必须确定振型函数表达式的边界条件，考虑边界条件与时间无关，约去时间因子，则式(9-25)、式(9-27)分别变为

$$\phi(l)=\phi''(l)=0(\text{简单支承}) \tag{9-30}$$

$$\phi(l)=\phi'(l)=0(\text{固定支承}) \tag{9-31}$$

$$\phi''(l)=\phi'''(l)=0(\text{自由端}) \tag{9-32}$$

方程(9-28)的通解为

$$\phi(x)=D_1\sin\alpha x+D_2\cos\alpha x+D_3\sinh\alpha x+D_4\cosh\alpha x \tag{9-33}$$

式中，D_1、D_2、D_3 和 D_4 均为常数。以下通过例题说明应用式(9-30)～式(9-33)计算 α，以及由此求出频率和振型的方法。

【例 9.1】 估算图 9-3(a)给出的导管架式平台横向水平撑杆的无阻尼自由振动频率的范围。横向水平撑杆的两端焊接在腿柱上，所以端部不是简支的，但由于腿柱和连接的柔性，两个端部没有被完全固定。又因为端部固定的实际情况是弹性约束，所以真实的频率在两端简支梁和两端刚性固定约束梁的频率之间。

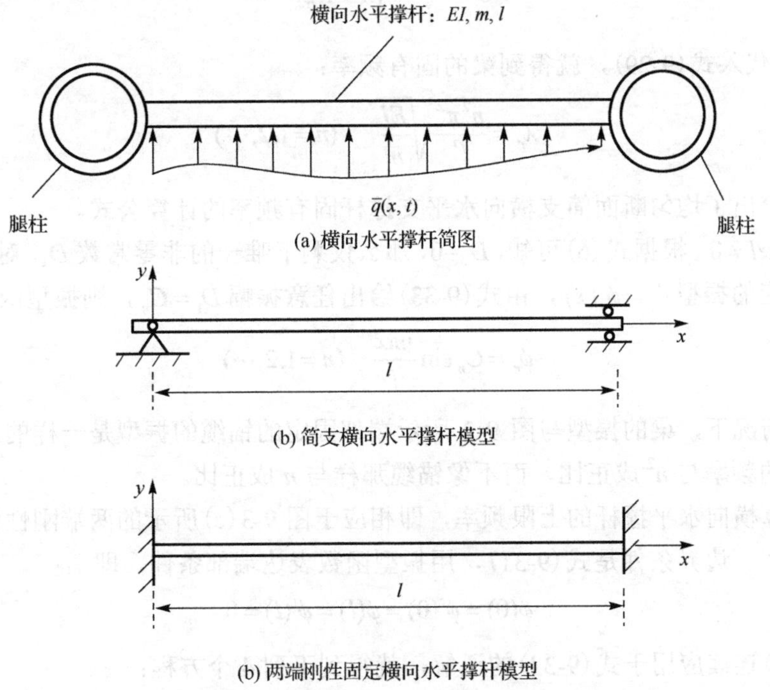

图 9-3　导管架式平台横向水平撑杆俯视图

解　首先求出一组下限频率，即相应于图 9-3(b)所示的简支横向水平撑杆的频率。由振型函数表达的边界条件为

$$\phi(0)=\phi''(0)=\phi(l)=\phi''(l)=0 \tag{1}$$

将式(1)应用于式(9-33)，得到下列 4 个方程：

$$D_2+D_4=0 \tag{2}$$

$$-D_2+D_4=0 \tag{3}$$

$$D_1\sin\alpha l+D_2\cos\alpha l+D_3\sinh\alpha l+D_3\cosh\alpha l=0 \tag{4}$$

$$-D_1\sin\alpha l-D_2\cos\alpha l+D_3\sinh\alpha l+D_4\sinh\alpha l=0 \tag{5}$$

再将式(2)、式(3)相加减，分别得出 D_4=0 和 D_2 =0。因此，最后式(4)、式(5)就变为

$$\begin{cases} D_1 \sin\alpha l + D_3 \sinh al = 0 \\ -D_1 \sin\alpha l + D_3 \sinh al = 0 \end{cases} \tag{6}$$

由常数 D_1 或 D_3 至少有一个不为零的条件，得

$$\begin{vmatrix} \sin\alpha l & \sinh al \\ -\sin\alpha l & \sinh al \end{vmatrix} = 0 \tag{7}$$

展开式(7)的行列式，得

$$(\sin\alpha l)(\sinh al) = 0 \tag{8}$$

因为当 $\alpha l > 0$ 时，$\sin\alpha l \neq 0$，所以为了满足式(8)，要求 $\sin\alpha l \neq 0$，即

$$\alpha = \frac{n\pi}{l} \quad (n = 1, 2, \cdots) \tag{9}$$

将式(9)代入式(9-29)，就得到梁的固有频率：

$$\lambda_n = \frac{n^2\pi^2}{l^2}\sqrt{\frac{EI}{\overline{m}}} \quad (n = 1, 2, \cdots) \tag{10}$$

式(10)给出了均匀断面简支横向水平支撑杆固有频率的计算公式。

由于 $\sin\alpha l \neq 0$，根据式(6)可知，D_3=0，那么仅剩下唯一的非零常数 D_1。对于每一个 λ_n，都有一个相应的振型 $\phi_n = \phi_n(x)$，由式(9-33)给出任意振幅 $D_1 = C_n$，则振型函数为

$$\phi_n = C_n \sin\frac{n\pi x}{l} \quad (n = 1, 2, \cdots) \tag{11}$$

在简支情况下，梁的振型与图 9-2 所示端部固定的锚缆的振型是一样的。然而，对于梁来说，它的频率与 n^2 成正比，而不像锚缆那样与 n 成正比。

下面计算横向水平撑杆的上限频率，即相应于图 9-3(c)所示的两端刚性固定的横向水平撑杆的频率。边界条件是式(9-31)，用振型函数表达端部条件，即

$$\phi(0) = \phi'(0) = \phi(l) = \phi'(l) = 0 \tag{12}$$

将式(12)连续应用于式(9-33)的通解，就得到下列 4 个方程：

$$D_2 + D_4 = 0 \tag{13}$$

$$D_1 + D_3 = 0 \tag{14}$$

$$D_1 \sin\alpha l + D_2 \cos\alpha l + D_3 \sinh\alpha l + D_4 \cosh\alpha l = 0 \tag{15}$$

$$D_1 \sin\alpha l - D_2 \cos\alpha l - D_3 \sinh\alpha l - D_4 \cosh\alpha l = 0 \tag{16}$$

由式(13)～式(16)列出 D_1、D_2、D_3 和 D_4 的系数行列式，展开并令其等于零，得

$$(\cos\alpha l)(\cosh al) = 1 \tag{17}$$

很容易证明 $\alpha = 4.730$ 是式(17)的第一个非零根，这比由式(18)对于 n=1 给出的近似值低 37%。

$$\alpha_n l=\left(n+\frac{1}{2}\right)\pi \tag{18}$$

当 $n=2,3,\cdots$ 时，式(18)产生式(17)的一组后续解，这些解比上述解精确得多。因此，由式(9-29)和式(18)给出这个问题的上限频率，即

$$\lambda_n=\left(n+\frac{1}{2}\right)^2\frac{\pi^2}{l^2}\sqrt{\frac{EI}{\bar{m}}}\quad(n=1,2,\cdots) \tag{19}$$

消除式(16)中任意常数 D_2、D_3 和 D_4，并且写出仅包含 D_1 的振型函数，求得两端固定横向水平撑杆的相应振型。对于 n 阶振型，$D_1=C_n$，其结果为

$$\phi_n(x)=C_n[\sin\alpha_n x-\sinh\alpha_n x+\beta_n(\cos\alpha_n x-\cosh\alpha_n x)] \tag{20}$$

并且

$$\beta_n=\frac{\sin\alpha_n l-\sinh\alpha_n l}{\cosh\alpha_n l-\cos\alpha_n l} \tag{21}$$

在图 9-4 中，给出了这些振型中不同于锚缆和简支梁的前两阶振型。这些振型在两端的斜率为零。

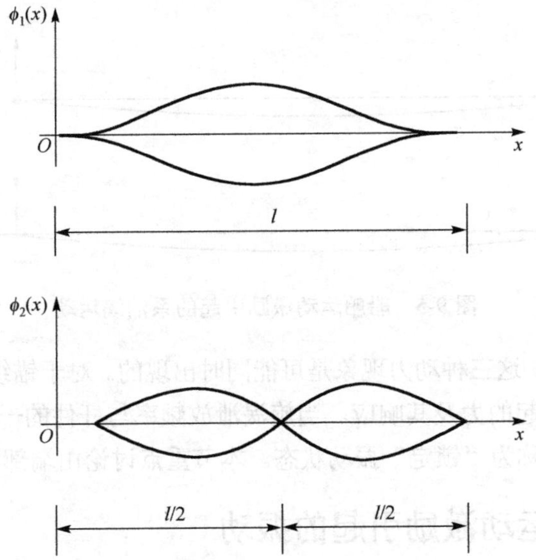

图 9-4　两端固定梁前两阶振型

最后，对于均匀、无阻尼、无端部拉伸载荷的横向水平撑杆，其单位长度的有效质量为 $\bar{m}$，它的频率介于式(10)和式(19)之间，即

$$\frac{n^2\pi^2}{l^2}\sqrt{\frac{EI}{\bar{m}}}<\text{横向水平撑杆的}\lambda_n<\left(n+\frac{1}{2}\right)^2\frac{\pi^2}{l^2}\sqrt{\frac{EI}{\bar{m}}}\quad(n=1,2,\cdots) \tag{22}$$

上述结果表明，当 $n=1$ 时，最强约束下的基本频率比最弱约束下的基本频率高 2.25 倍。这个因子随 n 的增加而迅速减小。例如，当 $n=5$ 时，该因子大约是 1.2；当 $n=10$ 时，该因子大约是 1.1。

9.2　缆索的动力响应分析

引起水下锚缆横向运动和垂直于纵轴运动的激励主要分为三种：稳定流中旋涡泄放引起的锚缆的驰振；平台、塔式结构、船舶或者浮筒的运动，使得与其连接的锚缆端部产生横向激励；锚缆支持结构引起的纵向或端部参数激励。

系在随波浪一起运动的船舶和塔形结构上的系泊缆存在着端部激励，端部的横向和纵向运动激励缆绳运动，使其张力发生显著变化。图 9-5 表示船舶系泊缆受到的横向和纵向运动激励。

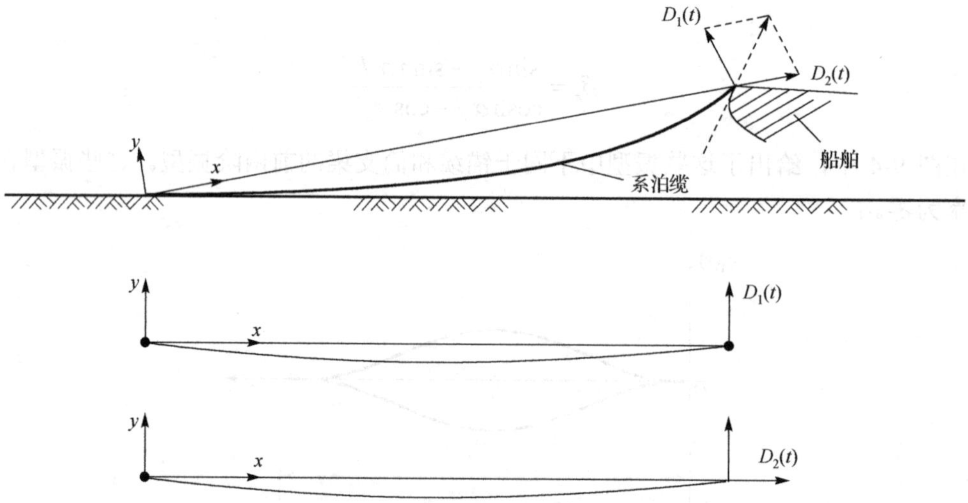

图 9-5　船舶运动激励引起的系泊缆运动

由图 9-5 可以看出，这三种动力现象是可能同时出现的。对于锚缆和柔性梁，现在还没有成熟的方法计算旋涡引起的力及其响应。当旋涡泄放频率与杆件的一个固有频率 λ_n 接近时，构件的响应特别严重，称为“锁定”振动状态。本节重点讨论由端部激励引起的锚缆共振。

9.2.1　端部水平运动激励引起的振动

对于长度为 l、质量均匀的单个锚缆，一端固定于海底，另一端与受谐波激励而做水平运动的浮体相连。图 9-5 所示的系泊缆、图 9-6(a)所示的接近垂直的锚缆及图 9-6(b)所示的浮筒系泊缆，都是可能在规则波浪的情况下发生水平运动激励的例子。

设系泊缆的平均拉力为 P_0，端部条件取为

$$y(0,t)=0 \tag{9-34}$$

$$y(l,t)=y_0\cos\bar{\omega}t \tag{9-35}$$

式中，y_0 为浮体水平运动振幅；$\bar{\omega}$ 为激励频率。它们都与海面波高谱及船舶或者浮筒的类型有关。除了 $x=l$ 处的载荷外，忽略所有的阻尼和所有的横向载荷。式(9-13)的稳态解可取为与端部激励 $y(l,t)=y_0\cos\bar{\omega}t$ 相同的形式，即

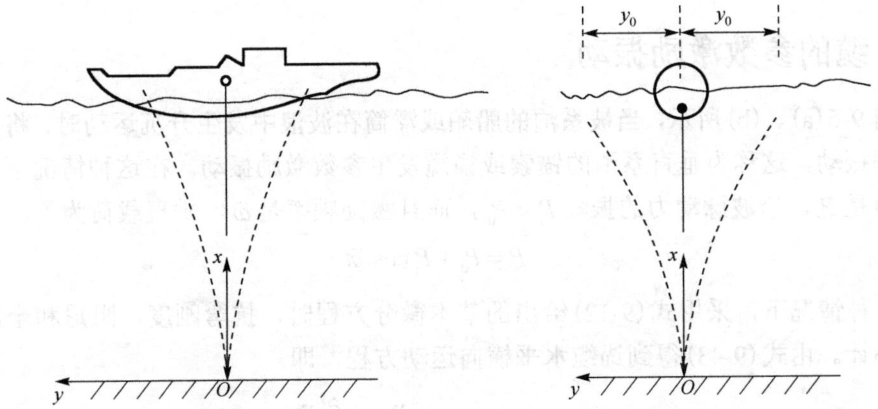

(a) 锚缆与船连接　(b) 系泊缆与浮筒连接

图 9-6　水中缆受到的水平横向激励

$$y(x,t)=\phi\cos\bar{\omega}t \tag{9-36}$$

式中，$\phi=\phi(x)$ 为振型。综合考虑式(9-36)和式(9-13)，得

$$\phi''=\bar{\gamma}^2\phi \tag{9-37}$$

$$\bar{\gamma}^2=\frac{\bar{m}}{P_0}\bar{\omega}^2 \tag{9-38}$$

式(9-37)的通解为

$$\phi=D_1\sin\bar{\gamma}x+D_2\cos\bar{\gamma}x \tag{9-39}$$

将式(9-34)的固定边界条件应用于式(9-36)，得到 $\phi(0)=0$。将该条件应用于式(9-39)，得到 $D_2=0$。综合式(9-36)和式(9-39)，使用另外一端边界条件的结果，式(9-35)变为

$$\begin{cases} y(l,t)=D_1\sin\bar{\gamma}l\cos\bar{\omega}t=y_0\cos\bar{\omega}t \\ D_1=\dfrac{y_0}{\sin\bar{\gamma}l} \end{cases} \tag{9-40}$$

由式(9-38)和式(9-22)，得

$$l\bar{\gamma}=\frac{l\bar{\omega}}{\sqrt{\dfrac{P_0}{\bar{m}}}}=n\pi\frac{\bar{\omega}}{\omega_n} \tag{9-41}$$

采用式(9-39)～式(9-41)，式(9-36)的解变为

$$y(x,t)=\frac{y_0}{\sin\left(n\pi\dfrac{\bar{\omega}}{\lambda_n}\right)}\sin\left(\frac{n\pi x}{l}\frac{\bar{\omega}}{\omega_n}\right)\cos\bar{\omega}t \tag{9-42}$$

上述结果表明，当激励频率 $\bar{\omega}=\omega_n$ 时，锚缆在区间 $0<x<l$ 上任意点的水平横向位移就会变得无穷大。因为 $\sin n\pi=0$，所以式(9-42)的分母等于零。如果在分析模型中包含阻尼，那么当 $\bar{\omega}=\omega_n$ 时的响应峰值是有界的，但是与端部施加的位移 y_0 相比，仍有显著的运动幅值放大现象。

9.2.2 缆的参数激励振动

如图 9-6(a)、(b)所示，当被系泊的船舶或浮筒在波浪中发生升沉运动时，将引起系泊缆的水平振动，这称为垂直系泊的锚索或锚缆发生参数激励振动。在这种情况下，锚缆的平均张力是 P_0。谐波脉动力的振幅 $P_1 < P_0$，而且激励频率是 $\overline{\omega}$，垂直载荷为

$$P = P_0 + P_1 \cos \overline{\omega} t \tag{9-43}$$

在这种情况下，采用式(9-12)给出的基本微分方程时，抗弯刚度、阻尼和全部横向载荷忽略不计。由式(9-43)得到锚缆水平横向运动方程，即

$$-(P_0 + P_1 \cos \overline{\omega} t)\frac{\partial^2 y}{\partial x^2} + \overline{m}\frac{\partial^2 y}{\partial t^2} = 0 \tag{9-44}$$

式(9-44)中，$P_1 \cos \overline{\omega} t$ 项称为参数激励项，反映升沉载荷对于锚缆水平横向振动的影响。为了仅研究参数激励对横向运动的影响，在锚缆的每端抑制所有的横向运动，即限制锚缆上下端水平位移，则

$$y(0,t) = y(l,t) = 0 \tag{9-45}$$

考虑满足锚缆上下两端的边界条件，取式(9-44)的解的形式为

$$y(x,t) = \sum_{n=1}^{\infty} q_n(t) \sin \frac{n\pi x}{l} \quad (x = 0, x = l) \tag{9-46}$$

这里 $q_n(t)$ 表示广义坐标，n=1,2,…，将式(9-46)代入式(9-44)，得

$$\sum_{n=1}^{\infty}\left[(P_0 + P_1 \cos \overline{\omega} t)\left(\frac{n\pi}{l}\right)^2 q_n(t) + \overline{m}\frac{\mathrm{d}^2 q_n}{\mathrm{d}t^2}\right]\sin\frac{n\pi x}{l} = 0 \tag{9-47}$$

因为式(9-47)中的正弦项对所有的 x 值都不等于零，所以其系数必须等于零，即

$$\overline{m}\frac{\mathrm{d}^2 q_n(t)}{\mathrm{d}t^2} + \left(\frac{n\pi}{l}\right)^2 (P_0 + P_1 \cos \overline{\omega} t) q_n(t) = 0 \tag{9-48}$$

为了使式(9-48)变为标准形式，引入下列参数：

$$\begin{cases} \tau = \overline{\omega} t \\ \overline{\alpha}_n = \dfrac{\lambda_n^2}{\overline{\omega}^2} \end{cases} \tag{9-49}$$

$$\begin{cases} \overline{\beta}_n = \dfrac{P_1 \lambda_n^2}{P_0 \overline{\omega}^2} \\ \lambda_n = \dfrac{n\pi}{l}\sqrt{\dfrac{P_0}{\overline{m}}} \end{cases} \tag{9-50}$$

从而得到 Mathieu 方程，如式(9-51)所示。

$$\frac{\mathrm{d}^2 q_n(\tau)}{\mathrm{d}\tau^2} + (\overline{\alpha}_n + \overline{\beta}_n \cos\tau) q_n(\tau) = 0 \tag{9-51}$$

研究参数激励是为了确定振动响应的稳定区域，寻找使解稳定的系数 $\overline{\alpha}_n$ 和 $\overline{\beta}_n$ 的取值

组合，使稳定解存在的系数$(\bar{\alpha}_n,\bar{\beta}_n)$的集合构成解的稳定域。如果$q_n(\tau)$对于所有的$n=1,2,\cdots$是稳定的，那么式(9-46)就意味着水平横向位移响应$y(x,t)$是无界的，并且呈现出如图 9-7(b)所示的响应无限增长历程。

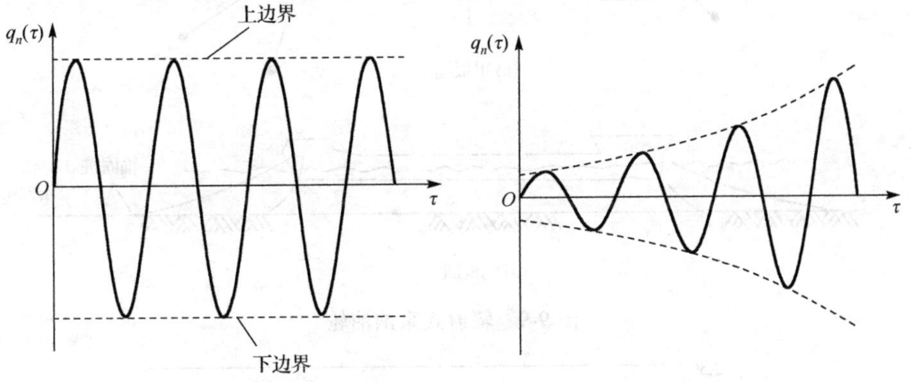

(a) 稳定振动历程　　(b) 不稳定振动历程

图 9-7　参数激励振动历程响应

图 9-8 为 Heines-Strett 稳定性图，描述了参数激励振动的稳定区域。如果一对参数取值$(\bar{\alpha}_n,\bar{\beta}_n)$落在了阴影区，则$q_n(\tau)$是稳定的；如果$(\bar{\alpha}_n,\bar{\beta}_n)$落在了其余的部分，则相应的响应就是不稳定的。如果考虑阻尼影响，可以将稳定域扩大到如图 9-8 所示的虚线部分。

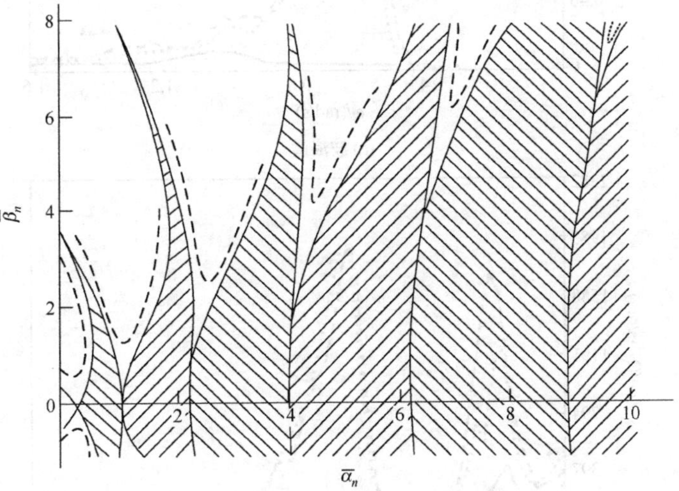

图 9-8　参数激励振动的稳定域

【例 9.2】 图 9-9 为采用辐射式系泊的油轮。所系泊海域波浪谱如图 9-10(a)所示，船艏 2 号缆系泊力谱如图 9-10(b)所示。分析该海域系泊油轮船艏 2 号缆发生参数共振的可能性。

解　设缆在水中的附连水为系泊缆排开水质量的 3%，则水中缆单位长度的有效质量$\bar{m}=(1.03)\bar{m}_0=1.03\times 52\,\mathrm{kg/m}=53.6\,\mathrm{kg/m}$，缆长$l=141.73\mathrm{m}$，$P_1=133.494\mathrm{kN}$，$P_1=0.5P_0=66.5\mathrm{kN}$。船艏 2 号缆的固有频率为

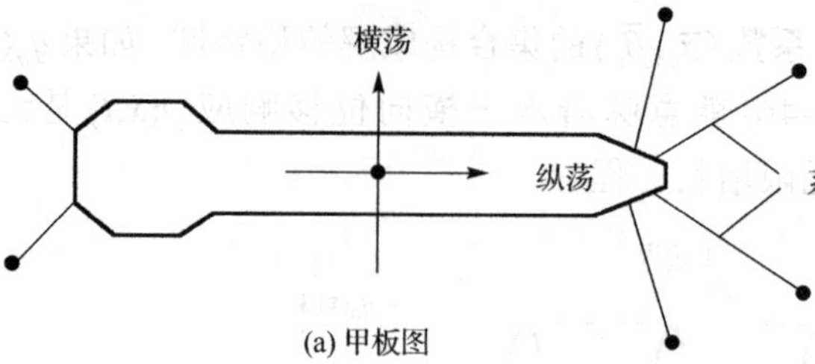

(a) 甲板图

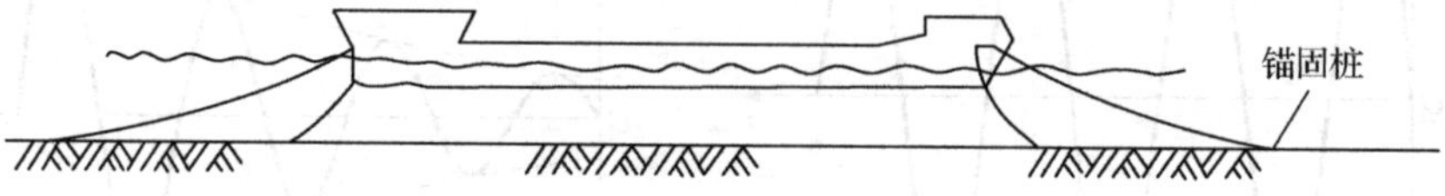

(b) 侧视图

图 9-9　辐射式系泊油轮

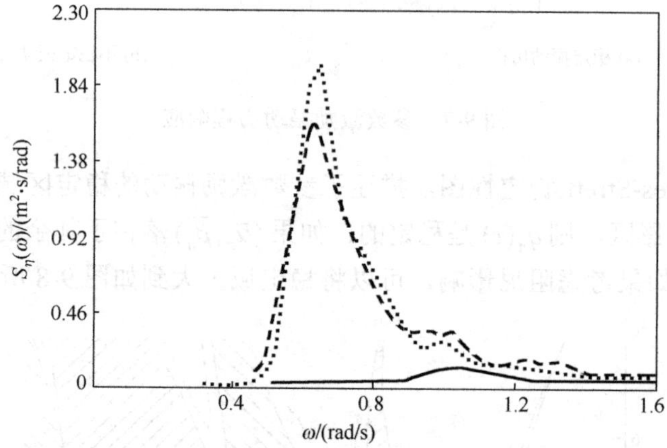

(a) 波浪谱

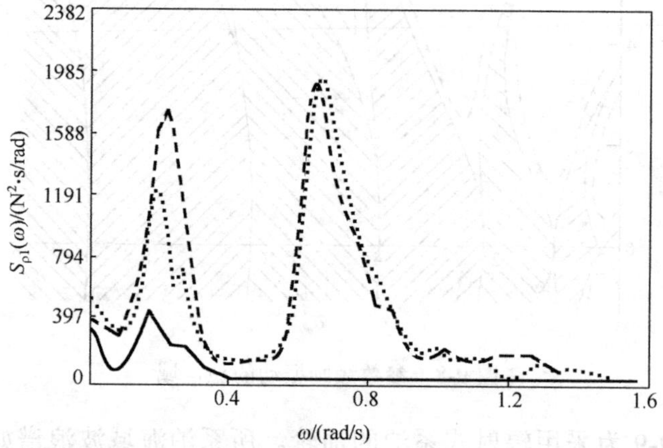

(b) 船艏2号缆系泊力谱

图 9-10　波浪谱和船艏 2 号缆系泊力谱(图中为三个时间统计结果)

$$\lambda_n = \frac{n\pi}{l}\sqrt{\frac{P_0}{\overline{m}}} = \frac{n\pi}{141.73}\sqrt{\frac{133494}{53.6}} = 1.11n(\mathrm{rad/s}) \quad (n=1,2,\cdots)$$

当横向激励波浪谱峰值对应的频率达到或接近λ_n，即$\overline{\omega}=1.11\mathrm{rad/s}$，$2.22\mathrm{rad/s}$，…时，船

艏 2 号缆发生共振，但是图 9-10(a)表明，对应波浪谱较大值的频率范围为 $\bar{\omega}=0.6\sim0.8(\text{rad/s})$，远离船艏 2 号缆的固有频率。因此，不存在船艏 2 号缆的共振。

为了研究由参数激励引起的船艏系泊缆的共振或失稳，选用波浪频率 $\bar{\omega}=0.65\text{rad/s}$，即波能最集中的频率，根据式(9-49)，可求得船艏 2 号缆的下列特征参数：

$$\bar{\alpha}_n=\frac{\lambda_n^2}{\bar{\omega}^2}=\frac{(1.11n)^2}{(0.65)^2}=2.92n^2$$

$$\bar{\beta}_{n,\ \max}=\frac{P_1}{P_0}\bar{\alpha}_n=0.5(2.92n^2)=1.46n^2$$

取 $n=1$，得 $(\bar{\alpha}_1,\bar{\beta}_1)=(2.92,1.46)$。该组参数值构成的点落在图 9-8 的阴影部分，表明船艏 2 号缆的横向振动位移是稳定或有界的，因此船艏 2 号缆系泊张力也是稳定的。对于 n=2,3,⋯的情况，坐标点 $(\bar{\alpha}_n,\bar{\beta}_n)$ 也能得到同样的结论。

如果假定波浪频率 $\bar{\omega}=1.1\text{rad/s}$，则有 $\bar{\alpha}_n\approx n^2$，$\bar{\beta}_n\approx0.5n^2$。对于 n=1，有 $(\bar{\alpha}_1,\bar{\beta}_1)=(1,0.5)$，该坐标点落在图 9-8 中的非阴影区，没有阻尼时运动是不稳定的，但是稍有阻尼，运动就是稳定的。对于 n=2,3,⋯，即使没有阻尼，运动也是稳定的。

9.3 梁的振动响应分析

水下梁式结构和管道中要承受三种形式的载荷作用：由水流引起的横向载荷；梁端运动激励；参数激励，即轴向激励引起的横向振动。本节讨论横向激励引起的振动、参数激励引起的振动及随机激励引起的振动。

9.3.1 横向激励引起的振动

1. 固有振型的正交性

由于振型的正交性，连续振动系统的偏微分方程可以转换为常微分方程，进而求解其振动响应。

应用结构力学中功的互等定理，可以证明振型的正交性。此处仅证明基本弯曲振动固有振型的正交性。图 9-11 中画出了第 m 阶和第 n 阶振型及其各自的惯性力。

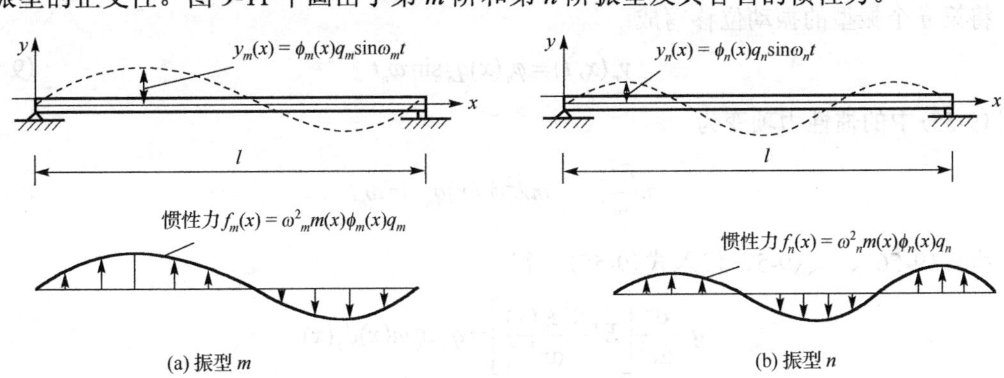

图 9-11　振型及其惯性力

由功的互等定理可知，第 n 阶振型的惯性力在第 m 阶振型上做的功等于第 m 振型的惯性力在第 n 阶振型上做的功，根据图 9-11，得

$$\int_0^l y_m(x) f_{1n} \mathrm{d}x = \int_0^l y_n(x) f_{1m} \mathrm{d}x \tag{9-52}$$

$y_n(x)$ 和 $y_m(x)$ 分别为对应于第 n 阶振型和第 m 阶振型的位移形状，将 $y_n(x)$ 和 $y_m(x)$ 用振型函数表示，可得

$$y_n(x) = \phi_n(x) q_n \sin\omega_n t, \qquad y_m(x) = \phi_m(x) q_m \sin\omega_m t$$

式中，q_n 和 q_m 分别为位移对应于第 n 阶振型和第 m 阶振型的振型坐标；ω_n 和 ω_m 为自由振动频率。

惯性力幅值分别为

$$f_{1n} = m(x)\omega_n^2 \phi_n(x) q_n, \qquad f_{1m} = m(x)\omega_m^2 \phi_m(x) q_m$$

将上式代入式(9-52)，得

$$q_n q_m \omega_n^2 \int_0^l \phi_m(x)\phi_n(x) m(x)\mathrm{d}x = q_n q_m \omega_m^2 \int_0^l \phi_m(x)\phi_n(x) m(x)\mathrm{d}x$$

或

$$(\omega_n^2 - \omega_m^2)\int_0^l \phi_m(x)\phi_n(x) m(x)\mathrm{d}x = 0 \tag{9-53}$$

对于没有重特征值的梁，$\omega_n^2 \neq \omega_m^2$，因此有

$$\int_0^l \phi_m(x)\phi_n(x) m(x)\mathrm{d}x = 0 \quad (\omega_n \neq \omega_m) \tag{9-54}$$

式(9-54)为分布参数体系梁关于分布质量的正交条件。对于两个振型具有相同频率的情况，该正交条件不成立。

应用梁的自由振动微分方程，还可以导出以刚度特性为加权参数的第二个正交条件。变截面梁自由振动的微分方程为

$$\frac{\partial^2}{\partial x^2}\left(EI\frac{\partial^2 y}{\partial x^2}\right) + m\frac{\partial^2 y}{\partial t^2} = 0 \tag{9-55}$$

将第 n 个振型的振动位移写成：

$$y_n(x, t) = \phi_n(x) q_n \sin\omega_n t \tag{9-56}$$

则式(9-55)中的惯性力项变为

$$m\frac{\partial^2 y}{\partial t^2} = -m\lambda_n^2 \phi_n(x) q_n \sin\omega_n t \tag{9-57}$$

将式(9-56)、式(9-57)代入式(9-55)，得

$$q_n \frac{\mathrm{d}^2}{\mathrm{d}x^2}\left[EI\frac{\mathrm{d}^2\phi_n(x)}{\mathrm{d}x^2}\right] = q_n \omega_n^2 m(x)\phi_n(x)$$

或

$$\frac{1}{\omega_n^2}\frac{\mathrm{d}^2}{\mathrm{d}x^2}\left[EI\frac{\mathrm{d}^2\phi_n(x)}{\mathrm{d}x^2}\right]=m(x)\phi_n(x) \tag{9-58}$$

将式(9-58)代入式(9-54)，得

$$\int_0^l \phi_m(x)\frac{\mathrm{d}^2}{\mathrm{d}x^2}\left[EI\frac{\mathrm{d}^2\phi_n(x)}{\mathrm{d}x^2}\right]\mathrm{d}x=0 \tag{9-59}$$

式(9-59)为用刚度参数表达的正交条件，对式(9-59)进行两次分部积分，得

$$\phi_m(x)\phi_n(x)\Big|_0^l-\phi_m'(x)M_n\Big|_0^l+\int_0^l \phi_m''(x)\phi_n''(x)EI(x)\mathrm{d}x=0\quad(\omega_m\neq\omega_n) \tag{9-60}$$

式中，M_n 为振型 ϕ_n 的振型质量。

式(9-60)为一般边界条件下刚度参数作为加权参数的正交条件。对于简支梁，边界处的位移和弯矩等于零，故式(9-60)中的第一项和第二项等于零，仅有第三项。对悬臂梁进行同样的分析，得到与简支梁相同的正交条件，即

$$\int_0^l \phi_m''(x)\phi_n''(x)EI(x)\mathrm{d}x=0 \tag{9-61}$$

式(9-61)为简支梁和悬臂梁以刚度为加权参数的正交条件。

2. 用振型叠加法计算强迫振动响应

确定了振动系统的振型和频率之后，即可按照与离散系统相同的分析过程，采用振型叠加法计算分布参数体系的强迫振动响应。因为两者都把振型响应分量的幅值作为确定结构响应的广义坐标，分布参数系统有无限多个这样的坐标，从理论上来说，需要进行无限多个结构响应广义坐标的叠加，但是在工程中，只需要考虑对振动响应贡献较大的那些振型分量。因此，对于分布参数系统而言，采用振型叠加法求振动响应，实质上已将无限自由度系统转变为离散体系的形式，仅需采用有限个振型的正则坐标计算得到系统的振动响应。

振型叠加法的基本运算就是把几何位移坐标转变为振型幅值或模态坐标，对一维连续体，该变换表示为

$$y(x,t)=\sum_{i=1}^{\infty}\phi_i(x)q_i(t) \tag{9-62}$$

式(9-62)说明，任何物理上容许的结构位移模式都能用此结构的具有相应幅值的各振型叠加得到。$q_i(t)$ 为模态坐标，表示任意时刻 t 第 i 个振型振动的幅值，$\phi_i(x)$ 为规格化的振型函数，并且满足正交条件：

$$\int_0^l m(x)\phi_i^2(x)\mathrm{d}x=M_j \tag{9-63}$$

式中，M_j 为振型质量。

$$\int_0^l m(x)\phi_i(x)\phi_j(x)\mathrm{d}x=0\quad(i\neq j) \tag{9-64}$$

$$\int_0^l \phi_j(x)\frac{\mathrm{d}^2}{\mathrm{d}x^2}\left(EI\frac{\mathrm{d}^2\phi_i(x)}{\mathrm{d}x^2}\right)\mathrm{d}x=0\quad(i\neq j) \tag{9-65}$$

而 $\phi_i(x)q_i(t)$ 表示时刻 t 第 i 个振型的系统位移模式。经过固有振动特性的分析，已经得到了振型 $\phi_i(x)$，因此未知数为模态坐标 $q_i(t)$，在求出模态坐标响应后，根据式(9-62)进行叠加，即可得到系统几何坐标下的振动位移响应。

为得到模态坐标 $q_i(t)$ 表示的振动方程，将式(9-62)代入式(9-8)，考虑一般形式断面梁，并忽略轴力作用和阻尼，得

$$m(x)\frac{\partial^2 y}{\partial t^2}+\frac{\partial^2}{\partial x^2}\left(EI\frac{\partial^2 y}{\partial x^2}\right)=\overline{q}(x,t)$$

$$\sum_{i=1}^{\infty}\frac{\mathrm{d}^2}{\mathrm{d}x^2}\left[EI(x)\frac{\mathrm{d}^2\phi_i(x)}{\mathrm{d}x^2}\right]q_i(t)+\sum_{i=1}^{\infty}m(x)\phi_i(x)\ddot{q}_i(t)=\overline{q}(x,t) \tag{9-66}$$

对式(9-66)中各项乘以 $\phi_j(x)$，沿梁长方向积分，并考虑正交条件式(9-61)和式(9-65)，得

$$\int_0^l\frac{\mathrm{d}^2}{\mathrm{d}x^2}\left[EI(x)\frac{\mathrm{d}^2\phi_j(x)}{\mathrm{d}x^2}\right]\phi_j(x)\mathrm{d}xq_j(t)+\int_0^l m(x)\phi_j^2(x)\mathrm{d}x\ddot{q}_j(t)=\int_0^l\phi_j(x)\mathrm{d}x\overline{q}(x,t) \tag{9-67}$$

令

$$\begin{cases}M_j=\int_0^l m(x)\phi_j^2(x)\mathrm{d}x\\ p_j(t)=\int_0^l\phi_j(x)\mathrm{d}x\overline{q}(x,t)\end{cases} \tag{9-68}$$

M_j 和 $p_j(t)$ 分别为第 j 个振型的模态质量和模态干扰力，注意到式(9-58)，得

$$\frac{\mathrm{d}^2}{\mathrm{d}x^2}\left[EI(x)\frac{\mathrm{d}^2\phi_j(x)}{\mathrm{d}x^2}\right]=\omega_j^2 m(x)\phi_j(x)$$

将上式引入式(9-67)中第一项，可得

$$\int_0^l\frac{\mathrm{d}^2}{\mathrm{d}x^2}\left[EI(x)\frac{\mathrm{d}^2\phi_j(x)}{\mathrm{d}x^2}\right]\phi_j(x)\mathrm{d}xq_j(t)=\omega_j^2M_jq_j(t)$$

于是式(9-67)变为

$$M_j\ddot{q}_j(t)+\omega_j^2M_jq_j(t)=p_j(t) \tag{9-69}$$

或

$$\ddot{q}_j(t)+\omega_j^2q_j(t)=\frac{p_j(t)}{M_j}\quad(j=1,2,\cdots) \tag{9-70}$$

式(9-70)在形式上与单自由度振动方程相同，其为无限多个独立的微分方程，每个方程包含一个模态坐标，其解法与单自由度振动系统基本方程完全相似。每个模态坐标响应为

$$q_j(t)=\frac{1}{M_j\lambda_j}\int_0^l p_j(\tau)\sin\omega_j(t-\tau)\mathrm{d}\tau \tag{9-71}$$

求出每个模态坐标 $q_j(t)$ 后，几何坐标下的位移响应(即总的位移响应)按照式(9-62)叠加求出。对于有阻尼系统，若取瑞利阻尼，也可实现阻尼项解耦。用振型叠加法求振动响应的公式与式(9-66)～式(9-70)类似。

9.3.2　参数激励引起的振动

梁式结构轴向受到激励(包括运动和力)，使梁横向振动加剧，这称为参数激励振动。图 9-12 为连接到挖泥船船底的疏浚吸泥管分析模型。吸泥管上端与船底铰接在一起，下端与挖泥装置连接，形式同样为铰接，吸泥管简化为上下端铰接的梁。船舶在波浪中运动时，吸泥管受到轴向的拉伸载荷。假设轴向拉伸载荷为

$$P = P_0 + P_1 \cos \bar{\omega} t \tag{9-72}$$

式中，P_0 近似为作用在下端坐标原点位置的压载重量与 1/2 水中管道重量之和，实际工程中，管道悬挂在船底铰接位置，坐标原点位置铰接头不承担管道的重量；$\bar{\omega}$ 为船舶运动的频率或波浪频率。

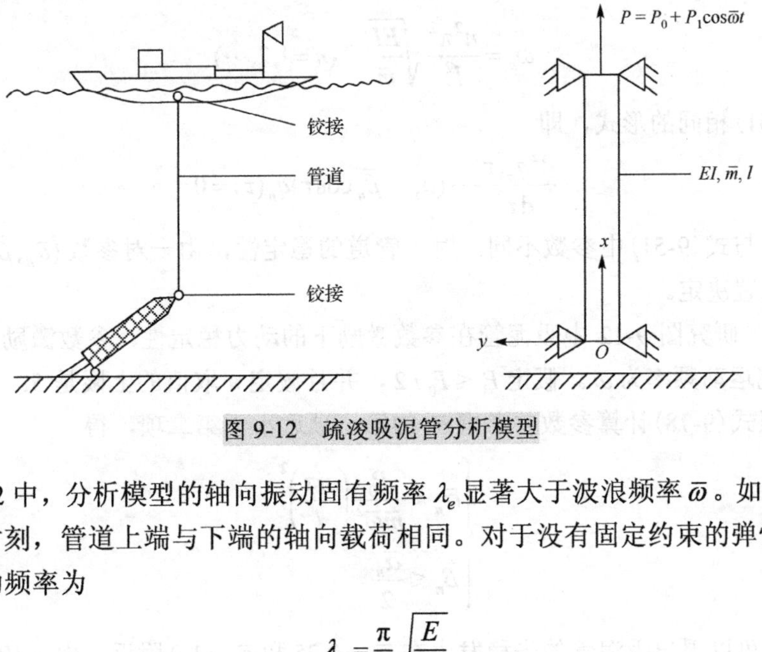

图 9-12　疏浚吸泥管分析模型

在图 9-12 中，分析模型的轴向振动固有频率 λ_e 显著大于波浪频率 $\bar{\omega}$。如果 $\lambda_e \geqslant \bar{\omega}$，则运动的任何时刻，管道上端与下端的轴向载荷相同。对于没有固定约束的弹性梁，其轴向一阶固有振动频率为

$$\lambda_e = \frac{\pi}{l}\sqrt{\frac{E}{\rho_p}} \tag{9-73}$$

式中，E 和 ρ_p 分别为管道的弹性模量和质量密度，考虑管道长度 $l = 914.4\text{m}$，$\lambda_e = \frac{3.14}{914.4}\sqrt{\frac{2.1\times10^{11}}{7850}} = 17.76\text{rad/s}$，该数值大约是波浪激起的船舶运动频率的 10 倍。

但是，对于用工程塑料制造的管道，$\sqrt{E/\rho_p}$ 远远小于钢管，管道的固有频率会显著降低，发生参数共振的可能性增大。

考虑图 9-12 所示分析模型，根据式(9-12)，去掉横向载荷 $\bar{q}(x,t)$，其振动方程为

$$EI\frac{\partial^4 y}{\partial x^4} - (P_0 + P_1\cos\bar{\omega}t)\frac{\partial^2 y}{\partial x^2} + \bar{m}\frac{\partial^2 y}{\partial t^2} = 0 \tag{9-74}$$

管道上下端的边界条件为

$$\begin{cases} y(0,t) = \dfrac{\partial^2 y(0,t)}{\partial x^2} \\ y(l,t) = \dfrac{\partial^2 y(l,t)}{\partial x^2} = 0 \end{cases} \tag{9-75}$$

考虑边界条件式(9-75)，设解的形式为

$$y(x,t) = \sum_{n=1}^{\infty} q_n(t) \sin\frac{n\pi x}{l} \tag{9-76}$$

将式(9-76)代入式(9-74)，采用单根缆绳参数激励分析的步骤，引入参数:

$$\tau = \bar{\omega} t \tag{9-77}$$

$$\begin{cases} \bar{\alpha}_n = \dfrac{\lambda_n^2}{\bar{\omega}^2} + \dfrac{P_0}{\bar{m}\bar{\omega}^2}\left(\dfrac{n\pi}{l}\right)^2 \\ \bar{\beta}_n = \dfrac{P_1}{\bar{m}\bar{\omega}^2}\left(\dfrac{n\pi}{l}\right)^2 \end{cases} \tag{9-78}$$

$$\omega_n = \frac{n^2\pi^2}{l^2}\sqrt{\frac{EI}{\bar{m}}} \quad (n = 1, 2, \cdots) \tag{9-79}$$

得到与式(9-51)相同的形式，即

$$\frac{\mathrm{d}^2 q_n(\tau)}{\mathrm{d}\tau^2} + (\bar{\alpha}_n + \bar{\beta}_n \cos\tau) q_n(\tau) = 0 \tag{9-80}$$

但是式(9-80)与式(9-51)中参数不同。对于管道的稳定性，由一对参数$(\bar{\alpha}_n, \bar{\beta}_n)$确定的点在图 9-8 中的位置决定。

【例 9.3】 研究图 9-12 中吸泥管在参数激励下的动力稳定性，参数激励来自船舶的升沉。船舶升沉运动频率为$\bar{\omega}$。假定$P_1 \leqslant P_0/2$，并且假定 n 取值的上限是 5。

解 按照式(9-78)计算参数并考虑$\bar{\alpha}_n$的第一项远小于第二项，得

$$\begin{cases} \bar{\alpha}_n \approx \dfrac{P_0}{\bar{m}\bar{\omega}^2}\left(\dfrac{n\pi}{l}\right)^2 \\ \bar{\beta}_n \leqslant \dfrac{\bar{\alpha}_n}{2} \end{cases} \tag{9-81}$$

由图 9-8 可以得出吸泥管的失稳发生在$\bar{\alpha}_n = 0.25$和$\bar{\alpha}_n = 1.0$附近。由式(9-81)可知，船舶在发生失稳时对应的升沉频率近似为

$$\bar{\omega} \approx \frac{n\pi}{l}\left(\frac{P_0}{\bar{m}\bar{\alpha}_n}\right)^{1/2} \quad (\bar{\alpha}_n \approx 0.25\text{或}1.0) \tag{9-82}$$

式中，$\bar{\omega} \geqslant \omega_n$。如果$\bar{\omega} \approx \omega_n$，并且$0 \leqslant P_1 \leqslant P_0/2$，可得

$$\begin{cases} \bar{\alpha}_n = 1 + \dfrac{P_0}{\bar{m}\bar{\omega}^2}\left(\dfrac{n\pi}{l}\right)^2 = 1 + D_0 \\ \bar{\beta}_n = \dfrac{P_1}{P_0} D_0 \leqslant \dfrac{D_0}{2} \end{cases} \tag{9-83}$$

在这种情况下，这一对坐标永远落在图 9-8 中的虚线下。如果不考虑阻尼，失稳将会发生在 $\overline{\alpha}_n = 2.2, 4.0, 6.2, \cdots$，然而，实际工程中存在阻尼，因此该吸泥管在参数激励下，当 $\overline{\omega} \approx \omega_n$ 时是不会失去稳定性的，但是振动的幅值将会增大。

9.3.3 随机激励引起的振动

实际海洋波浪是随机的，因此计算波浪激起的结构随机振动响应是有必要的。这里假定波浪为各态历经随机过程，承受横向波浪载荷，计算梁振动响应的统计特征。

考虑无轴向载荷(即$P=0$)的伯努利-欧拉(Bernoulli-Euler)梁，黏性阻尼系数为$\overline{c}$。由式(9-8)可知，该模型为

$$EI\frac{\partial^4 y}{\partial x^4} + \overline{c}\frac{\partial y}{\partial t} + \overline{m}\frac{\partial^2 y}{\partial t^2} = \overline{q}(x,t) \tag{9-84}$$

式(9-84)中各个符号的意义见式(9-8)，$\overline{q} = \overline{q}(x,t)$是单位长度载荷，其分布为各态历经随机过程和高斯的，由谱密度$S_{\overline{q}}(\omega)$决定。

将式(9-84)中的振动位移$y(x,t)$进行模态展开，同时将分布载荷$\overline{q} = \overline{q}(x,t)$也按照模态进行展开，取无阻尼模态$\phi_n = \phi_n(x)$及广义模态坐标$q_n = q_n(t)$，对应的载荷主坐标为$\overline{q}_n = \overline{q}_n(t)$，展开位移和分布载荷，得

$$y(x,t) = \sum_{n=1}^{\infty} \phi_n q_n \tag{9-85}$$

$$\overline{q}(x,t) = \sum_{n=1}^{\infty} \phi_n \overline{q}_n \tag{9-86}$$

将式(9-85)和式(9-86)代入式(9-84)，每项乘以$\phi_m = \phi_m(x)$，并令式(9-28)中$\phi^{(4)} = \alpha_n^4 \phi_n$；在区间$(0,l)$积分，并利用式(9-54)和式(9-61)，在连续一致收敛假定下，改变积分和求和的顺序，除了$m=n$的情况外，其余积分项均等于零，于是得

$$m^* \ddot{q}_n + c^* \dot{q}_n + EI\alpha_n^4 q_n = \overline{q}_n \tag{9-87}$$

令

$$\frac{c^*}{m^*} = 2\zeta_n \omega_n \tag{9-88}$$

式中，c^*为模态阻尼。

式(9-87)变为

$$\ddot{q}_n + 2\zeta_n \omega_n \dot{q}_n + \omega_n^2 q_n = \frac{1}{m^*}\overline{q}_n \tag{9-89}$$

式中，q_n为第 n 个模态的响应；ω_n为第 n 个模态频率；m^*为模态质量。式(9-89)在形式上与单自由度振动方程类似。假定第 n 个模态的响应q_n和第 m 个模态响应q_m统计独立，根据式(9-85)叠加模态响应，并且令互谱密度等于零，得到梁的位移响应谱密度，为

$$S_y(\omega) = \sum_{n=1}^{\infty} \frac{\phi_n}{(\overline{m}\omega_n^2)^2} \left|H_n(\omega)\right|^2 S_{\overline{q}_n}(\omega) \tag{9-90}$$

式中，$S_{\bar{q}_n}(\omega)$为第 n 阶模态广义力的谱密度；$H_n(\omega)$为第 n 个模态的频率响应函数。$H_n(\omega)$由式(9-89)导出，令

$$q_n=\frac{\bar{q}_0}{\bar{m}\omega_n^2}H_n(\omega)\mathrm{e}^{\mathrm{i}\omega t} \tag{9-91}$$

$$\bar{q}_n=\bar{q}_0\mathrm{e}^{\mathrm{i}\omega t} \tag{9-92}$$

式中，$\bar{q}_0$为任意常数。推导结果为

$$H_n(\omega)=\left[1-\frac{\omega^2}{\omega_n^2}+2\zeta_n\frac{\omega}{\omega_n}\mathrm{i}\right]^{-1} \tag{9-93}$$

$$\left|H_n(\omega)\right|^2=\left[\left(1-\frac{\omega^2}{\omega_n^2}\right)^2-\left(2\zeta_n\frac{\omega}{\omega_n}\right)^2\right]^{-1} \tag{9-94}$$

求解式(9-90)还需要确定广义力谱密度$S_{\bar{q}_n}(\omega)$。为了确定$S_{\bar{q}_n}(\omega)$，先要求出梁上载荷$\bar{q}(x,t)$和波高$\eta(t)$之间的关系，即

$$\bar{q}(x,t)=\left|G(\omega)\right|\eta(t) \tag{9-95}$$

式中，传递函数$G(\omega)$根据第 3 章的波浪载荷传递函数计算方法求出。利用式(9-86)给出$G(\omega)$的展开形式，重写式(9-95)，结果乘以$\phi_m(x)$，并且在区间$(0,l)$中积分，应用式(9-54)和式(9-61)，结果为

$$\bar{q}_n(t)=\frac{1}{C_0}\int_0^l\phi_n\bar{q}(x,t)\mathrm{d}x \tag{9-96}$$

$$C_0=\int_0^l\phi_n^2\mathrm{d}x \tag{9-97}$$

由式(9-95)，广义力变为

$$\bar{q}_n(t)=\frac{\eta(t)}{C_0}\int_0^l\omega_n\left|G(\omega)\right|\mathrm{d}x \tag{9-98}$$

注意到水平梁正交于入射平面波，故$G(\omega)$与梁的纵向坐标 x 无关。然而对于垂直梁如遭受同样波浪作用的桩，$G(\omega)$与梁的纵向坐标 x 有关。对于垂直梁，梁的坐标原点仍然在水面上并且向下为正；在波浪理论中，令$x=0$，将波浪的坐标原点放在垂直梁的位置。

假定每个$\bar{q}_n(t)$在统计上是相互独立的，然后利用式(9-98)的右边部分，写出$\bar{q}_n(t)$的自然相关函数$R_{\bar{q}_n}(\tau)$。借助对$R_{\bar{q}_n}(\tau)$的傅里叶变换，得到谱密度$S_{\bar{q}_n}(\omega)$，于是有

$$S_{\bar{q}_n}(\omega)=\frac{1}{C_0^2}\left[\int_0^l\phi_n\left|G(\omega)\right|\mathrm{d}x\right]^2S_\eta(\omega) \tag{9-99}$$

综合式(9-90)和式(9-94)，并利用式(9-99)得到时间平均的响应谱：

$$S_y(\omega)=S_\eta(\omega)\sum_{n=1}^{\infty}\frac{\phi_n^2\left[\int_0^l\phi_n\left|G(\omega)\right|\mathrm{d}x\right]^2}{(\bar{m}\omega_n^2C_0)^2\left[\left(1-\frac{\omega^2}{\omega_n^2}\right)^2-\left(2\zeta_n\frac{\omega}{\omega_n}\right)^2\right]} \tag{9-100}$$

式中，C_0 由式(9-97)给出，并且模态阻尼为式(9-88)的形式。时间平均的位移方差为

$$\sigma_y^2 = 2\int_0^\infty S_y(\omega)\mathrm{d}\omega \tag{9-101}$$

已经假定 $y(x,t)$ 的均值为零，位移的均方根则为 σ_y。方差的空间平均响应定义为对 x 在区间 $(0,l)$ 内的积分，即

$$\bar{\sigma}_y^2 = \frac{1}{l}\int_0^l \sigma_y^2 \mathrm{d}x \tag{9-102}$$

式中，$\bar{\sigma}_y^2$ 为方差的空间平均响应。

计算水中梁的动力响应，一般步骤如下：建立分析模型，确定梁的特性 EI、$\bar{m}$、l 和约束条件；进行自由振动分析，求固有频率和振型；选择波浪理论和海流，采用第 3 章方法计算传递函数 $G(\omega)$；选择波高谱 $S_\eta(\omega)$，以及假定振型阻尼比 ζ_n；由式(9-100)～式(9-102)计算响应的统计特征。一般来说，n 的上限可以取到 20，并且式(9-101)的积分限为 $(0,\infty)$，实际工程中近似取频率积分范围为 0.05～1.5rad/s，这覆盖了一般波高频谱的范围。

第 10 章 振动理论在平台动力分析中的应用

本章应用多自由度体系确定性振动和随机振动理论，分析固定式平台的时域振动响应、随机振动响应；应用非线性和连续体系振动理论，分析深海平台张力腿的时域振动特性，包括张力腿的主振动和组合谐波振动响应等。

10.1 固定式平台的时域振动响应

10.1.1 固定式平台的数学模型和自由振动分析

1. 数学模型

固定式平台的振动方程为

$$\boldsymbol{M}\ddot{\boldsymbol{Y}}+\boldsymbol{C}\dot{\boldsymbol{Y}}+\boldsymbol{K}\boldsymbol{Y}=\boldsymbol{P}(t) \tag{10-1}$$

式中，$\boldsymbol{M}$ 为质量矩阵；$\boldsymbol{C}$ 为阻尼矩阵；$\boldsymbol{K}$ 为刚度矩阵；$\boldsymbol{P}(t)$ 为外载荷向量，$\boldsymbol{Y}$ 为广义位移向量。具有上下两层甲板的固定式平台，工作水深为 d，如图 10-1 所示。质量集中到上下两层甲板上，得到两个自由度的分析模型，上层质量为 m_1，下层质量为 m_2，海底基础刚性固定，两个质量独立的位移坐标分别为 y_1 和 y_2，如图 10-2 所示。

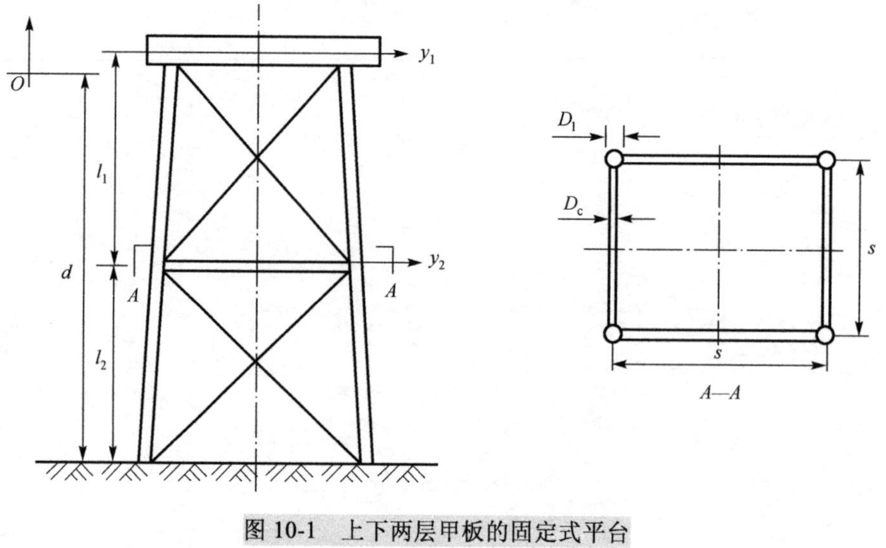

图 10-1 上下两层甲板的固定式平台

根据式(10-1)和图 10-1，两个自由度固定式平台的振动方程为

$$\begin{bmatrix} m_1 & 0 \\ 0 & m_2 \end{bmatrix}\begin{Bmatrix} \ddot{y}_1 \\ \ddot{y}_2 \end{Bmatrix}+\begin{bmatrix} c_{11} & c_{12} \\ c_{21} & c_{22} \end{bmatrix}\begin{Bmatrix} \dot{y}_1 \\ \dot{y}_2 \end{Bmatrix}+\begin{bmatrix} k_{11} & k_{12} \\ k_{21} & k_{22} \end{bmatrix}\begin{Bmatrix} y_1 \\ y_2 \end{Bmatrix}=\begin{Bmatrix} P_1 \\ P_2 \end{Bmatrix} \tag{10-2}$$

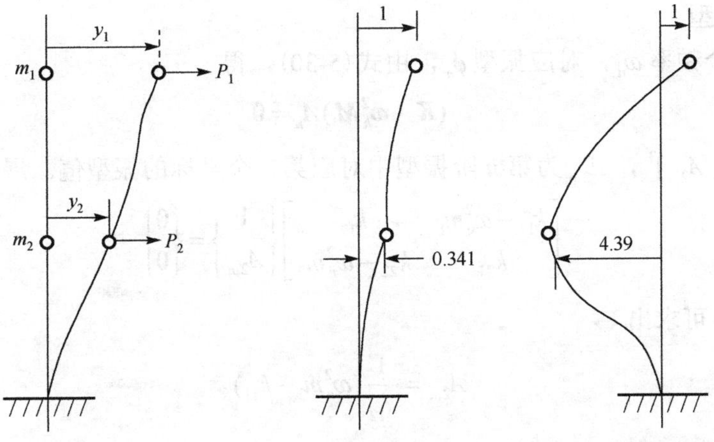

(a) 分析模型　(b) 第1阶振型　(c) 第2阶振型

图 10-2　两层甲板固定式平台的分析模型与振型

表 10-1 是固定式平台参数和波浪参数。

表 10-1　固定式平台参数和波浪参数

固定式平台参数	波浪参数
$m_1 = 4.69\times10^6\text{kg}, m_2 = 3.13\times10^6\text{kg}$	$H = 11.6\text{m}$
$k_{11} = 7.35\times10^7\text{N/m}, k_{22} = 3.59\times10^8\text{N/m}$	$T = 15.4\text{s}$
$k_{12} = k_{21} = -1.15\times10^8\text{N/m}$	$k = 0.20\text{m}^{-1}$
$l_1 = l_2 = 38\text{m}, d = 61\text{m}$	$L_w = 312\text{m}$，L_w 为波浪的波长
$\zeta_1 = \zeta_2 = 0.05$	$\omega = 0.408\text{rad/s}$
$D_l = 5.5\text{m}, D_c = 4.3\text{m}$	$\rho = 1031\text{kg/m}^3$
$s = 30\text{m}$	$C_M = 2$

注：表中 ζ_1 和 ζ_2 分别为第一阶振型和第二阶振型的阻尼比。

2. 自由振动分析

首先计算结构的自由振动频率和模态。

利用式(5-30)求解平台的两个特征根 ω_1 和 ω_2，频率方程为

$$\left|\boldsymbol{K} - \omega^2\boldsymbol{M}\right| = 0 \tag{10-3}$$

由表 10-1 中的数据和式(10-2)，得

$$\begin{vmatrix} 73.5 - 4.69\omega^2 & -115 \\ -115 & 359 - 3.13\omega^2 \end{vmatrix} \times 10^6 = 0 \tag{10-4}$$

将式(10-4)展开变为

$$\omega^4 - 130.4\omega^2 + 900.9 = 0 \tag{10-5}$$

求得 $\omega_1^2 = 7.322\text{rad}^2/\text{s}^2$，$\omega_2^2 = 123.04\text{rad}^2/\text{s}^2$，于是第一阶和第二阶固有频率分别为

$$\begin{cases} \omega_1 = 2.706\text{rad/s}\,(0.431\text{Hz}) \\ \omega_2 = 11.09\text{rad/s}\,(1.77\text{Hz}) \end{cases} \tag{10-6}$$

3．固有振型

对于第 n 个频率 ω_n，对应振型 ϕ_n，由式(5-30)，得

$$(\boldsymbol{K}-\omega_n^2\boldsymbol{M})\boldsymbol{A}_n=\boldsymbol{0} \tag{10-7}$$

式中，$\boldsymbol{A}_n=[1,\quad A_{2,n}]^{\mathrm{T}}$，$A_{2,n}$ 为第 n 阶振型中对应第二个坐标的振型值。展开式(10-7)，得

$$\begin{bmatrix} k_{11}-\omega_n^2 m_1 & k_{12} \\ k_{21} & k_{22}-\omega_n^2 m_2 \end{bmatrix}\begin{Bmatrix} 1 \\ A_{2,n} \end{Bmatrix}=\begin{Bmatrix} 0 \\ 0 \end{Bmatrix} \tag{10-8}$$

由式(10-8)可求出

$$A_{2,n}=\frac{1}{k_{12}}(\omega_n^2 m_1-k_{11}) \tag{10-9}$$

将 $\omega_1=2.706\text{rad/s}$ 和 $\omega_2=11.09\text{rad/s}$ 分别代入式(10-9)，得 $A_{2,1}=0.341$，$A_{2,2}=-4.38$。于是，得到第一阶振型和第二阶振型分别为

$$\boldsymbol{A}_1=[A_{1,1},\quad A_{2,1}]^{\mathrm{T}}=[1,\quad 0.341]^{\mathrm{T}} \tag{10-10a}$$

$$\boldsymbol{A}_2=[A_{1,2},\quad A_{2,2}]^{\mathrm{T}}=[1,\quad -4.39]^{\mathrm{T}} \tag{10-10b}$$

由式(10-10a)和式(10-10b)，可画出两个振型图，如图 10-2 所示。振型 $\boldsymbol{A}_1$ 和 $\boldsymbol{A}_2$ 为规格化的振型。图 10-2(b)、(c)反映了平台固有振动的形式。

利用式(5-48)和式(5-49)，求正则振型 ϕ_n。振型质量：

$$m_n=\boldsymbol{A}_n^{\mathrm{T}}\boldsymbol{M}\boldsymbol{A}_n \tag{10-11}$$

$$m_1=[1,\quad 0.341]\begin{bmatrix} 4.69 & 0 \\ 0 & 3.13 \end{bmatrix}\begin{Bmatrix} 1 \\ 0.341 \end{Bmatrix}\times 10^6=5.054\times 10^6(\text{kg})$$

$$m_2=[1,\quad -4.39]\begin{bmatrix} 4.69 & 0 \\ 0 & 3.13 \end{bmatrix}\begin{Bmatrix} 1 \\ -4.39 \end{Bmatrix}\times 10^6=65.01\times 10^6(\text{kg})$$

由式(5-46)求正则振型系数 c_n，有

$$c_1=\sqrt{\frac{1}{m_1}}=\sqrt{\frac{1}{5.054\times 10^6}}=4.45\times 10^{-4},\qquad c_2=\sqrt{\frac{1}{m_2}}=\sqrt{\frac{1}{65.01\times 10^6}}=1.24\times 10^{-4}$$

由式(5-45)得正则振型，为

$$\boldsymbol{\phi}_1=\frac{1}{c_1}[1,\quad 0.431]^{\mathrm{T}}=\begin{Bmatrix} 4.45 \\ 1.52 \end{Bmatrix}\times 10^{-4}(\text{kg}^{-\frac{1}{2}}) \tag{10-12a}$$

$$\boldsymbol{\phi}_2=\frac{1}{c_2}[1,\quad -4.39]^{\mathrm{T}}=\begin{Bmatrix} 1.24 \\ -5.44 \end{Bmatrix}\times 10^{-4}(\text{kg}^{-\frac{1}{2}}) \tag{10-12b}$$

正则振型矩阵 $\boldsymbol{\Phi}$ 是由模向量 $\boldsymbol{\phi}_n$ 组成的，于是有

$$\boldsymbol{\Phi}=[\boldsymbol{\phi}_1,\quad \boldsymbol{\phi}_2]=\begin{bmatrix} 4.45 & 1.24 \\ 1.52 & -5.44 \end{bmatrix}\times 10^{-4}(\text{kg}^{-\frac{1}{2}}) \tag{10-13}$$

10.1.2　规则波作用下平台的振动响应

分析图 10-1 中平面结构的稳态振动响应。考虑最大波高 $H=11.6\text{m}$，与其对应的最大周期 $T=15.4\text{s}$。波浪频率 $\omega=2\pi/T=0.408\text{rad/s}$。

首先要确定根据哪一种波浪理论计算波浪力。根据图 3-10 的横坐标和纵坐标，计算两种波浪参数，它们分别是

$$\frac{d}{T^2}=\frac{61}{15.4^2}=0.257(\text{m/s}^2)$$

$$\frac{H}{T^2}=\frac{11.6}{15.4^2}=0.0489(\text{m/s}^2)$$

这两个参数将这种波定义在 Stokes 二阶波理论范围。由式(3-57)，可导出水深 d、波浪周期 T 和波高 H 之间的关系式为

$$\lambda=T\sqrt{\frac{g\lambda}{2\pi}\tanh\frac{2\pi d}{\lambda}}=15.4\sqrt{\frac{9.81}{2\pi}\lambda\tanh\frac{2\pi\cdot 61}{\lambda}} \tag{10-14}$$

式(10-14)为超越方程，采用迭代法求解波浪的波长 λ 的振动波长 L_w，可解出 $L_w=312\text{m}$。波数 $k=2\pi/L_w=0.0201\text{m}^{-1}$，所有波浪参数列在表 10-1 中。

为了计算波浪载荷，假定结构的运动相对于波浪的运动小很多，结构直径尺寸相对于波长是小的，这样便可以应用 Morison 公式求波浪力；在惯性体系中，流体流动占主导地位。这样，Morison 公式中的惯性力系数 C_M 与流体阻力中的 C_D 相比，前者处于主导地位；4 个垂直的立柱（$N_1=4$）加上平行的支撑（$N_c=2$），承受主要的波浪载荷，斜撑上的波浪载荷较小；由于波长 $L_w=312\text{m}$，比波浪传播方向垂直立柱之间的距离 30m 大得多，可以忽略波浪的相位，即所有腿柱上任意时刻水质点的加速度 $\dot{u}$ 相同。于是表示波浪加速度 $\dot{u}$ 时，$x=0$。由式(3-50) 可得，Stokes 二阶波加速度为

$$\dot{u}=\frac{2\pi^2 H}{T^2}\frac{\cosh k(z+d)}{\sinh kd}\sin\omega t-\frac{3\pi^3H^2}{T^2\lambda}\frac{\cosh 2k(z+d)}{\sinh^4 kd}\sin 2\omega t \tag{10-15}$$

4 个垂直立柱上单位长度波浪载荷为

$$\overline{q}_1(z,t)=N_1C_M\frac{\pi}{4}\rho D_1^2\dot{u}(z,t) \tag{10-16a}$$

这里 $N_1=4$。波浪方向两个水平支撑上的波浪载荷为

$$\begin{cases}\overline{q}_c(z,t)=N_cC_M\dfrac{\pi}{4}\rho D_c^2\dot{u}(z,t)\\ z=-(d-l_2)\end{cases} \tag{10-16b}$$

这里 $N_c=2$。

采用保守做法，将立柱上分布波浪力处理为集中作用在节点 1 和节点 2 上的集中载荷。具体做法如下：将 4 个立柱上的所有从海面到节点 2 的波浪载荷集中作用在位于水平甲板的节点 1 上；同样，所有从节点 2 到海底的波浪载荷集中作用在节点 2 上，并且在水平支撑上水流力同样作用在节点 2 上。基于这种处理，节点载荷可以表示为

$$p_1(t)=\int_{-(d-l_2)}^{0}\overline{q}_1(z,t)\mathrm{d}z \tag{10-17a}$$

$$p_2(t)=\int_{-d}^{-(d-l_2)}\{\overline{q}_l(z,t)z+s\overline{q}_c[-(d-l_2),t]\}\mathrm{d}z \tag{10-17b}$$

将式(10-15)中的$\dot{u}$代入式(10-16a)、式(10-16b)中，并且通过式(10-17a)、式(10-17b)进行积分，得节点1和节点2的载荷，分别为

$$p_1(t)=b_1\sin\omega t+b_3\sin 2\omega t \tag{10-18a}$$

$$p_2(t)=b_2\sin\omega t+b_4\sin 2\omega t \tag{10-18b}$$

式(10-8)的4个系数分别为

$$\begin{cases}b_1=\dfrac{1}{k}a_1a_2(\sinh kd-\sinh kl_2)\\ b_2=\dfrac{1}{k}a_1a_2\sinh kl_2+sa_2a_4\cosh kl_2\\ b_3=\dfrac{1}{2k}a_1a_3(\sinh 2kd-\sinh 2kl_2)\\ b_4=\dfrac{1}{2k}a_1a_3\sinh 2kl_2+sa_3a_4\cosh 2kl_2\end{cases} \tag{10-19a}$$

其中，

$$\begin{cases}a_1=N_1C_{\mathrm{M}}\dfrac{\pi}{4}\rho D_1^2\\ a_2=-\dfrac{2\pi^2H}{T^2\sinh kd}\\ a_3=-\dfrac{3\pi^3H^2}{T^2L_{\mathrm{w}}\sinh^4 kd}\\ a_4=N_{\mathrm{c}}C_{\mathrm{M}}\dfrac{\pi}{4}\rho D_{\mathrm{c}}^2\end{cases} \tag{10-19b}$$

将表10-1中的波浪参数代入式(10-16a)、式(10-16b)，得到如下节点载荷：

$$p_1(t)=-4.334\times10^6\sin 0.408t-0.500\times10^6\sin 0.816t(\mathrm{N}) \tag{10-20a}$$

$$p_2(t)=-6.534\times10^6\sin 0.408t-0.432\times10^6\sin 0.816t(\mathrm{N}) \tag{10-20b}$$

由正则振型，对式(10-18a)和式(10-18b)的载荷进行变换，得

$$\begin{aligned}\boldsymbol{\phi}_1^{\mathrm{T}}\boldsymbol{p}(\tau)&=[4.45,\quad 1.52]\times10^{-4}\begin{bmatrix}b_1\sin\omega\tau+b_3\sin 2\omega\tau\\ b_2\sin\omega\tau+b_4\sin 2\omega\tau\end{bmatrix}\\ &=-2922\sin\omega\tau-288.4\sin 2\omega\tau(\mathrm{kg}^{-\frac{1}{2}}\cdot\mathrm{N})\end{aligned} \tag{10-21a}$$

$$\begin{aligned}\boldsymbol{\phi}_2^{\mathrm{T}}\boldsymbol{p}(\tau)&=[1.24,\quad -5.44]\times10^{-4}\begin{bmatrix}b_1\sin\omega\tau+b_3\sin 2\omega\tau\\ b_2\sin\omega\tau+b_4\sin 2\omega\tau\end{bmatrix}\\ &=3017\sin\omega\tau+173.2\sin 2\omega\tau(\mathrm{kg}^{-1/2}\cdot\mathrm{N})\end{aligned} \tag{10-21b}$$

有阻尼固有频率和无阻尼固有频率分别为

$$\begin{cases}\omega_1 = 2.7060\ \text{rad/s}\\ \omega_{d1} = 2.7026\ \text{rad/s}\end{cases} \tag{10-22a}$$

$$\begin{cases}\omega_2 = 11.090\ \text{rad/s}\\ \omega_{d2} = 11.076\ \text{rad/s}\end{cases} \tag{10-22b}$$

由上述结果，可以在 $t = 0.2, 0.4, 0.6, \cdots, 30.0$ 时刻分别求出 $y_1 = y_1(t)$ 和 $y_2 = y_2(t)$ 的解。由式(5-64)求出模态坐标 $q_i(t)$，对应上面的每个时刻，利用振型叠加法得出位移，即

$$y_1(t) = \phi_{11}q_1 + \phi_{12}q_2 = 4.45\times10^{-4}q_1 + 1.24\times10^{-4}q_2(\text{m}) \tag{10-23a}$$

$$y_2(t) = \phi_{21}q_1 + \phi_{22}q_2 = 1.52\times10^{-4}q_1 - 5.44\times10^{-4}q_2(\text{m}) \tag{10-23b}$$

考虑 30s 时间内稳态下质量 1 和质量 2 的位移历程，振动响应幅值的绝对值为

$$\begin{cases}|y_1|_{\max} = 0.1950\ \text{m}\\ |y_2|_{\max} = 0.0810\ \text{m}\end{cases} \tag{10-24}$$

该平台的振动问题如果不采用 Stokes 二阶波理论，而用线性波理论也可以进行分析。对于线性波理论，波浪载荷由式(10-18a)、式(10-18b)给出，其中 $b_3 = b_4 = 0$，b_1 和 b_2 由式(10-19a)、式(10-19b)确定。计算出的位移响应与式(10-24)基本一致，并且第一个波峰的绝对值为

$$\begin{cases}|y_1|_{\max} = 0.1937\text{m}\\ |y_2|_{\max} = 0.0805\text{m}\end{cases} \tag{10-25}$$

两种方法的峰值响应基本一致，所以线性波理论对于导管架平台设计的初始阶段进行动力分析是可行的。

10.2　地震激励下平台的振动响应

图 10-3(a)是双层甲板海洋平台简化模型，仅考虑受到水平地面运动 $v_g = v_g(t)$ 的激励，将其简化为如图 10-3(b)所示的分析模型。

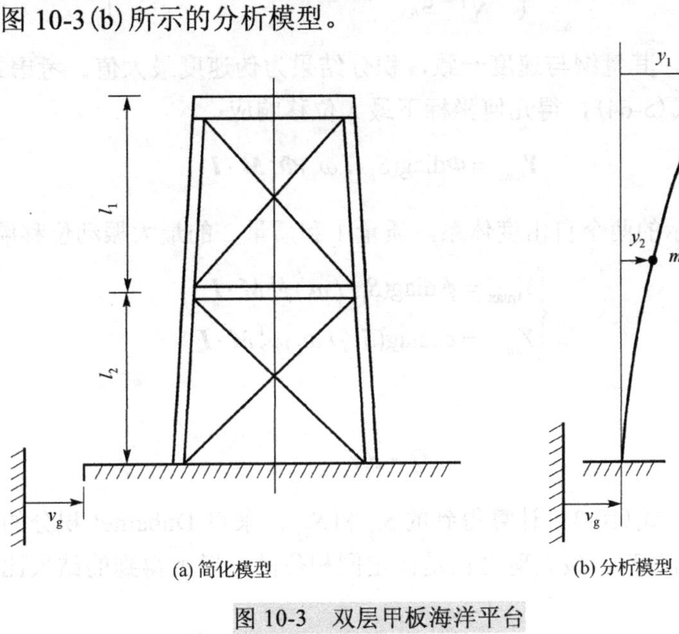

(a) 简化模型　　(b) 分析模型

图 10-3　双层甲板海洋平台

质量 m_1 和 m_2 的水平弹性位移分别由坐标 y_1 与 y_2 表示。对每个质量用新的绝对加速度向量 $\ddot{\boldsymbol{Y}}+\boldsymbol{I}\ddot{\boldsymbol{v}}_{\mathrm{g}}$ 代替加速度向量 $\ddot{\boldsymbol{Y}}$，即可以从式(10-1)中得到运动方程。取单位向量为

$$\boldsymbol{I}=[1,\quad 1]^{\mathrm{T}} \tag{10-26}$$

由式(10-1)得地震作用下振动微分方程为

$$\boldsymbol{M}\ddot{\boldsymbol{Y}}+\boldsymbol{C}\dot{\boldsymbol{Y}}+\boldsymbol{K}\boldsymbol{Y}=-\boldsymbol{M}\boldsymbol{I}\ddot{\boldsymbol{v}}_{\mathrm{g}}=\boldsymbol{P}(t)$$

上式中右端的负号只影响振动的相位，不影响振动响应的大小。忽略上式负号，得

$$\boldsymbol{M}\ddot{\boldsymbol{Y}}+\boldsymbol{C}\dot{\boldsymbol{Y}}+\boldsymbol{K}\boldsymbol{Y}=\boldsymbol{M}\boldsymbol{I}\ddot{\boldsymbol{v}}_{\mathrm{g}}=\boldsymbol{P}(t) \tag{10-27}$$

式(10-27)的稳态响应由模态叠加法求解，由 Duhamel 积分求模态坐标响应(过程参考例 5-9)

$$\begin{aligned}
q_n&=\boldsymbol{\phi}_n^{\mathrm{T}}\boldsymbol{M}\cdot\boldsymbol{I}\int_0^t\frac{\ddot{\boldsymbol{v}}_{\mathrm{g}}(\tau)}{\omega_{\mathrm{d}n}}\mathrm{e}^{-\zeta_n\omega_n(t-\tau)}\sin[\omega_{\mathrm{d}n}(t-\tau)]\mathrm{d}\tau\\
&=\boldsymbol{\phi}_n^{\mathrm{T}}\boldsymbol{M}\cdot\boldsymbol{I}\int_0^t\frac{\ddot{\boldsymbol{v}}_{\mathrm{g}}(\tau)}{\omega_n\sqrt{1-\zeta_n^2}}\mathrm{e}^{-\zeta_n\omega_n(t-\tau)}\sin[\omega_{\mathrm{d}n}(t-\tau)]\mathrm{d}\tau\\
&=\boldsymbol{\phi}_n^{\mathrm{T}}\boldsymbol{M}\cdot\boldsymbol{I}\left\{\frac{1}{\omega_n}\int_0^t\frac{\ddot{\boldsymbol{v}}_{\mathrm{g}}(\tau)}{\sqrt{1-\zeta_n^2}}\mathrm{e}^{-\zeta_n\omega_n(t-\tau)}\sin[\omega_{\mathrm{d}n}(t-\tau)]\mathrm{d}\tau\right\}\\
&=\boldsymbol{\phi}_n^{\mathrm{T}}\boldsymbol{M}\cdot\boldsymbol{I}\left(\frac{1}{\omega_n}S_{ny}\right)
\end{aligned} \tag{10-28}$$

其中，

$$S_{ny}=\max\left\{\int_0^t\frac{\ddot{\boldsymbol{v}}_{\mathrm{g}}(\tau)}{\sqrt{1-\zeta_n^2}}\mathrm{e}^{-\zeta_n\omega_n(t-\tau)}\sin[\omega_{\mathrm{d}n}(t-\tau)]\mathrm{d}\tau\right\} \tag{10-29}$$

式中，S_{ny} 为伪速度，其量纲与速度一致，积分结果为伪速度最大值。考虑式(10-28)，将伪速度最大值代入式(5-64)，得几何坐标下最大位移响应：

$$\boldsymbol{Y}_{\max}=\boldsymbol{\varPhi}\mathrm{diag}(S_{ny}/\omega_n)\boldsymbol{\varPhi}^{\mathrm{T}}\boldsymbol{M}\cdot\boldsymbol{I} \tag{10-30}$$

对于图 10-3 所示的两个自由度体系，质量 1 和质量 2 的最大振动位移响应为

$$\begin{cases}Y_{1\max}=\boldsymbol{\phi}_1\mathrm{diag}(S_{1y}/\omega_1)\boldsymbol{\phi}_1^{\mathrm{T}}\boldsymbol{M}\cdot\boldsymbol{I}\\ Y_{2\max}=\boldsymbol{\phi}_2\mathrm{diag}(S_{2y}/\omega_2)\boldsymbol{\phi}_2^{\mathrm{T}}\boldsymbol{M}\cdot\boldsymbol{I}\end{cases} \tag{10-31}$$

最大层间剪力为

$$\boldsymbol{Q}=\boldsymbol{K}\boldsymbol{Y}_{\max} \tag{10-32}$$

按照式(10-29)～式(10-31)计算得到的 S_{1y} 和 S_{2y}，来自 Duhamel 积分的最大值，其不涉及最大响应发生的时刻，最大剪力也是假定同相位的，以上得到的结果比实际振动位移偏大。

10.3 随机波激励下平台振动响应的统计分析

设波高谱密度为 $S_\eta(\omega)$，由 3.3.5 节可知，在已知传递函数 $G(\omega)$ 时，由波高谱可求出作用在结构上的波浪载荷。在第 7 章和第 9 章，讨论了随机动力响应数字特征的分析方法。方法的要点是根据波高谱密度和传递函数，计算动力响应的谱密度与方差。本节讨论 N 个自由度线性系统动力响应的谱密度 $S(\gamma_k,\omega)$ 和方差 $\sigma^2(\gamma_k)$ 的计算方法。对于 N 个坐标的结构体系，载荷传递函数有 N 个，故构成载荷传递函数向量 $\boldsymbol{G}(p,\omega)$。

进行随机响应分析的步骤如下。

(1) 建立数学模型，求质量矩阵 $\boldsymbol{M}$ 和刚度矩阵 $\boldsymbol{K}$，建立结构振动方程。

(2) 选取合适的波浪理论和方法，计算载荷向量 $\boldsymbol{p}(t)$ 的每一个分量 $p_k(t)$。

(3) 计算载荷传递函数向量 $\boldsymbol{G}(p,\omega)$ 的每个组成函数 $G(p_k,\omega)$。

(4) 计算无阻尼频率 ω_k 和正则化模态矩阵 $\boldsymbol{\Phi}$。

(5) 定义模态坐标中的广义载荷向量 $\overline{\boldsymbol{q}}(t)=\overline{\boldsymbol{q}}$，然后对每个 $\overline{q}_k$ 计算相应的传递函数 $G(\overline{q}_k,\omega)$，此处

$$\overline{q}_k=\boldsymbol{\phi}_k^{\mathrm{T}}p(t) \tag{10-33}$$

因此，第 k 个模态的广义载荷传递函数为

$$G(\overline{q}_k,\omega)=\boldsymbol{\phi}_k^{\mathrm{T}}\boldsymbol{G}(p,\omega) \tag{10-34}$$

注意，$\boldsymbol{G}(p,\omega)$ 在第 (3) 步中计算。

(6) 由式 (5-64) 和式 (10-33)，得到以模态坐标 $q_k(t)$ 表示的微分方程，为

$$\ddot{q}_k+2\zeta_k\omega_k\dot{q}_K+\omega_k^2q_k=\overline{q}_k \quad (k=1,2,\cdots,N) \tag{10-35}$$

对每个模态坐标，计算频率响应函数 $H_k(\omega)$。为此，令模态载荷和模态坐标响应分别为

$$\begin{cases}\overline{q}_k(t)=\mathrm{e}^{\mathrm{i}\omega t}\\ q_k(t)=H_k(\omega)\mathrm{e}^{\mathrm{i}\omega t}\end{cases} \tag{10-36}$$

将式 (10-36) 代入式 (10-35)，得

$$H_k(\omega)=(\omega_k^2-\omega^2+2\mathrm{i}\zeta_k\lambda_k\omega)^{-1} \tag{10-37}$$

$$\left|H_k(\omega)\right|=\left[(\omega_k^2-\omega^2)^2+(2\zeta_k\lambda_k\omega)^2\right]^{-1/2} \tag{10-38}$$

(7) 假定 $\boldsymbol{p}(t)$ 是稳态历经随机过程，模态载荷 $\overline{\boldsymbol{q}}(t)$ 同样是稳态历经随机过程。由第 4 章单自由度响应谱与载荷谱关系式 (7-117)，可知第 k 个模态响应谱密度与模态载荷谱密度之间关系为

$$S(q_k,\omega)=\left|H_k(\omega)\right|^2S(\overline{q}_k,\omega) \tag{10-39}$$

式中，$S(\overline{q}_k,\omega)$ 为第 k 个模态载荷 $\overline{q}_k$ 的谱密度。

(8) 采用线性波理论，由式 (7-88) 可得 k 节点载荷谱密度 $S(p_k,\omega)$、载荷谱与波高谱

$S_\eta(\omega)$、传递函数 $G(p_k,\omega)$ 之间的关系为

$$S(p_k,\omega)=\left|G(p_k,\omega)\right|^2 S_\eta(\omega) \tag{10-40}$$

因为系统是线性的，所以

$$S(\overline{q}_k,\omega)=\left|G(\overline{q}_k,\omega)\right|^2 S_\eta(\omega) \tag{10-41}$$

由式(10-34)可得

$$S(\overline{q}_k,\omega)=\left|\boldsymbol{\phi}_k^{\mathrm{T}}\boldsymbol{G}(p,\omega)\right|^2 S_\eta(\omega) \tag{10-42}$$

由以上结果，可得式(10-39)中模态坐标的响应谱为

$$S(q_k,\omega)=\left|H_k(\omega)\right|^2\cdot\left|\boldsymbol{\phi}_k^{\mathrm{T}}\boldsymbol{G}(p,\omega)\right|^2\cdot S_\eta(\omega) \tag{10-43}$$

(9)求几何坐标下振动位移响应谱密度 $S(y_k,\omega)$。由式(7-5)可知，节点 k 几何坐标下位移 y_k 的自相关函数定义为

$$R(y_k,\tau)=E[y_k(t)\cdot y_k(t+\tau)] \tag{10-44}$$

由模态叠加原理，得几何坐标下位移与模态坐标之间的转换关系为

$$y_k=\sum_{n=1}^{N}\phi_{kn}q_n \tag{10-45}$$

于是自相关函数为

$$R(y_k,\tau)=E\left[\sum_{n=1}^{N}\sum_{m=1}^{N}\phi_{kn}\phi_{km}q_n(t)q_m(t+\tau)\right] \tag{10-46}$$

模态坐标响应的自相关函数为

$$R_n(\tau)=E[q_n(t)q_n(t+\tau)]\quad (n=m) \tag{10-47}$$

以及 $N(N-1)/2$ 个互相关函数为

$$R_{nm}(\tau)=E[q_n(t)q_m(t+\tau)]\quad (n\neq m) \tag{10-48}$$

假定模态之间是相互独立的，不存在相关性，则式(10-48)的互相关函数为零。由式(10-46)和式(10-47)得

$$R(y_k,\tau)=\sum_{n=1}^{N}\phi_{kn}^2 R_n(\tau) \tag{10-49}$$

根据第 7 章谱密度与自相关函数之间的关系式(7-30)得

$$S(y_k,\omega)=\frac{1}{2\pi}\int_{-\infty}^{\infty}R(y_k,\tau)\mathrm{e}^{-\mathrm{i}\omega\tau}\mathrm{d}\tau \tag{10-50}$$

$$S(q_n,\omega)=\frac{1}{2\pi}\int_{-\infty}^{\infty}R_n(\tau)\mathrm{e}^{-\mathrm{i}\omega\tau}\mathrm{d}\tau \tag{10-51}$$

将式(10-49)代入式(10-50)，然后改变积分与求和的顺序。由式(10-51)得

$$S(y_k,\omega)=\sum_{n=1}^{N}\phi_{kn}^2 S(q_n,\omega) \tag{10-52}$$

然后将式(10-38)代入式(10-43)，再将下标 k 改为 n，并且将式(10-51)的 $S(q_n,\omega)$ 代入式(10-52)，得到位移响应的谱密度，为

$$S(y_k,\omega)=S_\eta(\omega)\cdot\sum_{n=1}^{N}\frac{\phi_{kn}^2\left|\boldsymbol{\phi}_n^{\mathrm{T}}\boldsymbol{G}(p,\omega)\right|^2}{(\lambda_n^2-\omega^2)^2+(2\zeta_n\lambda_n\omega)^2} \tag{10-53}$$

(10)计算每个几何坐标下位移 y_k 的方差。考虑到 y_k 均值为 0，因此计算位移的方差，有

$$\sigma^2(y_k)=2\int_0^\infty S(y_k,\omega)\mathrm{d}\omega \tag{10-54}$$

采用 P-M 谱 $S_\eta(\omega)$，式(10-54)的积分上限为 0.16rad/s，对于 JONSWAP 谱，式(10-54)的积分上限为 1.4rad/s。通过数值积分，计算每个几何坐标下位移的方差。假定 $\boldsymbol{p}(t)$ 为零均值的高斯分布，而且结构系统是线性的，因此每个几何坐标位移响应的均方根值可以由式(10-54)的开方求出。对于实际工程应用，振动位移响应 y_k 的极值是 $\pm3\sigma(y_k)$。对于这些极值，如果构件的静应力和位移在允许的极限内，认为结构是安全的，这里不考虑其他载荷和疲劳破坏。对于海洋结构物设计，一般应该考虑静载荷和水流、风导致的稳定拖曳力的双重影响。

10.4　导管架平台动力响应的统计分析

【例 10.1】 计算图 10-1 和图 10-2 所示导管架平台分析模型的振动响应。平台的参数由表 10-1 给出。固定式指基础的稳定方式，导管架式指平台结构的形式。

解　(1)模型的振动微分方程为

$$\begin{bmatrix}4.69\times10^6 & 0\\ 0 & 3.13\times10^6\end{bmatrix}\begin{Bmatrix}\ddot{y}_1\\ \ddot{y}_2\end{Bmatrix}+\begin{bmatrix}c_{11} & c_{12}\\ c_{21} & c_{22}\end{bmatrix}\begin{Bmatrix}\dot{y}_1\\ \dot{y}_2\end{Bmatrix}+\begin{bmatrix}7.35\times10^7 & -1.15\times10^8\\ -1.15\times10^8 & 3.59\times10^8\end{bmatrix}\begin{Bmatrix}y_1\\ y_2\end{Bmatrix}=\begin{Bmatrix}P_1\\ P_2\end{Bmatrix} \tag{1}$$

(2)节点 1 和节点 2 上的载荷。假定波浪为线性波，由式(10-18a)、式(10-18b)、式(10-20)，$b_3=b_4=0$，得

$$\begin{Bmatrix}P_1\\ P_2\end{Bmatrix}=-\alpha\frac{\omega^2H}{k\sinh61k}\begin{Bmatrix}\sinh61k-\sinh38k\\ \sinh38k+\beta k\cosh38k\end{Bmatrix}\sin\omega t \tag{2}$$

式中，常数 α 和 β 的值为

$$\alpha=N_1C_{\mathrm{M}}\frac{\pi}{8}\rho D_1^2=97980(\mathrm{kg/m}),\qquad \beta=s\frac{N_{\mathrm{c}}}{N_1}\left(\frac{D_{\mathrm{c}}}{D_1}\right)^2=9.169(\mathrm{m}) \tag{3}$$

对每个载荷分量，根据 $\boldsymbol{G}(p,\omega)$ 的实部等于 $\boldsymbol{p}(t)/H$ 的定义，推导出传递函数的相应分量，即

$$\begin{Bmatrix}G(p_1,\omega)\\ G(p_2,\omega)\end{Bmatrix}=\mathrm{i}\alpha\frac{\omega^2}{k\sinh61k}\begin{Bmatrix}\sinh61k-\sinh38k\\ \sinh38k+\beta k\cosh38k\end{Bmatrix}\mathrm{e}^{\mathrm{i}\omega\tau} \tag{4}$$

(3)通过自振特性分析，确定固有频率和正则振型矩阵。由式(10-6)和式(10-14)，得固有频率为

$$\begin{cases} \lambda_1 = 2.706\text{rad/s} \\ \lambda_2 = 11.09\text{rad/s} \end{cases} \tag{5}$$

正则振型矩阵为

$$\boldsymbol{\Phi} = \begin{bmatrix} \phi_{11} & \phi_{12} \\ \phi_{21} & \phi_{22} \end{bmatrix} = \begin{bmatrix} 4.45 & 1.24 \\ 1.52 & -5.44 \end{bmatrix} \times 10^{-4} (\text{kg}^{-1/2}) \tag{6}$$

采用上述(1)～(3)的结果，统计响应结果直接根据 10.3 节第(9)步和第(10)步计算，即由式(10-53)和式(10-54)计算位移响应谱与方差。采用式(7-60)所示的 P-M 谱，取有效波高 $H_S = 15\text{m}$，得波高谱：

$$S_\eta(\omega) = \frac{0.780}{\omega^5} \mathrm{e}^{-0.0138/\omega^4} (\text{m}^2 \cdot \text{s/rad}) \tag{7}$$

使用式(6)的正则振型矩阵 $\boldsymbol{\Phi}$，式(10-53)中传递函数的变换矩阵由式(8)、式(9)计算：

$$\begin{aligned} \boldsymbol{\phi}_1^{\mathrm{T}} \boldsymbol{G}(p,\omega) &= [4.45, \quad 1.52] \times 10^{-4} \begin{Bmatrix} G(p_1,\omega) \\ G(p_2,\omega) \end{Bmatrix} \\ &= [4.45G(p_1,\omega) + 1.52G(p_2,\omega)] \times 10^{-4} (\text{kg}^{-1/2}\text{s}^{-2}) \end{aligned} \tag{8}$$

$$\begin{aligned} \boldsymbol{\phi}_2^{\mathrm{T}} \boldsymbol{G}(p,\omega) &= [1.24, \quad -5.44] \times 10^{-4} \begin{Bmatrix} G(p_1,\omega) \\ G(p_2,\omega) \end{Bmatrix} \\ &= [1.24G(p_1,\omega) - 5.44G(p_2,\omega)] \times 10^{-4} (\text{kg}^{-1/2}\text{s}^{-2}) \end{aligned} \tag{9}$$

式(8)、式(9)结果的模的平方分别为

$$\left| \boldsymbol{\phi}_1^{\mathrm{T}} \boldsymbol{G}(p,\omega) \right|^2 = (4.45P + 1.52Q)^2 \tag{10}$$

$$\left| \boldsymbol{\phi}_2^{\mathrm{T}} \boldsymbol{G}(p,\omega) \right|^2 = (1.24P - 5.44Q)^2 \tag{11}$$

式中，P 和 Q 定义为

$$P = \frac{\alpha\omega^2 \times 10^{-4}}{k \sinh 61k} (\sinh 61k - \sinh 38k) \tag{12}$$

$$Q = \frac{\alpha\omega^2 \times 10^{-4}}{k \sinh 61k} (\sinh 38k + \beta k \cosh 38k) \tag{13}$$

这里 α 和 β 是由式(3)定义的常数。波数 k 与由色散关系式(3-30)决定的波浪频率 ω 有关，即

$$\omega^2 = 9.81k \tanh 61k \tag{14}$$

式中，k 为波数。

由式(5)～式(7)和式(10)～式(13)可知，式(10-53)水平振动位移响应的谱密度为

$$\begin{aligned} S(y_1,\omega) &= S_\eta(\omega) \frac{(4.45 \times 10^{-4})^2 (4.45P + 1.52Q)^2}{(2.706^2 - \omega^2)^2 + 0.01(2.706)^2 \omega^2} \\ &\quad + S_\eta(\omega) \frac{(1.24 \times 10^{-4})(1.24P - 5.44Q)^2}{(11.09^2 - \omega^2)^2 + 0.01(11.09)^2 \omega^2} \end{aligned} \tag{15}$$

$$S(y_2,\omega)=S_\eta(\omega)\frac{(1.52\times10^{-4})^2(4.45P-1.52Q)^2}{(2.706^2-\omega^2)^2+0.01(2.706)^2\omega^2}+S_\eta(\omega)\frac{(-5.44\times10^{-4})(1.24P-5.44Q)^2}{(11.09^2-\omega^2)^2+0.01(11.09)^2\omega^2} \tag{16}$$

按照式(15)和式(16)，计算得到位移响应谱密度，如图 10-4 所示。图中，$i=1$对应 76m 高位置的顶层甲板的位移响应谱，$i=2$对应第二层甲板的位移响应谱；$S(y_1,\omega)$和$S(y_2,\omega)$的峰值分别是$111.2\times10^{-4}\text{m}^2\cdot\text{s/rad}$和$13.6\times10^{-4}\text{m}^2\cdot\text{s/rad}$，这些峰值都出现在波浪频率$\omega=0372\text{rad/s}$时。采用式(10-54)，根据位移响应函数，计算每个位移响应的方差。式(10-54)的积分范围，根据图 10-4 取为$(0.16,1.4)\text{rad/s}$，从而得出每个自由度位移响应的方差和均方根，即

$$\begin{cases}\sigma^2(y_1)=69.62\times10^{-4}\text{m}^2\\ \sigma(y_1)=0.0834\text{m}\end{cases}$$

$$\begin{cases}\sigma^2(y_2)=8.564\times10^{-4}\text{m}^2\\ \sigma(y_2)=0.0293\text{m}\end{cases}$$

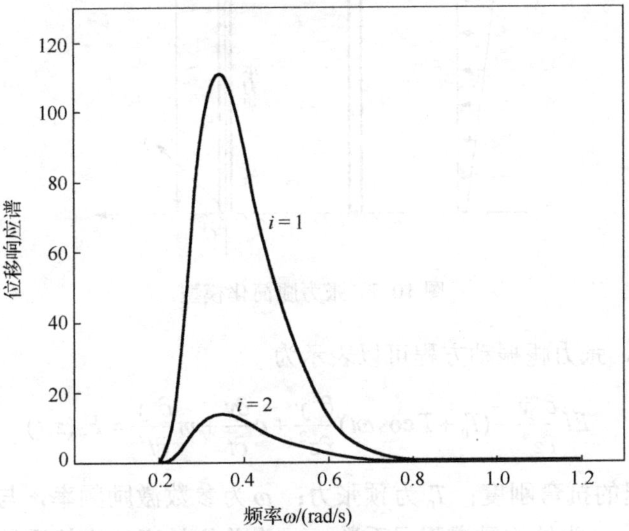

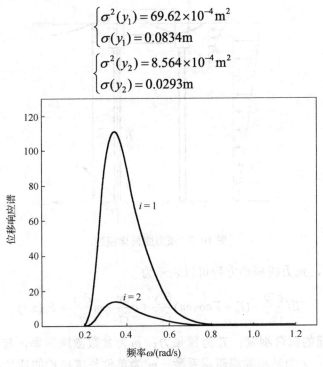

图 10-4　导管架平台位移响应谱密度

每个自由度振动位移响应的极值为

$$y_{1,\text{em}}=3\sigma(y_1)=3\times0.0834=0.25(\text{m})\quad(\text{顶层甲板})$$

$$y_{2,\text{em}}=3\sigma(y_2)=3\times0.0293=0.0879(\text{m})\quad(\text{二层甲板})$$

10.5　深海平台张力腿波流联合作用振动分析

张力腿是深海平台的重要部件，它将平台本体与海底基础连接起来。张力腿承受波、流的联合作用，同时上部结构的垂荡运动使其承受轴向载荷。因此，张力腿是承受水平横向波流载荷和轴向参数激励载荷的部件。

10.5.1　张力腿的振动方程

张力作用使张力腿自身刚度很大，因此可以将其简化为梁。为便于方程的建立和分析，提出以下假定：①因为张力远大于张力腿自身重量，所以忽略张力沿高度方向的变化；②顶部张力变化产生的参数激励项，其频率与平台升沉运动的频率相同；③波浪与海流传播沿同一方向，流沿水深方向的变化为线性的；④张力腿的刚度和材料性能沿高度方向不变。

坐标原点设在海底，z 轴向上为正，波和流都沿 x 轴正向传播。张力腿系统的坐标、波流分布情况如图 10-5 所示。

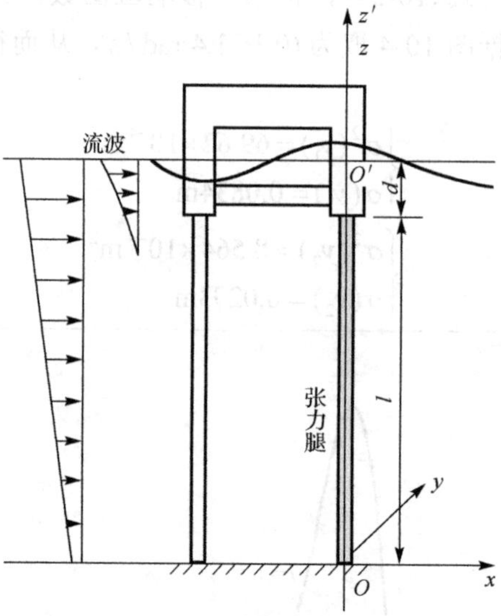

图 10-5　张力腿简化模型

在上述假设下，张力腿振动方程可以表示为

$$EI\frac{\partial^4 y}{\partial z^4}-(T_0+T\cos\omega t)\frac{\partial^2 y}{\partial z^2}+c\frac{\partial y}{\partial t}+m\frac{\partial^2 y}{\partial t^2}=F_y(z,t) \tag{10-55}$$

式中，EI 为张力腿的抗弯刚度；T_0 为预张力；ω 为参数激励频率，与平台本体升沉频率有关；T 为动张力；c 为结构黏滞阻尼系数；m 为单位长度结构的质量；F_y 为 y 方向单位长度上的流体总作用力。将张力腿模型简化为两端简支梁，其边界条件为

$$\begin{cases} y(0,t)=y \quad (l,t)=0 \\ \dfrac{\mathrm{d}^2 y}{\mathrm{d}z^2}=0 \qquad (z=0,z=l) \end{cases} \tag{10-56}$$

式中，l 为张力腿的高度。

垂直于水流方向的波、流联合作用的流体力可分为两部分：一部分是由涡街泄放过程产生的涡激升力 $F_\mathrm{L}(z,t)$，另一部分是张力腿 y 向运动面产生的流体阻尼力 $F_\mathrm{r}(z,t)$，有

$$F_y(z,t)=F_\mathrm{L}(z,t)-F_\mathrm{r}(z,t) \tag{10-57}$$

式中，涡激升力 $F_\mathrm{L}(z,t)$ 可以近似处理为涡泄频率的简谐函数，如果涡泄频率接近结构的固有频率，则将引起结构的谐振。涡激升力函数为

$$F_{\mathrm{L}}(z,t)=\frac{1}{2}\rho D(v_{\mathrm{c}}+u)^2 C_{\mathrm{L}}\cos\omega_{\mathrm{s}}t=K_{\mathrm{L}}(z)C_{\mathrm{L}}\cos\omega_{\mathrm{s}}t \tag{10-58}$$

其中，

$$K_{\mathrm{L}}(z)=\frac{1}{2}\rho D(v_{\mathrm{c}}+u)^2$$

式中，ρ 为水的密度；D 为张力腿的直径；v_{c} 为流速；C_{L} 为升力系数；ω_{s} 为涡泄频率；u 为水平波速。水平波速取线性微幅波理论，得

$$\begin{cases} u=\dfrac{\pi H}{T_{\mathrm{w}}}\mathrm{e}^{kz'}\cos(kx+\omega_{\mathrm{w}}t) \\ z'=z-(l+d_{\mathrm{r}}) \end{cases} \tag{10-59}$$

式中，H 为波高；T_{w} 为波浪周期；ω_{w} 为波浪频率；k 为波数，$k=\dfrac{2\pi}{L_{\mathrm{w}}}$；$L_{\mathrm{w}}$ 为波长；d_{r} 为平台本体吃水。

由张力腿水平方向运动引起的流体阻尼力可用 Morison 公式表示，即

$$F_{\mathrm{r}}(z,t)=\frac{1}{2}\rho C_{\mathrm{D}}D\dot{y}|\dot{y}|+C_{\mathrm{A}}\rho\frac{\pi D^2}{4}\ddot{y}=K_{\mathrm{d}}C_{\mathrm{D}}\mathrm{sgn}(\dot{y})\dot{y}^2+m'\ddot{y} \tag{10-60}$$

式中，$K_{\mathrm{D}}=\dfrac{\rho D}{2}$；$C_{\mathrm{D}}$ 和 C_{A} 分别为流体黏性阻尼系数和附连水质量系数；$m'=C_{\mathrm{A}}\dfrac{\rho\pi D^2}{4}$；$\mathrm{sgn}=1$ 或-1，由 $\dot{y}$ 的正负号决定。

升力系数 C_{L} 和流体黏性阻尼系数 C_{D} 与雷诺数 Re 和 Keulegan-Car-Penter 数有关，附连水质量系数 C_{A} 与结构振动频率有关，其实质是惯性系数。考虑结构频率和涡泄频率接近的情况(即谐振情况)，可取 $C_{\mathrm{L}}=0.6\sim2.4$，$C_{\mathrm{D}}=0.4\sim2.0$，$C_{\mathrm{A}}=1.0$，即单位长度张力腿上的流体附加质量等于单位长度立柱排开的水的质量。

10.5.2　振动方程的求解方法

将式(10-55)进行模态展开，得到非线性常微分方程组。将横向位移 $y(z,t)$ 表示成振型的级数形式，即

$$y(z,t)=\sum_{n=1}^{\infty}y_n(t)\sin\frac{n\pi z}{l} \tag{10-61}$$

式中，$y_n(t)$ 为模态坐标；$\sin\dfrac{n\pi z}{l}$ 为简支梁的振型函数。将式(10-58)、式(10-60)代入式(10-57)，将式(10-57)和式(10-61)代入式(10-55)，整理得

$$\int_0^l R(z,t)\sin\frac{j\pi z}{l}\mathrm{d}z=0\quad(j=1,2,\cdots) \tag{10-62}$$

其中，

$$\begin{aligned} R(z,t)=&\sum_{n=1}^{\infty}\left[EI\left(\frac{n\pi}{l}\right)^2 y_n(t)+(T_0+T\cos\omega t)\left(\frac{n\pi}{l}\right)^2 y_n(t)+c\dot{y}_n(t)+\bar{m}\ddot{y}_n(t)\right]\sin\frac{n\pi z}{l} \\ &+K_{\mathrm{D}}C_{\mathrm{D}}\left[\sum_{n=1}^{\infty}\dot{y}_n(t)\sin\frac{n\pi z}{l}\right]^2\times\mathrm{sgn}\left[\sum_{n=1}^{\infty}\dot{y}_n(t)\sin\frac{n\pi z}{l}\right]-K_{\mathrm{L}}(z)C_{\mathrm{L}}\cos\omega_{\mathrm{s}}t \end{aligned} \tag{10-63}$$

式中，$\bar{m}=m+m'$ 为张力腿单位长度包括附连水在内的质量。

式(10-62)代表常微分方程组。因为非线性方程的阻尼力处理起来比较麻烦，所以 n 的项数不宜选取太多。为了运算方便，引入下列记号：

$$D_j=K_{\mathrm{d}}C_{\mathrm{D}}\int_0^l \operatorname{sgn}(\dot{y})\dot{y}^2\sin\frac{\mathrm{j}\pi z}{l}\mathrm{d}z\quad (j=1,2,\cdots,n) \tag{10-64}$$

式中

$$\dot{y}=\dot{y}(z,t)=\sum_{i=l}^{n}\dot{y}_i(t)\sin\frac{\mathrm{j}\pi z}{l} \tag{10-65}$$

式(10-64)中，$\operatorname{sgn}[\dot{y}(z,t)]$ 随时间 t 及空间 z 变化，不能用解析法确定，因此只可以用数值积分法求解。积分时，当前的 $\operatorname{sgn}[\dot{y}(z,t)]$ 值只可以用上一段中 $\dot{y}(z,t)$ 确定。取式(10-61)中的 n=3，张力腿沿高度方向分成 12 段进行计算。方程组可写为

$$\begin{aligned}&\ddot{y}_n+[\lambda_{B_n}^2+\lambda_{C_n}^2(1+\varepsilon\cos\omega t)]y_n+\frac{C_n}{\bar{m}}\dot{y}_n+\frac{2K_{\mathrm{d}}C_{\mathrm{D}}}{\pi\bar{m}}D_n\\&=\frac{2C_{\mathrm{L}}}{l\bar{m}}\cos\omega_{\mathrm{s}}t\int_0^l K_{\mathrm{L}}(z)\sin\frac{n\pi z}{l}\mathrm{d}z\quad (n=1,2,3)\end{aligned} \tag{10-66}$$

式中，$\lambda_{B_n}^2$ 和 $\lambda_{C_n}^2$ 分别为张力腿弯曲振动的固有频率和张力腿轴向振动的固有频率，根据第 4 章可知，$\lambda_{B_n}^2=\left(\frac{n\pi z}{l}\right)^2\frac{EI}{\bar{m}}$，$\lambda_{C_n}^2=\left(\frac{n\pi z}{l}\right)^2\frac{T_0}{\bar{m}}$；$\varepsilon$ 为动张力与预张力的比值；C_n 为结构的黏性阻尼系数，$C_n=2\bar{m}(\lambda_{B_n}^2+\lambda_{C_n}^2)^{1/2}\xi_n$，$\xi_n$ 为无因次阻尼比；D_n 通过数值计算由式(10-64)求出。

假定水流流速沿水深线性变化，即

$$v_{\mathrm{c}}(z)=a+bz \tag{10-67}$$

选取微幅波，由式(10-58)和式(10-59)可得式(10-66)右边的具体表达式如下：

$$\begin{aligned}\frac{2C_{\mathrm{L}}}{l\bar{m}}\cos\omega_{\mathrm{s}}t\int_0^l K_{\mathrm{L}}(z)\sin\frac{n\pi z}{l}\mathrm{d}z&=A_{\mathrm{c}}\cos\omega_{\mathrm{s}}t+A_{\mathrm{w}}\cos2\omega_{\mathrm{w}}t\cos\omega_{\mathrm{s}}t\\&\quad+2A_{\mathrm{cw}}\cos\omega_{\mathrm{w}}t\cos\omega_{\mathrm{s}}t\quad (n=1,2,3)\end{aligned} \tag{10-68}$$

式中，等号右边第一项代表由流作用产生的涡激力，第二项表示波浪引起的力，第三项是流和波共同作用产生的耦合涡激力。各项幅值的计算式如下：

$$A_{\mathrm{c}}=\begin{cases}\dfrac{\rho DC_{\mathrm{L}}}{l\bar{m}}\left\{a^2\left(\dfrac{2l}{\pi}\right)+2ab\left(\dfrac{l^2}{\pi}\right)+b^2\left[\dfrac{l^3}{\pi}-4\left(\dfrac{l}{\pi}\right)^3\right]\right\} & (n=1,3)\\ -\dfrac{\rho DC_{\mathrm{L}}}{l\bar{m}}\left[ab\left(\dfrac{l^2}{\pi}\right)+b^2\left(\dfrac{l^3}{2\pi}\right)\right] & (n=2)\end{cases} \tag{10-69}$$

$$A_{\mathrm{w}}=\begin{cases}\dfrac{\rho DC_{\mathrm{L}}}{l\bar{m}}\left(\dfrac{\pi H}{T_{\mathrm{w}}}\right)^2\dfrac{\dfrac{n\pi}{l}}{4k^2+\left(\dfrac{n\pi}{l}\right)^2}\left[\mathrm{e}^{-2kd}+\mathrm{e}^{-2k(l+d)}\right] & (n=1,3)\\ 0 & (n=2)\end{cases} \tag{10-70}$$

$$A_{\text{cw}} = \begin{cases} \dfrac{\rho DC_{\text{L}}}{l\overline{m}}\left(\dfrac{\pi H}{T_{\text{w}}}\right)^2 \left\{aB_n\left[\mathrm{e}^{-kd} + \mathrm{e}^{-k(l+d)}\right] + b\left[B_n l\mathrm{e}^{-kd} - 2k\overline{B}_n(\mathrm{e}^{-kd} + \mathrm{e}^{-k(l+d)})\right]\right\} & (n=1,3) \\ -\dfrac{\rho DC_{\text{L}}}{l\overline{m}} b\dfrac{\pi H}{T_{\text{w}}}\overline{B}_n l\mathrm{e}^{-kd} & (n=2) \end{cases} \tag{10-71}$$

其中，

$$\begin{cases} B_n = \dfrac{\dfrac{n\pi}{l}}{k^2 + \left(\dfrac{n\pi}{l}\right)^2} \\ \overline{B}_n = \dfrac{\dfrac{n\pi}{l}}{\left[k^2 + \left(\dfrac{n\pi}{l}\right)^2\right]^2} \end{cases} \tag{10-72}$$

式(10-66)中 D_n 是由式(10-64)定义的积分值，它是 $\dot{y}_i(t)(i=1,2,3)$ 的二次函数。因此，式(10-66)为三个耦合的具有参数激励项的非线性振动方程组，采用数值积分方法求解。

习　题

1．结构动力学与静力学的主要区别有哪些？

2．选择一种典型海洋结构，简要列举其所面临的动力学问题。

3．为图 1 中三个弹簧-质点体系分别建立运动方程。

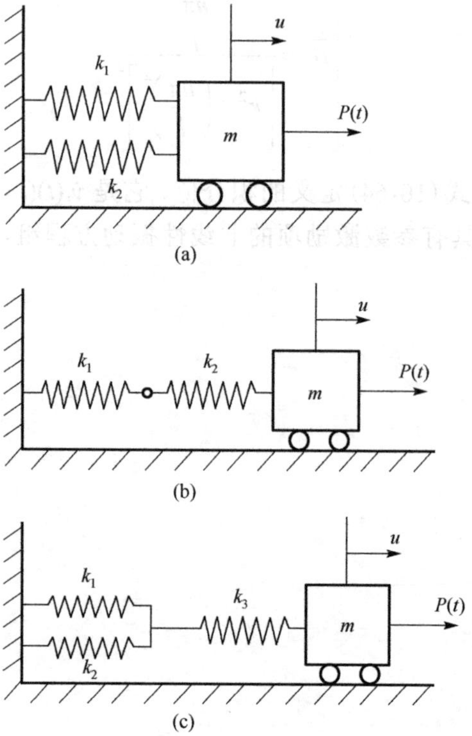

图 1　习题 3 的图

4．单自由度平台质量为 1000kg，$t=0$ 时的初始位移为 0.3m。平台自由振动的最大位移为 0.22m，最大位移时刻 $t=0.64\text{s}$，求：(1)平台的刚度 k；(2)阻尼比 ζ；(3)阻尼系数 c。

5．单自由度结构受正弦力激励，发生共振时，结构的最大位移振幅为 0.5m，当激励力的频率变为共振频率的 0.2 倍时，位移振幅为 0.1m，求结构的阻尼比 ζ。

6．单自由度体系受幅值为 P_0 的简谐激励，要使得稳态反应振幅不大于同等幅值静态激励所产生位移的 1/6，频率比应控制在什么范围内？

7．如图 2 所示的无阻尼单自由度体系，已知共振圆频率为 $\omega_n = 6\text{rad/s}$，若将系统质量增加 $m=1\text{kg}$，则共振圆频率变为 $\omega_n' = 5.86\text{rad/s}$，求：(1)质量 M；(2)弹簧的刚度 K。

8．有一艘 2.5 万吨货轮，在总纵强度实验中测得波浪拍击引起的船体垂向总振动的衰减曲线，幅值经过 23 个周期后衰减了 60%，试求该船振动的对数衰减率。

9. 如图 3 所示的二层结构，柱截面抗弯刚度均为 EI，采用集中质量法近似，将结构的质量集中在刚性梁的中部，分别为 m_1 和 m_2，建立结构在外载荷 $P_1(t)$ 和 $P_2(t)$ 作用下的强迫运动方程。

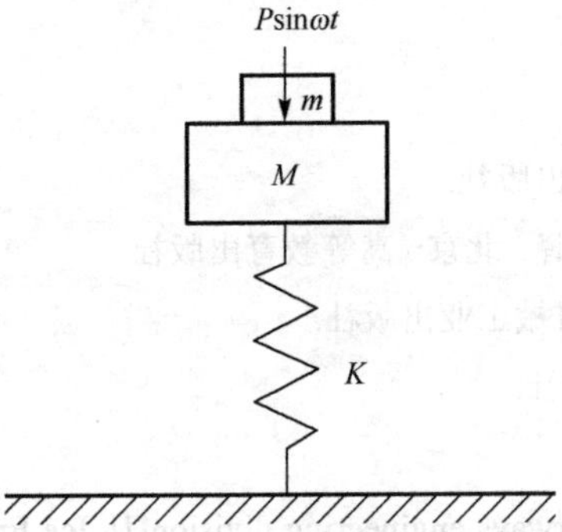

图 2　习题 7 的图

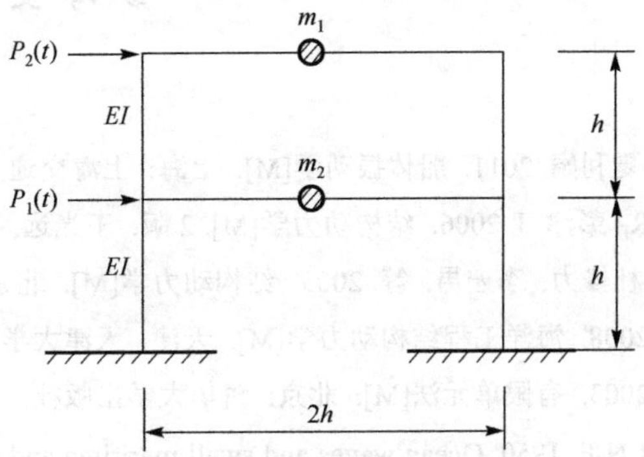

图 3　习题 9 和 10 的图

10. 如图 3 所示的二层结构，设 $m_1=m_2=m$，(1)确定结构的自振频率和振型；(2)验证振型的正交性；(3)对振型做正则化处理；(4)采用正则化的振型计算结构的自振频率。

11. 如图 4 所示三层剪切型结构，各层框架集中质量与层间刚度示于图中，并忽略柱的质量，(1)构建结构的质量矩阵与刚度矩阵；(2)计算结构的自振频率和振型(可借助 MATLAB 或其他数值软件)；(3)设 $\zeta_1=\zeta_2=5\%$，基于 Rayleigh 阻尼模型，由结构前两阶振型阻尼比确定阻尼矩阵。

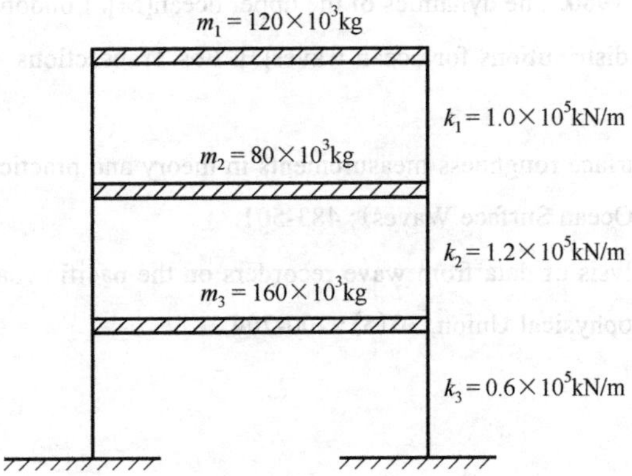

图 4　习题 11 的图

参 考 文 献

金咸定, 夏利娟, 2011. 船体振动学[M]. 上海: 上海交通大学出版社.

克拉夫 R, 彭津 J, 2006. 结构动力学[M]. 2 版. 王光远, 等, 译. 北京: 高等教育出版社.

刘晶波, 杜修力, 李宏男, 等, 2005. 结构动力学[M]. 北京: 机械工业出版社.

唐友刚, 2008. 海洋工程结构动力学[M]. 天津: 天津大学出版社.

王勖成, 2003. 有限单元法[M]. 北京: 清华大学出版社.

BARBER N F, 1950. Ocean waves and swell maritime and waterways engineering division[J]. Ice Engineering Division Papers, 8(11):1-22.

BERGE B, PENZIEN J, 1975. Three-dimensional stochastic response of offshore towers to wave action[C]. Houston: Offshore Technology Conference.

LONGUET-HIGGINS M S, 1952. On the statistical distribution of the heights of sea waves[J]. Journal of Marine Research, 11: 245-266.

LORD R F R S, 1880. XII. On the resultant of a large number of vibrations of the same pitch and of arbitrary phase[J]. Philosophical Magazine Series, 10(60): 73-78.

PHILLIPS O M, WEYL P K, 1980. The dynamics of the upper ocean[M]. London: Cambridge University Press.

PUTZ R R, 1952. Statistical distributions for ocean waves[J]. Eos Transactions American Geophysical Union, 33(5): 685.

SCIWELL H R, 2010. Sea surface roughness measurements in theory and practice[J]. Annals of the New York Academy of Sciences, 51(Ocean Surface Waves): 483-501.

WIEGEL R L, 1949. An analysis of data from wave recorders on the pacific coast of the united states[J]. Eos Transactions American Geophysical Union, 30(5): 700-704.